U0125469

蒸馏烈酒的
博物志

DISTILLED

饮酒
思源

〔美〕罗伯·德萨勒
Rob DeSalle

〔美〕伊恩·塔特索尔 ——— —— 著
Ian Tattersall

〔美〕帕特里夏·J. 韦恩 ——— 绘
Patricia J. Wynne

张 容 ——— 译

A
Natural History of
Spirits

社会科学文献出版社
SOCIAL SCIENCES ACADEMIC PRESS (CHINA)

感　谢

米格尔·A. 阿塞维多（Miguel A. Acevedo）、塞尔吉奥·奥尔莫西加（Sergio Almécija）、安吉丽卡·西布里安－贾拉米洛（Angélica Cibrián-Jaramillo）、蒂姆·达克特（Tim Duckett）、约书亚·D. 恩格利哈特（Joshua D. Englehardt）、米歇尔·菲诺（Michele Fino）、米歇尔·丰特弗朗西斯科（Michele Fontefrancesco）、阿美利加·密涅瓦·德尔加多·雷穆斯（América Minerva Delgado Lemus）、帕斯卡利娜·乐普蒂尔（Pascaline Lepeltier）、克里斯蒂安·麦基尔南（Christian McKiernan）、马克·诺雷尔（Mark Norell）、苏珊·帕金斯（Susan Perkins）、本内德·谢尔沃特（Bernd Schierwater）、伊格纳西奥·托雷斯－加西亚（Ignacio Torres-García）、艾利克斯·德·沃格特（Alex de Voogt）及大卫·耶茨（David Yeates）

致帕特里克·麦戈文（Patrick McGovern）

感谢所有与他一样热爱酒精饮料古老历史之人

目 录

前　言

《葡萄酒的博物志》(*A Natural History of Wine*) 和《啤酒的博物志》(*A Natural History of Beer*) 问世后,再出版一本蒸馏烈酒之书似乎是必然的,这并非只是一个想法,而是早有规划。葡萄酒、啤酒等发酵酒已流行千年;后来,人们颇具创意地将之制成酒精含量较高的烈酒。作为一大技术进步,蒸馏技术的出现不仅提高了酒精含量,还彻底丰富了饮酒者的味觉体验——与多数人想象的不同,乙醇并非无味:一旦乙醇浓度超过20%(按体积计),便能提供与传统啤酒或葡萄酒迥异的口感,那微妙的苦乐参半之感是其他东西无法提供的。人们曾用"灼烧"一词精准描述乙醇的口感,酒厂又别出心裁地加以利用,打造了层出不穷的味觉体验,其广度远超葡萄、谷物简单发酵所能提供的口感。

与之前两本博物志一样,本书将从博物志角度切入"蒸馏烈酒"这一主题,援引进化论、生态学、历史学、灵长类动物学、分子生物学、生理学、神经生物学、化学甚至原子物理学进行讨论,以期使读者对杯中酒形成更全面的认识。不过,本书与之前出版的书有所不同。在某些方面，烈酒比啤酒或葡萄酒更难分析：桶酿过程中，来源不同的烈酒随着时间的推移可能渐渐趋同，而属同一大类的烈酒又可能具有截然不同的特质。因所属大类不同，地域间又存在差异，市面上的蒸馏烈酒种类繁多，为此，本书邀请了知识渊博的同人撰写关于某些特定烈酒的章节。对此，我们深表谢意，若无诸位同人的专业素养与热情，本书必然无法具备当前的趣味与权威性。

作为"酒精博物志"系列的收官之作，本书亦应感谢我们亲爱的同事、早期酒精饮料方面的权威帕特里克·麦戈文（Patrick McGovern）先生。凡酒精饮料历史的写作者与爱好者，均尊称帕特里克为"帕博士"，我们更应如此：本系列的三部曲蒙帕博士仔细审读、评注，水平大有提升。为此，我们很荣幸将此书敬献于他。若本书有任何不足，是我们自身考虑不周。

再次感谢优秀的编辑让·汤姆森·布莱克（Jean Thomson Black）女士对本系列的大力支持。若无她的热情参与，本系列恐难问世，成书过程想必会更曲折。还要感谢插画师帕特里夏·J.韦恩（Patricia J.Wynne）女士，帮助我们完成了这一宏大的项目。还要对耶鲁大学出版社的玛格丽特·奥茨（Margaret Otzel）、伊丽莎白·西尔维娅（Elizabeth Sylvia）、阿曼达·格斯滕费尔德（Amanda Gerstenfeld）致以深深的谢意，他们帮助项目稳步推进，令合作过程格外愉快。感谢朱莉·卡尔森（Julie Carlson）细致的编辑工作和玛丽·瓦伦西亚（Mary Valencia）的优雅设计。

烈酒的世界广阔深远，若无同好及引导者支持鼓励，我们必然没有勇气开启如此庞大的著书项目。除本书作者外（特别鸣谢艾利克斯·德·沃格特），特别感谢同好威尔·费奇（Will Fitch）、罗宾·吉尔摩（Robin Gilmour）、马蒂·冈伯格（Marty Gomberg）、珍妮·凯莉（Jeanne Kelly）、雅各布·科尔霍夫（Jakob Köllhofer）、克里斯·克鲁斯（Chris Kroes）、布瑞恩·莱文（Brian Levine）、毛里·罗森塔尔（Mauri Rosenthal）、南希·陶本斯拉格（Nancy Taubenslag）与萨拉·韦弗（Sarah Weaver）。与此同时，再次向我们的妻子艾琳（Erin）与珍妮（Jeanne）致谢，感谢你们在三部曲写作过程中展现出的宽容与和善。

历史和社会中的烈酒

1

人类为何喜饮烈酒

　　如果一只猴子都能享用发酵食品，人类又何尝不可？可惜的是，图中的玻璃酒瓶上虽然画了几只猴子，酒水本身却与我们的灵长类亲戚没有关系。显然，这瓶"猴子肩"（Monkey Shoulder）体现了苏格兰农民因奋力铲谷物而受损的健康状况。不过，我们还是迫不及待地品尝起来——果然，没有辜负我们的期待。多亏了麦芽农的巧手，"猴子肩"这款调和苏格兰威士忌入口顺滑，令人惬意。酒体呈淡黄色，带有淡淡的泥煤香，杏干味与新割的青草香又补足了后劲。酒液留于上腭，具有诱人的丝滑感，亦带有浓重的咸焦糖味与些微香草味。这是一款经典调和酒，回味悠长，各种风味和谐相融。唯愿在制酒过程中，无人受到伤害。

真正喜欢喝蒸馏烈酒的人，必然知道自己爱它的原因。蒸馏烈酒是市面上最"烈"的酒精饮料，口感最为辛辣，口味与酒精含量跨度极大。不过，但凡能接受这复杂的口感与多变的味觉体验的人，多半会成为其拥趸。对好酒者（以及我们）而言，世上若无这"生命之水"，怕是对人生都会感到沮丧和不完整了。

作为感官动物，人类具有"中庸"的特质，视力与嗅觉均非自然界中的佼佼者。然而，人类拥有令人惊讶的感官能力：这能力受控于非凡的认知系统，以一种独特的、唯一的、令人满意的方式对感官输入进行分析。人类渴望将感官体验与大脑体验进行合成，形成和谐一致的结果，也正是感官与智力的动态融合从根本上提升了饮酒的体验感。

不可否认的是，烈酒最易致醉。人类并非唯一懂得饮酒作乐的动物，YouTube 上的搞笑视频也常见因吞食发酵大象果而醉醺醺的大象。然而，万物生灵中，只有人类能感知命运之不测，且自知终有一死。因此，人类背负着其他物种不需背负的存在主义负担。人类具有独特的能力，不仅担忧当前，更忧虑未来。我们知道人生充满不确定性和危险，因此乐于接受能帮助我们逃避苦难现实的一切东西。酒精能令人放松、忘却烦心事，在人类和苦难现实间筑起一道墙，以高效的社交方式传递快乐。此外，放眼人生，无所忧虑的日子也许更多，在这些日子里，酒精能放松心理限制、增进与他人的亲近感、温暖我们的心田。因此，只要避免过量，酒精的益处就能大大凸显出来。

帕特里克·麦戈文是研究古代酒精饮料的权威，揭示了酒精饮料在史前时期可能发挥过的作用。他认为，那时"尚无合成药物，就算顺利度过分娩且不早夭，人类的寿命也不过二三十年，如此，发酵饮料对健康的益处十分显见——酒精可缓解疼痛，消除炎症，似乎还能治愈疾病"。麦戈文还称，酒精的使用方法简单，可口服或涂抹皮肤。此外，早在现代卫生问世前，饮用发酵饮料（而非常常被污染的饮用水）者"寿命更长，生育的子女也更多"，"具有药学特征的药草和树脂化合物更易在酒精而非水中溶解"，且"酒水不仅能带来精神上的愉悦，通过发酵工序还能制作出比原材料更有营养、口感更佳、更易储存的食物"。另外，作为"社交润滑剂"，酒精从古至今一直致力于"打破人与人之间的拘谨，使人成众"。麦戈文还强调，发酵过程本身极为神秘，其致幻效果更有助于理解为何酒精饮料极易"融入世界各地的宗教"。毫无疑问，若天下无酒，当今的生活应是大不相同，且至少对多数人而言会无趣得多。

酒精具有诸多积极作用，智人也是公认的"好点子滥用高手"。现存所有酒精饮料中，烈酒毫无疑问是滥用最多的那个。显然，适度饮酒可感到宽慰，心情愉悦时，人们更易从酒中品出特殊的韵味；即便如此，社会仍需理性解决严重的酗酒问题。

论及人类为何饮烈酒，另一种回答是因为我们"能"饮。人们认为饮酒是天经地义之事，事实上，人类可饮用的乙醇（也即酒精饮料中的酒精）对多数有机体有害。古时没有蒸馏技术，酒精由酵母菌这一微生物的祖先生成；一些科学家推断，酵母菌利用酒精来毒杀其他微生物，以抢夺生态空间。讽刺的是，当葡萄酒、啤酒中的酒精体积百分比 [1] 超过 15% 时，即便最"能忍"的酵母菌也会选择毒死自己。任何有机体，想要摄入酒精后继续生存，都须解毒。

在以人类为代表的生物体内，解毒过程由名为醇脱氢酶（ADH）的酶完成。人体中的醇脱氢酶分子有 ADH_1A、ADH_1B（或 ADH_2）、ADH_1C（或 ADH_3）、ADH_4、ADH_5、ADH_6 和 ADH_7。ADH_1 分子存在于所有动物体内，占人体肝脏内所有酶的 10%。ADH_4 分子见于舌组织、食管及胃中，酒精进入人体后，最早"遭遇"的就是 ADH_4。醇脱氢酶不仅负责分解酒精，还能帮助细胞保持稳定的烟酰胺腺嘌呤二核苷酸（NAD）小分子流，用于能量的生成。

2015 年，科学家对比了乙醇靶向 ADH_4 在多种灵长类动物体内的分布情况。灵长类动物与人类同属哺乳纲。灵长类动物包含范围甚广，涵盖了非洲的灌丛婴猴（bushbaby）、马达加斯加的指猴（aye-ayes）等"远亲"，也有新旧大陆的猴子，亦有与人类相近的黑猩猩和人类的祖先智人。分析对比结果时，科学家们发现，人类的世系在 1000 万年前发生了剧变，ADH_4 从早先的"乙

---

1 "酒精体积百分比"（Alcohol by Volume，ABV）即日常所说的酒的"度数"。——译者注（本书页下注均为译者注，后文不再标示）

醇非活性"状态（常见于其他灵长类动物）转化为"乙醇活性"
状态。这一改变缘起于单个基因的突变，却将机体代谢、中和乙
醇的能力提升了整整40倍。灵长类动物的世系曾分化为现代非
洲猿类（大猩猩与黑猩猩）和人类，而有趣的是，这一关键性的
基因突变发生于分化前，也就意味着人类和这些猿类共享这一重
要的新型酶（图1.1）。

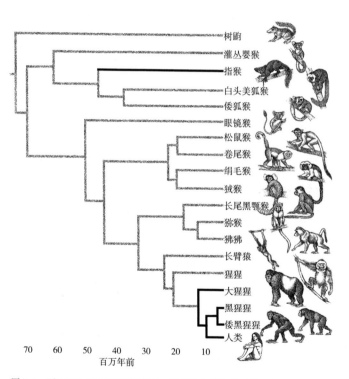

图 1.1　对 ADH$_4$ 基因进行测试后，形成的各灵长类动物的树状关系。
注：粗线代表乙醇处于活性状态的世系。
Carrigan 等（2015）

究竟是什么导致了这一基因突变？其实，在进化过程中，事物的发生并不需要缘由。基因突变构成了基因密码，而突变无时无刻不在发生。突变是自发的，是细胞分裂过程中基因密码复制错误的产物。因此，无论突变的结果是好是坏，基因突变的发生完全是随机的，突变的发生与结果毫无关联。大部分基因突变很快即被自然选择剔除，影响不大的突变基因则可能留下来，机缘巧合下还可能大范围传播，小型突变基因则更易传播。换言之，基因存活下来的要义并非为物种带来优势，甚至不需要成为常态也能存活。因此，新型 ADH_4 极有可能是日后分化成非洲猿类和人类的世系偶然间生发出的性状，毕竟这一性状并无缺点。很难想象，这一性状是如何通过随机过程在小规模亲本群体中传播开来的。

也许，新型酶曾为携带者提供了优势，因此成为祖先种群的"标配"。事实上，人类学家金伯利·J. 霍金斯（Kimberley J. Hockings）与罗宾·邓巴（Robin Dunbar）曾在《酒精与人类：漫长的社会性事件》（*Alcohol and Humans: A Long and Social Affair*）一书中提出，这种处理天然产生的酒精的能力也许曾挽救人类于灭绝。两人称，约 1000 万年前，颊囊猴（cercopithecine）数量不断增多，猿类（猿类居住在森林中，种类繁多，一度子嗣绵延，但在 1000 万年前已走向衰落）面临的压力渐增。具体来说，猿类与颊囊猴都以成熟的水果为主要食物来源，两者面临争夺食物的境况。霍金斯与邓巴认为，在这场竞争中，猴子因自身消化能力占据了优势：无论水果成熟度如何，猴子均可消化。然而，水果若是过度成熟，落到地面，将会迎来缓慢的发酵过程，正如腐烂的水果一旦受野生酵母菌入侵便会发酵；面对这样的水果，猴子就无法在夺食中占据优势了。发酵过程中产生了酒精，猴子缺少可以分解酒精的酶。能耐受酒精的人类——黑猩猩的祖先则可任意享受发酵的水果。

这个故事听上去很美。不过，哪怕是仅以水果为生的大型动物，发酵的落果也仅占其食物摄入的小部分，且当今的黑猩猩（更不消说人类）饮食结构复杂，因此，这种新型酶和人类祖先饮食间的因果关系听上去有些可疑。此外，人类的远古祖先存活了很久，才进化为杂食的人类前身并将食性固定下来，也就说明新型乙醇活性 ADH 酶与人类或其前身并无关联。改进后的新型醇脱氢酶也许曾帮助远古猿类的一个分支存活下来，但 ADH 不太可能诞生于这一情景下。

无论这一生理学上的重大创新因何产生，毋庸置疑的是，这种酶的终极目标就是令近代人类预先适应并学会分解乙醇。数百万年后，人类发明了发酵技术，并对其进行了充分利用。

发酵过程需要糖的参与，自然界中有大量的糖类，主要是因为植物要吸引生物来采食果实，并借此传播种子。我们无从得知人类是从何时开始有意发酵糖类的。陶器发明于新石器时代早期，距今约 9000 年，而在此之前，发酵用的器具应由易腐材质做成，究竟何种材质无从得知。有一个可能的例外：考古学家奥利佛·迪特里希（Oliver Dietrich）与同人称，前陶新石器（Pre-Pottery Neolithic）时代，土耳其哥贝克力石阵中的石灰岩盆地可能曾在 11000 年前被用于制造啤酒。然而，该研究小组近来措辞渐趋保守，称该盆地仅用于"烹调谷物"。不过，无论哥贝克力石阵的用途是什么，一旦耐用的陶器问世，人们便会倾尽所有方法将其用于一切可发酵之物。

有意识的发酵行为，迄今最早的证据出现在中国北部新石器时代早期的贾湖遗址，该地出土的陶器上有化学残留物。约 9000 年前，当地居民以蜂蜜、山楂和 / 或葡萄及大米为原料（相当于将啤酒、蜂蜜酒和葡萄酒的原料相混合），通过发酵手段制成了酒。近来，人们利用相同原料"复现"了同款发酵饮料，酒精体积百分比高达 9%。放眼西方，最早记录在册的发酵饮料见于约 8000 年前的格鲁吉亚共和国，是一种葡萄酒（从陶罐中的残留物获得）。该国以南的美索不达米亚平原，在约 5000 年前的苏美尔文明早期出现了啤酒，居于统治地位的精英阶级则以葡萄酒作为权力的象征。

显然，世界各地的人们一旦掌握了制酒技术，便迫不及待地将制酶的生理天赋用于品尝美酒了。无论巧言辩解还是矢口否认，都无法掩盖世人沉迷酒精的事实，即便人人都知道过量饮酒的代价。这就强有力地说明了一个事实：在人类历史上，饮酒习惯的确形成较晚，但这是因为人类此前未能掌握大量生产、储存酒精的技术。人类对酒精的渴望从未消失，一直潜伏在身体里，条件成熟后便显露出来。这一结论并不令人惊讶，毕竟，饮酒不仅是人类文化的共同特质，其他生物也喜欢喝酒。

在科学家看来，除人类外，最喜欢饮酒的生物当数马来西亚的笔尾树鼩（pen-tailed treeshrew）。作为哺乳动物，笔尾树鼩身材娇小（体重仅 50 多克），能忘我吸食玻淡棕榈（bertam palm）自然发酵的花蜜达数小时，笔尾树鼩也因此而闻名。显然，比起汲取营养，笔尾树鼩更享受吸食的过程。发酵后，花蜜的酒精体积百分比可达近 4%，相当于 1 罐传统英国啤酒——也就是说，小家伙能一口气喝下 3 罐酒。不过，笔尾树鼩并无醉酒迹象，实在是幸运，毕竟其栖息地遍布危险的天敌，一旦放松警惕就有可能丧命。我们无从得知笔尾树鼩是如何掌握这门天才技艺的，其 ADH 酶的特征还需挖掘，不过，人们已对其近亲生物进行检测，发现其近亲含有相同的酶。

　　同样因喜爱自然发酵酒精闻名的，是与人类同属灵长类的巴拿马吼猴（Panamanian howler monkey）——不过，吼猴是有醉酒可能的。25 年前，研究者们发现一只吼猴异常兴奋地攫食着星果椰棕榈的果实。吼猴表现得极为狂野，观察者怀疑这只吼猴喝醉了，对其啃食一半后掉落地上的果实进行测试，证实了此说法。计算结果显示，这只体重 9 千克的吼猴一次性摄入了多达 10 杯酒。

　　这一观察现象令生物学家罗伯特·达德利（Robert Dudley）产生了好奇：为何猴子如此热爱酒精？他得出了结论：与其说猴子嗜酒，不如说是自然发酵制酒过程中生成的糖具有高度养分，更被猴子喜爱。吼猴主要以水果为食，与人类相似，其祖先也以水果为食。它们会主动食用成熟的水果，可代谢少量酒精（灵长类动物都具有所谓的醉酒基因，且与果蝇是"远亲"）。此外，未发酵的成熟水果是否含糖，需从其表皮颜色间接推断，而发酵过程会散发出浓烈的气味，嗅觉灵敏的动物在远处就可闻到。因此，若食果动物循味而来，寻觅到成熟且恰好含酒精的果子，可以算是自动"加餐"了。无论对动物个体还是其物种而言，这都是一个明显的优势。达德利的"醉猴假说"将人类对酒精的偏爱看作"进化后遗症"。不过，如果 ADH_4 的故事中含有因果关系，也许有人会问，为何更多的食果动物并未获得这种新型酶？毕竟，这一基因突变十分简单，在灵长类动物间发生了不止一次，奇异、美丽的马达加斯加指猴也拥有改进型 ADH_4 酶（图 1.2）。

人类的近亲黑猩猩与我们共享改进型 ADH_4 酶，因此，听到黑猩猩属其他成员很少利用这种酶，人们不免惊讶。事实上，黑猩猩有时也"贪杯"。在西非国家几内亚的博苏，研究者称曾观察到黑猩猩屡次从栖身的退化森林前往附近的酒椰树植物园。人们也许会认为，植物园中并无多少它们能吃的食物。但是，植物园工人会敲打酒椰树以获取含糖汁液，并将其收入塑料容器中。容器中的汁液会迅速、自发地发酵为含酒精的棕榈酒，随着时间的推移，酒精体积百分比可达 3%—7%。趁工人没留意，黑猩猩潜入园中，从容器中舀出酒液：它们机智地用发皱的叶子（类似海绵）将汁液吸上来。根据经验，棕榈汁液起初口感甜蜜细腻，随着时间的推移会产生酒精，当达到黑猩猩可享用的酒度数时，棕榈酒的味道变得非常刺鼻，令人类感到抗拒。不过，无论口感

图 1.2 指猴是马达加斯加狐猴中最特殊的一种，是除人类和非洲猿类以外唯一拥有乙醇活性 ADH_4 的灵长类动物。

如何变化，黑猩猩显然十分青睐棕榈酒，每几秒就将"海绵"浸满汁液，然后挤入口中，可一口气畅饮数分钟。很难说黑猩猩究竟是喜欢棕榈酒的口感，还是单纯享受醉酒的感觉（观察者称黑猩猩"表现出醉酒的迹象"）。不过，发酵过头的棕榈酒口感如何，相信大家都了解，因此可大致推断醉酒感应是黑猩猩喜欢它的主要原因。

人类学家鲁斯·汤姆森（Ruth Thomsen）与安雅·兹斯科克（Anja Zschoke）意图挖掘更多信息。两人阅读了有关醉猴、ADH_4 及博苏黑猩猩的相关材料，据此开展了长达 10 天的实验。其间，两人每日给动物园的黑猩猩喂食原味苹果泥或添加朗姆口味的苹果泥。起初，黑猩猩对朗姆味苹果泥表现出兴趣，但很快便兴趣全无。为此，研究者认为黑猩猩"比起不含酒精的水果，并没有更青睐富含酒精的水果"，并否认了醉猴理论。然而，经过深入研究，我们会发现苹果泥中并非加入了真正的朗姆酒——毫无疑问，由于某些"规定"，实验采用了朗姆味调味剂而非真实的朗姆酒，因此，苹果泥的酒精体积百分比仅有 0.5%。换言之，本实验最多能推知黑猩猩不喜欢不含酒精的朗姆酒替代品，但无从得知加入酒精体积百分比 40% 的朗姆酒后结果是否会不同。但我们仍选择相信博苏黑猩猩饮用棕榈酒是为了体验醉酒的感受。

无论黑猩猩是否喜欢酒精，人类显然不是唯一热爱酒精的生物。不过，人类的独特之处就在于既能随意生产酒精，又能相对大量地消耗酒精。人类造酒伊始，似乎就在其中投入了大量心思与精力。最早的酿酒者将一切可用食材用于发酵，既要造酒，还要造味美的好酒。根据主要原料与制造传统，后人区分出了啤酒、葡萄酒和蜂蜜酒。蒸馏技术问世于人类酒精史晚期，自然要归功于所需新技术的出现。蒸馏技术甫一问世，人们便孜孜不倦地探索其可能性，如今，每家酒吧都拥有林林总总的蒸馏酒供客人享用。

酒精属于全人类。几乎所有专业的酒吧都藏有大量啤酒、葡萄酒和烈酒（甚至还有"翻红"的蜂蜜酒），由此可见，人类的共性就是希望享用各类酒精。此外，多数饮酒者认为不同的酒适于不同场合，因此并非相互排斥，而是相辅相成。毕竟，我们可不想大热天喝格拉巴酒解渴，也不会就着酸啤酒享用提拉米苏。酒精最迷人之处，就在于提供了形形色色的质地、口感与香味，满足了人们富于变化的口腹之欲。

2

蒸馏技术简史

进入蒸馏史这部分前，有必要看一看欧洲最古老、运营时014
间最久的特许酒厂的产品。酒厂毗邻爱尔兰西北海岸，该地地
势崎岖，平日多风。这家酒厂是1784年成立的老布什米尔酒厂
（Bushmills Old Distillery Company）的前身，于1608年首获制酒
许可。今天的布什米尔酒厂一向主打爱尔兰威士忌，拥有成排的
传统矮胖长颈铜制蒸馏器，对产品进行三次蒸馏。这些产品拥有
16年的酒龄，由100%的发芽大麦制成。在装入大型"管道"中015

进行 9 个月的精加工之前，这种威士忌的各种组成部分已经在以前用来装奥洛罗索（Oloroso）雪利酒或美国波旁威士忌的酒桶中度过了 15 年。由此制成的终产品反映出复杂的制酒历史。这款威士忌在玻璃杯中呈金色，闪耀着红色高光，芳香与独特的水果香扑鼻而来。酒液带有太妃糖与黑色水果的味道，亦有些微雪利酒的气息，主体则是传统麦芽浆与传统壶式蒸馏器制成的浓郁麦芽味。浅尝一口，这款威士忌从麦芽浆到入杯的过程便在眼前栩栩"复现"。

在炉子上煮咸汤或炖菜时，盖上透明的盖子，食物会被煮沸。几分钟后便会看到盖子下表面有凝结物。将盖子小心拿起，倾斜一下，收集滴落的凝结物。然后分别品尝凝结物与锅中的炖物，会发现味道大有不同——比起锅中咸咸的炖物，凝结物的口感更为适中。

这就是一个简单的蒸馏案例：通过加热使食材蒸发，进而令液体混合物中的不同成分在不同温度下分离出来。比如，酒精的理想状态为乙醇，乙醇的沸点为 173.1 华氏度，水的沸点则为 212 华氏度。因此，如果加热既含乙醇又含水的葡萄酒，当温度介于两者沸点之间，对挥发、凝结的酒精进行单独收集，水则会继续留在容器中。需注意的是，具有毒性的甲醇将先于可饮用的乙醇挥发，因此，应将最先蒸馏出的"酒头"撇去（最后蒸馏出的"酒尾"也需撇去，而最佳时机往往介于酒头和酒尾之间）。含酒精的"酒醪"（wash）中充斥着甲醇、乙醇以外的复合物，这些复合物不应存在于终产品中，且沸点不同，因此，现代酒厂采用分馏法的工艺对目标温度进行微调，以实现预期效果。我们无从得知分馏法是何时、何地发明出来并投入使用的，幸运的是，史学家们仍在不懈努力地推断真相。

1906 年 4 月 27 日，在英国酿酒与蒸馏研究所（United Kingdom's Institute of Brewing and Distilling）的年会上，食品科学家托马斯·费尔利（Thomas Fairley）进行了一场演讲，针对蒸馏早期史进行了颇具争议的讨论。在利兹的皇后酒店，他侃侃而谈，观众十分信服，引发了大量讨论。费尔利的谈话内容大致基于 1901 年土壤科学家奥斯瓦尔德·施赖纳（Oswald Schreiner）撰写的一篇手册。幸运的是，费尔利的演讲内容发表在《酿造学会志》（*Journal of the Institute of Brewing*），施赖纳的手册也留存至今。两人的文章都配有大量插图，以 19 世纪绅士科学家的古英语行文，为蒸馏早期史提供了几个重要观点，包括对蒸馏器最早在何地被发明的推断、对早期蒸馏器形状的观察以及酒精饮料起源的一些假说。也许，其中最有见地的推断当数费尔利"蒸馏的艺术也许在不同国家分别崛起"的观点。费尔利承认，蒸煮食物的传统自古就存在于多个文化之中，当时的人们也应意识到，蒸汽的出现就是日后技术变革的先兆。在费尔利看来，蒸馏器和蒸馏技术的发明距离蒸汽技术仅数步之遥，且处于不同时期、不同地点的人都可能会意识到这一点。

为支持自己的观点，费尔利列举了世界各地的文化中沿用至今的各种蒸馏器，横跨古希腊、罗马、埃及、阿拉伯半岛、欧洲、印度、锡兰、日本、中国、不丹、高加索地区、塔希提岛、秘鲁等地，引用了希腊的亚里士多德、罗马的小普林尼（Pliny the Younger）、亚历山人的佐西默斯（Zosimos）和阿拉伯半岛的贾比尔·伊本·哈扬（Jābir ibn Hayyān）等著名历史人物的言论。费尔利还称，从远古时期开始，海员便通过煮海水以收集其冷凝物的方式获取饮用水。亚里士多德也知晓这一点，在《天象论》（Meteorology）一书中写道："可通过蒸发从海水中获取饮用水；其他液体也遵从同样的规律。"

对"蒸馏"（distillation）一词的起源，费尔利曾说，希腊语与罗马语是多数现代科技词语的来源，但两种语言中均无一词能指代"蒸馏"。事实上，若想用拉丁语解释馏出物，只能采取迂回的描述方式，如"物体靠近火焰'逼'出的液体"（rei succum subjectis ignibus exprimare）。然而，如同多数科学术语那样，英语词"distillation"的确有拉丁语词根，即拉丁语名词"stilla"（一滴），加上拉丁语词缀"de"就变成了"de-stillo"，后简化为"distillo"，最终才演变为其现代英语形式。因此，不难想象"distillation"一词的早期含义更为笼统，指代任何液体中较轻的物质以形成滴液的方式与较重的物质分离的过程。直到14世纪，"蒸馏"一词才与制酒明确"挂钩"。

当然了，那时的人们并不知酒精为何物，仅仅知道蒸馏产生的清冽液体饮后有奇效：18世纪，人们将馏出物简单看作水的另一种形式。考虑到当时的知识水平，这种想法十分合理。如果未在大学修习过化学课程，很容易将任何加热、凝结生成的透明液体认作水。小普林尼曾这般赞颂烈酒："噢，罪恶而神奇的法术！

通过某种方式，水也能致人沉醉。"因此不难想象，早期人们将酒精指代为水的一种形式，如"*aqua vitae*"（拉丁语）、"eau-de-vie"（法语）甚至"uisge-beatha"（凯尔特语），意思均为"生命之水"。

据费尔利称，"alcohol"（酒精）一词源自闪米特词语"kuhl"（也拼作 kohol 或 koh'l），在阿拉伯语和希伯来语中广泛使用。"Kohol"指代蒸馏一种矿石产生的细粉，后用于指代任何细腻、纯粹的化合物或物质。在该词前加上阿拉伯语代词 al（形成的词为 al-kuhl），"alcohol"一词就诞生了。在欧洲，"酒精"一词的使用最早与"distillation"一词的早期含义相关联，也即化学家诺伯特·柯克曼（Norbert Kockmann）所说的，指代任何包含"针对油的过滤、结晶、提取、升华或机械压制"的分离操作。不难看出，该词的指代范围极为宽泛。费尔利演讲中最引人入胜的部分，也许当数其对形状各异的蒸馏器名称的解释。这些蒸馏器的形状模拟了动物，因此，费尔利用蒸馏烧瓶凑成了一家"动物园"（图 2.1），有 Struthio（名字取自鸵鸟的拉丁名 *Struthio camelus*）、testudo（名字取自海龟的属名 *Testudo*）以及 hydra（名字取自希腊神话中的多头蛇许德拉）。

蒸馏器被用于多种文化，因此，很难印证其问世的具体时间；人们对除西欧外其他地区蒸馏工序存在的时间也知之甚少。不过，可以确定的是，蒸馏技术问世于啤酒、葡萄酒工艺之后，因为这类酒精含量低的饮品正是烈酒的蒸馏原料。这一发现将烈酒蒸馏的发明时间定位至公元前 6000 年前后。然而，这一时间距离记录在册的最早蒸馏行为仍较远。罗马皇帝戴克里先担心炼金成功会导致金币贬值，因此，他于 296 年向炼金术士宣战，并将

图 2.1　以动物命名的蒸馏器。从左到右依次是：上排：鸵鸟（*struthio*），海龟（*testudo*），熊（*ursus*），鹈鹕（*pellicanus*）；下排：许德拉（*hydra*），蟒蛇（*serpentine*），白鹳（*ciconia*）。
费尔利（1907）。

后者的手稿焚毁，这些炼金术士即是最早载入史册的蒸馏者；然而，这一史实对于蒸馏的溯源并无帮助。事实上，对全球文化中蒸馏器早期形态的相关描述，大部分可追溯至 1500—1600 年的勘探时代；除探险家的记录外，一些更早的考古指标也可作为补充。

　　基于现存的历史证据，一些学者认为波斯是蒸馏器的发源地，因为波斯地区拥有完善的玫瑰水及玫瑰油蒸馏技艺。另有一些史学家认为，印度或埃及才是蒸馏器诞生之地。也许，考古得出的证据更具指向性，指向了近东的新月沃地（Fertile Crescent）。美索不达米亚平原上，拥有 5500 年历史的苏美尔人遗址中出土了残缺的蒸发器皿，应是蒸馏精油、玫瑰水与木松节油的设备的一部分（图 2.2）。这种入门级的蒸馏器效率并不高，不过，采用基础的冷凝设计后，效率很快得以提高。最重要的是，排出管由收集槽延伸至蒸馏器外部的收集皿，通过将收集槽

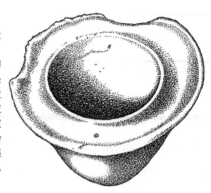

图 2.2 伊拉克摩苏尔附近考古地中出土的冷凝皿。该器具顶部缺少应有的冷却盖。围绕顶部的凹陷部分是蒸馏器的收集部分。该装置中，沸腾溶液的冷凝液滴应在盖子底部被收集，盖子应是逐渐收窄的形状。液滴会顺着盖子滑至蒸馏器的收集部分。沸腾锅直径约 50 厘米。柯克曼（2014）。

移动至冷却盖，或者用湿沙或水包裹冷却收集装置，可实现更佳的冷却效果。我们可将这些技术进步视为传承谱系的一部分——当今统称为"壶式蒸馏器"（pot still）的装置，即是当年技术创新的"玄孙"。

按照柯克曼的观点，蒸馏史与蒸馏器在欧亚大陆西部的发展大致分为五大阶段：古典前时期到古典时期（前 6000—700）、阿拉伯蒸馏器（Arabian-Alembic）时期（700—1450）、文艺复兴科学时期（1450—1800）、工业化时期（1800—1950）以及现代融合时期。我们已了解新石器时期至古典时期留下的零星证据，现在，让我们走进蒸馏史的后四个阶段。

古典时期到阿拉伯蒸馏器时期的过渡，以阿拉伯风格壶式蒸馏器的广泛传播为标志。在 4 世纪的炼金术士佐西默斯看来，该器具应问世于一两个世纪前，出现在亚历山大统治时期后的埃及，由犹太女人玛丽（Maria the Jewess）设计，她或许是炼金术之母［英语中，alchemy（炼金术）一词来源于阿拉伯语词 al-Kemet，也即"埃及"］。佐西默斯描述的是图 2.3 中的蒸馏器，风格源自公元第一个千年早期的希腊，有时称"德谟克利特蒸馏器"（Still of Democritus），有时称"辛内修斯蒸馏器"（Alembic of Synesios）。该蒸馏器由四个部件组成，其设计一直沿用至公元第二个千年，成为炼金蒸馏器的基本模型。器具顶部的盔状盖经由一根管子与下方的接收皿（receptaculum）相连，加热装置（名为 cucurbita，因外观似葫芦）表面则标有希腊字母，由三角支架支撑。

020

8 世纪，阿拉伯半岛的炼金术士大量采用这类简单蒸馏器，一直沿用至文艺复兴时期。如今，alembic 一词用于指代由一根管子将两个独立器具连接起来的蒸馏器：该词本质上来源于希腊语词根 ambix，意为"杯"。乍一看，这一词源似乎印证了该蒸馏

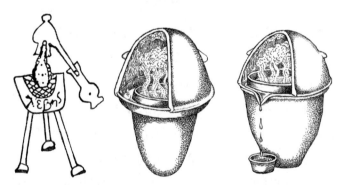

图 2.3　左侧：德谟克利特蒸馏器（也称辛内修斯蒸馏器）的现代图示，公元第一个千年早期。请留意蒸馏器的构造及加热装置表面的刻字"λεβης"，是希腊语"壶"的意思。中心及右侧：剖开的伊朗蒸馏器。柯克曼（2014）。

器发源自后希腊化时代的埃及的观点，然而，alembic 本身是通过其阿拉伯语衍生词 al-inbiq 为人所知的，也就说明了该词进入现代欧洲语言的路径。早期的壶式蒸馏器也称盔式蒸馏器（Helmet Still），更像是炼金术士发明的杰作。

自 8 世纪起，阿拉伯文化对阿拉伯蒸馏器时期的影响有完整的记载：该时期，阿拉伯科学大放异彩，近东地区有多人精通化学与炼金术。上文提到的贾比尔（也即代数的发明人贾比尔·伊本·哈扬）也是同时期出色的化学家。贾比尔发现蒸馏的产物具有可燃性，建议用玻璃器皿完成蒸馏过程，因为玻璃不易起反应。贾比尔的部分炼金术著作被译成拉丁文，其中的知识很快传入欧洲（见第 3 章）。值得关注的是，对于阿拉伯人而言，蒸馏是制造精油等非酒精类制品的方法，爱酒的欧洲人则很快借助该技术将葡萄酒等发酵饮料制成酒精含量高的烈酒，践行了所谓的"极简主义"。

在欧洲，早期的蒸馏行为多由炼金术士完成，蒸馏制品则最早被用作药品（1347—1350 年的黑死病显然推动了这一应用，当时酒精并不具备疗愈功能，却是最好的疼痛缓解剂）。14 世纪初，蒸馏科学的精细程度达到新高，优化了高度依赖蒸馏器形状的两种蒸馏方法，也即"上升法"（ad ascensum）与"下沉法"（ad descensum）：前者利用升腾的蒸汽形成蒸馏物，后者则利用下行的蒸汽流。不过，后一种方法最终被弃用。文艺复兴科学早期，蒸馏技术另有一大发展，即分馏器。所谓分馏器就是一种小型容器，与冷却盖和收集皿之间的管道相连。这一装置可谓匠心独运，可以捕捉并分离出传统工艺无法筛出的馏出物成分，避免其进入最终形成的溶液。冷凝物通过冷却盖"逃离"加热皿，不易挥发的馏分会先于酒精等较易挥发的馏分沉淀并脱离出来。不易挥发的馏分可用于炼金术，因此，炼金术士发明了这一"中转"设备，意外造福了饮酒者，毕竟饮酒者也不希望这些成分出现在酒水中。从各方面而言，分馏器都有益无害。

　　当今的大部分蒸馏技术沿袭自阿拉伯—欧洲传统，但这并不意味着其他地区从未探索过浓缩酒精。准确的时间点已不可考，但在西班牙殖民时期前，菲律宾人应已大致制造出今日的兰班诺（lambanóg）：兰班诺的原料为椰子或尼巴棕榈叶的汁液，汁液的获取方法与热带地区的各类棕榈汁液（颇受博苏黑猩猩欢迎）的获取方式大致相同。历史上，制造兰班诺要先将汁液发酵两天，再使用用炉灶加热的蒸馏器进行二次蒸馏：蒸馏器由两口锅或两个木桶制成，两部分由中空的原木相连接。二次蒸馏工艺极可能是西班牙蒸馏技术与当地传统手法结合的产物，至少在 1574 年就开始应用。这一设备虽原始，制出的烈酒却口感温和，宛如伏特加，第一次蒸馏酒精体积百分比就高达 40%—45%，二次蒸馏可超 80%。爱酒者盛赞兰班诺的纯度，不过，当今的兰班诺由现代化程度更高的设备制成，有时以桂皮、泡泡糖等不同口味作为卖点。

　　中国有悠久的蒸馏史，书面记载也很丰富。马可·波罗在 13世纪抵达中国，河北省东北部的青龙县则出土了 12 世纪的蒸馏器残骸，证明马可·波罗到来前，蒸馏酒就已在这片古老的土地上问世了。我们尚不知中国的蒸馏技术是独创还是经由丝绸之路从西方传入，但多数研究认为中国的蒸馏技术与西方存在关联。无论真相如何，中国坐拥世界上最古老且仍在运营中的酒厂之一，位于四川省的泸州市。运用本书第 17 章提到的技术，这家酒厂自 16 世纪中期便开始生产白酒。

另一与之密切相关的东方蒸馏传统来自蒙古国。受俄罗斯影响，蒙古国现有数百家伏特加酒厂，但该国的传统烈酒与伏特加大不相同。发酵的马奶酒（突厥语称 kumiss）在蒙古国酒精饮料中最不受欢迎：马奶酒并非由蒸馏手段制成，酒精体积百分比仅为 2%—3%，相比其他蒙古国酒要更温和。然而，冰冻蒸馏（freeze distillation）方法可提高酒精含量，俄罗斯最早的伏特加据说就是依此法生产的（见第 10 章）。马奶还可制成烧酒，是一种传统的蒙古国烈酒，家家户户都会制作，不过，烧酒主要还是由名为开菲尔（kefir）的发酵牛乳酸奶制成。制作烧酒时，需将开菲尔（或马奶）倒入炉子上方的凹陷大锅中，再在锅上放置碗状收集装置：该收集装置由柱状底架支撑，顶部由内凹的盖子封住，盖子上盛满冷水。加热时，开菲尔将自身的酒精挥发，挥发出的酒精在温度较低的盖子上凝结，滴落到中心的碗内。两个回合后，收集到的冷凝物成为可饮用的澄澈饮料，酒精体积百分比约为 10%。对于不常饮烧酒者而言，这个阶段的产物尝起来有些许"变质感"；随着工序不断进行，液体的酒精含量会继续升高，进一步突出这种变质感。

026 ☕☕☕

　　再回到欧洲。在柯克曼看来，阿拉伯蒸馏器时期到文艺复兴科学时期的重大转变归功于印刷术的发明。活体印刷是文艺复兴时期科学与文化发展的一大主要驱动力，将蒸馏配方与工艺传播得更远，而在 1450 年前，这些知识仅由欧洲的修道院、医学院及药剂师掌握。借由新的通信技术，几位作者在 15 世纪末到 16 世纪中期将蒸馏知识传遍了四方。

　　该时期的蒸馏专家还为发展中的重要酿酒概念著书，更广泛探索了制作蒸馏器具的最佳材料，以及可用于制作蒸馏器和收集皿的草木、黏土及瓷器等材料。铜与铅也用于制作蒸馏器和收集皿，不过，某些金属会与器皿中的化学物质产生反应，因此炼金术士起初并未采用。比如，若用铅制器皿进行蒸馏，蒸馏出的酒会呈现奶白色，这提醒炼金术士有意外发生，于是这些有毒的产物被幸运地丢掉了。铜则与此相反，人们很快发现铜可以去除许多馏出物中形成的硫化物。硫能生出难闻的植物气息及"臭鸡蛋"味，可谓是蒸馏克星。自此，铜一跃成为酒精蒸馏器的最佳原材料。

　　15 世纪末，"玫瑰帽"蒸馏器（rosenhut）问世，主要目的是分离出医用液体。这种蒸馏器的设计十分新颖，为一体式结构，有一处加热用的明火区、内置的锥状加热皿、相连的冷却盖以及蒸馏器臂（图 2.4）。

　　文艺复兴早期，另一创新发明是以蒸汽代替明火加热。柯克曼认为，16 世纪的法国占星家克劳德·达里奥（Claude Dariot）

图 2.4 "玫瑰帽"蒸馏器。
资料来源：Wikimedia Commons，https:// de.wikipedia.org/wiki/Datei: Rosenhut.png.

是最早采用蒸汽蒸馏法的欧洲人。这是一项巨大突破，使得炼金术士能精准控制被蒸馏物的温度。这一技术将水煮沸，生成蒸汽，蒸汽缓缓升腾，加热了承载着蒸馏物的器皿（通常是cucurbita，图 2.3）。除此之外，其余的蒸馏步骤与上文无异。该时期可谓蒸馏器制造的黄金期，人们还发明了其他控制蒸馏过程中温度的方法，大大改良了热量传递的方式。

　　蒸汽法令世人明白，在蒸馏的任何步骤中，无论是冷却还是加热，控制温度都异常重要。此前，许多炼金术士仅用蒸馏器四周的空气来对馏出物进行简单冷却，即便今日，一些蒸馏器仍采用这种原始方法达到冷却目的。不过，早期还有一种方法，即水套筒法：热量传递过于密集时，热量可通过置于冷水中的排出管

024

排出，且冷水可更换。随后产生了一大技术进步，即发明了令冷水不断流经环绕蒸馏器排出臂的水套筒。无论何种方式，水套筒都能更好地控制冷却阶段，还可降低加热皿与排出管在高温下破裂的可能性。盘旋式冷却管也是一大进步：这种冷却管多称"虫管"（worm），延长了馏出物到达蒸馏区前需经过的路径，提高了冷却效率，将线圈放置于水套筒中则效率更高。

　　得益于文艺复兴时期的技术进步，后世的炼金术士拥有了称手的工具。然而，通往工业化时期的道路上又有趣事发生：科学发展大放异彩，炼金术却逐渐式微。这一过渡时期出现了三款蒸馏器：一种是旨在满足严谨科学需求的实验室用蒸馏器；一种是为商业用途批量生产化合物的工业蒸馏器，生产对象含工业革命期间流行的亚麻和棉布染色所需的硫酸；还有一种是生产药用及休闲用酒精的蒸馏器，中世纪晚期已大行其道。

　　1500 年是开启蒸馏饮料史的标志性节点，这一年，西罗尼穆斯·布伦施威格（Hieronymus Brunschwig）出版了作品《蒸馏技术之书》（*Liber de Arte Distillandi*），这是最早介绍酒精蒸馏的印刷品之一。有趣的是，该书于 1527 年被译成英文，书名由《蒸馏技术之书》改为《蒸馏美德之术》（*The Virtuous Book of Distilling*）。为何加入"美德"二字？因为布伦施威格为烈酒摇旗呐喊，称其为几乎可治愈各种疾病的奇剂良方，因此，人们将蒸馏物看作上帝的馈赠。该书的英文译者劳伦斯·安德鲁（Laurence Andrew）在前言部分笨拙地宣告："看看，上帝赋予的具有天然功效的药品，要远远强于魔鬼发明的不具有天然功效的邪恶话语或魔法。"换言之，15世纪与16世纪之交，蒸馏产物（"具有天然功效的药品"）被视为上帝赐予的礼物，可治疗当时的多种疾病。

不过一个世纪，就发生了这么大变化！安德鲁的文风庄严肃穆，其同胞约翰·泰勒（John Taylor）1618年创作的《无便士的朝圣》（*Pennyless Pilgrimage*）则大不相同。泰勒为这部作品取了个极为"松弛"的副标题——"他身无分文，也未乞讨、借钱或要求供吃住，却从伦敦一路走到苏格兰的埃登堡"（How He Traveled from London to Edenborough in Scotland, Not Carrying Any Money To or Fro, Neither Begging, Borrowing, or Asking Meate, Drinke or Lodging）。与副标题相对应，文中出现了下文这样不朽的诗句：

> 我恳求你，要将这些话当真
>
> 我有好酒
>
> 配以芳草（神的"特供"）
>
> 我想，这是最适合凡人的配置
>
> [And I entreat you take these words for no-lies,
>
> I had good Aqua vitæ, Rosa so-lies:
>
> With sweet Ambrosia (the gods' own drink),
>
> Most excellent gear for mortals, as I think.]

泰勒自称"皇帝的水上诗人"（当时，所谓的水上人多指臭

026 名昭著的酒鬼），显然在伦敦到爱丁堡的路上他豪饮了烈酒及大量啤酒，且并不追求健康身体中的健康头脑。不到 100 年间，蒸馏产品在欧洲的用途就发生了巨变，从服务炼金术／医用目的转变为服务现代化学及化学工程，再到制造供大众休闲的可致醉饮料。该时期，欧洲人也开始对新大陆舶来的甘蔗进行蒸馏，制成酒精，两者恐怕并非巧合（见第 14 章）。

前往爱丁堡的途中，穷困潦倒的泰勒饮用的酒水由佐西默斯曾提及的那种蒸馏器制成。当时还不具备大批量生产酒水的关键性技术，因此仍用传统的壶式蒸馏器分批产酒。每次仅对定量的酒醪进行蒸发与凝结操作，且蒸馏器二次使用前需先清空并洗净。此外，即便是效率最高的现代壶式蒸馏器（效率远高于泰勒时期的蒸馏器），也无法以酒精体积百分比约 12% 的酒醪生产出体积百分比高于 30%—35% 的烈酒。为提高酒精含量，馏出物须多次经过蒸馏器，如此，既能将酒精含量提升至预想高度，又能确保去除初始酒醪中的大量（可用或不可用的）化合物。部分壶式蒸馏器的体积很大（19 世纪初的一口"巨壶"可容纳 14.3 万升液体），蒸馏过程既耗时又耗力，且最终制成的烈酒纯度有限。因此，若想以工业化规模生产烈酒，需要效率更高的器具。塔式蒸馏器（column still）因之问世。

前述塔式蒸馏器的问世归功于一名爱尔兰人与一名苏格兰人。不过，18 世纪末 19 世纪初，法国等地的几名化学家与酿酒者在蒸馏工序中别出心裁地增添了一些重要的创新之举，塔式蒸馏器才得以问世，该时期发明的部分装置甚至已接近塔式蒸馏器。然而，申请专利存在诸多不可控因素，因此，沿用至今的塔式蒸馏器专利由苏格兰人罗伯特·斯坦因（Robert Stein）与爱尔兰人埃涅阿斯·科菲（Aeneas Coffey）共同持有。斯坦因最先提出了塔式蒸馏器的构想，并在 1828 年申请专利。他的设计可谓重大飞跃，既超越了上文所述的壶式蒸馏器，又超越了他申请专利前市面上不断改进的各种蒸馏器。然而，斯坦因设计的蒸馏器须要经常清洁，且产出的烈酒纯度有限。科菲采用了斯坦因的概念，但在此基础上做出了改动，并于 1830 年为自己的设计申请了专利（图 2.5），由此诞生了"科菲"蒸馏器，或称"连续"蒸馏器。 027

连续蒸馏器以分馏原理为基础。除乙醇外，壶式蒸馏器的馏出物还含有多种分子（"酒类芳香物"）。科菲蒸馏器则仅保留蒸馏出的部分产物，生成高纯度酒精，约可达 95%—96%（若纯度超过此值，水与乙醇会形成共沸物，意为两者沸点相同）。通常，连续蒸馏器的终产品会在装瓶前将酒精体积百分比稀释至 40%。 028

壶式蒸馏器与科菲蒸馏器存在明显的物理区别：后者具有较高的双蒸馏塔，前者则只有一个圆胖形的蒸馏皿。科菲蒸馏器有两条竖直的长塔，一为"解析塔"，一为"精馏塔"，两者均由蒸汽加热（图 2.6）。蒸汽在解析塔中上升，与此同时，酒醪沿精馏塔下降，穿过一系列装有多孔板的平面。酒醪中的酒精进入精馏塔，在精馏塔循环、冷凝并被收集。科菲蒸馏器的巧妙之处在于初始原料可在两塔中无限循环，生产便可以不间断地进行。

科菲蒸馏塔一经推出便大受烈酒商欢迎，应用范围几乎遍布各地，讽刺的是却在科菲的祖国爱尔兰、当时全球最大的威士忌

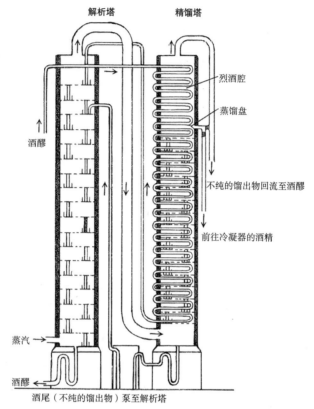

图 2.5　早期双塔蒸馏器示意图。

产业所在地"遇冷"。在多数爱尔兰酒商看来，用科菲蒸馏器制出的产品酒精含量高，但口味有所不足。这一说法是正确的，因为连续蒸馏能有效去除原始酒醪中的大部分污染物和微量元素，进而消除更多的酒类芳香物，而正是这些酒类芳香物赋予了爱尔兰威士忌为世界各地酒客所珍视的风味与口感。

科菲的连续蒸馏器在爱尔兰遇冷，却在斯坦因的祖国苏格兰

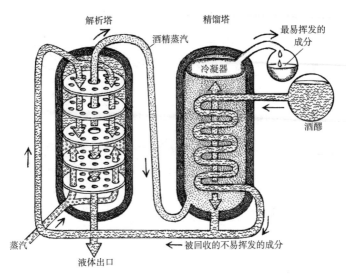

图 2.6 理想的科菲双塔蒸馏器示意图。双塔均先由蒸汽预热。

被接纳，用来制作主要用于调酒的苏格兰威士忌，但也最终导致了 whisky 与 whiskey 酒客间的决裂（见第 3 章）。部分美国、爱尔兰威士忌制造商最终采用了科菲蒸馏器，如今，这些行业兼用壶式蒸馏器和连续蒸馏器。不过，全球范围内，连续蒸馏器的产酒量要远高于壶式蒸馏器。我们很难一概而论，但大致可断言今日多数"精酿"蒸馏均在壶式蒸馏器中完成，而工业化大批量生产则需使用连续蒸馏器。但也有特例，即使是规模最大的干邑酒庄，也必须依法使用铜制壶式蒸馏器，而许多精酿酒厂，特别是金酒和伏特加酒厂，则以"中性"（高纯度）烈性酒为原料，在大型连续蒸馏塔中运作。因此，目前市面多数烈酒都可用这两种蒸馏器制成。如今，人们又发明出"混合"蒸馏器（"hybrid" still），使得"蒸馏器"本身的定义和规则更加复杂。

蒸馏过程的效率较低，因此，多数壶式蒸馏器制出的烈酒须蒸馏个止一次，干邑则强制规定必须蒸馏两次（雅文邑则只蒸馏一次），有时要求蒸馏 10 次及以上。不过，若是看到连续蒸馏器制成的某种烈酒号称"经多次蒸馏"（比如为数不少的伏特加），务必要当心：毕竟，一条高高的蒸馏塔就可能有数十个多孔板，这能换算成多少次"蒸馏"呢？

3

烈酒、历史与文化

烈酒制造历史悠久，与最早用蒸馏器制成的液体相比，如今
市面上出售的烈酒口感已大相径庭。不过，欧洲现存最古老的酒
厂依据有两百年历史的配方酿造出的烈酒，味道如何呢？面前这
款装于细长高酒瓶中的未陈酿的荷兰杜松子酒（Genever），采用
传统的荷兰黑麦、玉米及小麦麦芽制成，19世纪初首次运往美国，
随后引发了鸡尾酒革命。荷兰杜松子酒先在铜制壶式蒸馏器中经
过三次蒸馏，再向酒中注入一种植物馏出物。倒入杯中后，酒液

既滑腻又不失清澈，散发出浓烈的杜松子香，基调是浓郁的麦芽香，又可品出淡淡的薄荷碎末味。在酒精的带动下，几种口感变得柔和温暖，齿间留香，尾调是松脆的香芹味。这款烈酒成分复杂，令人愉悦，单独品尝已是佳品；若是加入一小片柠檬皮，便可进一步提升口感，带来更为广阔的味觉体验——酒客当下便明了，为何19世纪的美国调酒师会如此倚重这款酒可用于为各类经典鸡尾酒增添活力与个性的潜力。

蒸馏原理的相关知识可追溯至西方的古典时期与东亚的汉代。不过，酒客更在意的是，这些原理究竟是何时开始被应用于休闲酒水的广泛生产。休闲酒水堪称突破之举，约14世纪在欧洲问世。既然问世较晚，与葡萄酒和啤酒相比，烈酒的文化根基自然浅得多。不过，发展半个世纪后，烈酒蒸馏技术在欧洲本地的文化根源得以加深，深深根植入本地人的日常生活，程度并不逊于啤酒和葡萄酒：三者均含酒精，在人类生活中多是互补而非竞争关系。

蒸馏技术问世前，世界各地早已有饮用啤酒、葡萄酒等发酵饮料的传统。很快，西班牙征服者在16世纪发现了这样一个事实：从墨西哥到智利，整个新大陆南部均有饮酒习惯，且有各类饮酒的社会习俗。在以秘鲁为中心的印加帝国，农民依靠具有轻度麻醉作用的古柯叶维持高海拔劳作，亦饮用奇恰酒（Chicha，多由咀嚼过的玉米或麦芽发酵而成）提神。在庆祝丰收、供奉神灵的印加仪式中，奇恰酒占据着核心地位，有时还会被强喂给等待献祭的俘虏。即便是铁石心肠的西班牙征服者，亦对印加人在仪式后狂饮大量奇恰酒的行为感到震惊。数年前，另一批西班牙人在遥远的北方登陆，亦对中美洲阿兹特克人饮用龙舌兰酒（植物"龙舌兰"的发酵汁液）的繁文缛节感到惊讶。同样的，这些规定反映了人们对酒精的矛盾态度：除贵族外，年满52岁的成年人方可随意饮用龙舌兰酒；普通民众则被严厉警告——除非一年中的特定时刻，否则切莫饮用传说中的"第五杯酒"。奇怪的是，不幸出生在"二兔"[1]（2 Rabbit）之日的人，则要终生浑浑噩噩，活在醉酒的状态之中。

几个世纪以前，考虑到《古兰经》中载有反对饮酒的禁令，欧洲旅人还曾因近东各地对饮酒普遍的随意态度感到惊讶。8—12世纪，在以巴格达为首都的阿拔斯王朝（Abbasid Caliphate）影响下，伊斯兰教迎来了科学、医学和哲学发展的黄金时代，同期的欧洲则处于黑暗时代。针对酒精等事物，当时的伊斯兰文献表达了令人印象深刻的自由思想。早在堪称葡萄酒行家的罗马人将地中海东部、如今伊斯兰教的土地纳入其帝国之前，该地便有饮酒的传统。7世纪，先知穆罕默德提出了"天堂"的概念，称在天堂中，河里流着珍贵的液体。

最终，穆罕默德总结道，世人不得饮酒，人们很快便反对起这一观点。8世纪晚期大受欢迎的波斯诗人艾布·努瓦斯（Abu Nuwas）常在痛饮时追忆伊斯兰教创立前的传统，并非常实际地指出饮酒虽被禁，但真主可以赦免饮酒之罪。3个世纪后，同为波斯人的奥马·海亚姆（Omar Khayyam）仍能妙笔生花，创作

1　"二兔"指形象是两只兔子的龙舌兰酒神奥梅托契特里（Ometochtli）。

出最为生动的赞酒诗句。13 世纪中叶，蒙古大军入侵巴格达，自此，"我常常怀疑，酒商购入的价格／也许只有售出价格的一半"这种具有反思意义的诗句不复出现，严谨而毫无幽默感的神学重新占据了伊斯兰世界的核心。

13 世纪末，威尼斯旅行家马可·波罗向更远的东方进发，留意到中亚丝绸之路沿线地区兴盛的葡萄栽培业。马可·波罗还称曾在忽必烈汗统治下的中国见过一种"清澈、明亮又怡人"的酒精饮料。一些历史学家认为，这种饮料可能是当今蒸馏白酒的前身，由谷物制成，尤其是马可·波罗曾称它"比任何酒都能更快致醉"。也有考古学家认为，当今的白酒问世于马可·波罗来访后的一两个世纪，也即明朝，但远在马可·波罗来访之前，中国就已有蒸馏酒精的习俗（见第 17 章）。

16 世纪，葡萄牙人首抵旭日之国日本，发现日本人虽喜饮清酒，为人却相当正经，上层社会的饮酒习俗又高度模式化。比如，清酒（源自中国）在日本的社交聚会中必不可少，其饮用却受到一系列规则的约束。任何正式的招待场合，人们的饮酒速度都缓慢得令人痛苦，宾主将公用的清酒杯推来推去，皆做出一副不愿饮酒的样子。但宴会结束之时，众人皆是酩酊大醉，未醉之人还会受到严厉批评。令葡萄牙人惊讶的是，在中世纪的日本，生意总是在酒桌上进行。显然，这一习俗有其实用性：酒精可以令人卸下防备，吐露真言，减少欺骗。

酒精饮料遍及全球且广受欢迎，而在中世纪，没有什么地方比欧洲更倚重酒精，并将其作为日常生活中不可或缺的一部分。11 世纪晚期，耶路撒冷的伊斯兰教捍卫者震惊于十字军的嗜酒及因之而生的恶习，即使十字军自己也对代表基督鲜血的圣餐酒表现出偏爱，以此来衡量其道德优越性。

罗马人对欧洲社会发展最持久的贡献之一，即是凡有葡萄树生长之地，便在该地引入葡萄酒的酿造技术。罗马人离开后，葡萄酒的生产和饮用仍在南欧国家流行。事实上，到中世纪晚期，天主教会已从葡萄种植和葡萄酒生产中获取了可观的利润。在北部地区，葡萄酒须进口，因此价格昂贵；富人欲与大饮啤酒的普罗大众相区分，葡萄酒便或多或少成了贵族的象征。

034

最终，罗马人撤出欧洲。北欧无产者大多重拾传统的格罗格酒（Grog）与啤酒，饮用当地种植的大麦酿制的啤酒。14 世纪中期，小冰期 [1]（Little Ice Age）的到来加深了南北方饮酒习惯的分裂：小冰期降低了平均气温，令未来 500 年的冬季延长，使得欧洲北部无法进行葡萄栽培。不过，欧洲北部仍适合种植大麦及蜂蜜酒、苹果酒等果酒的原料，当地人仍大量生产、饮用这类酒。

无论喜欢哪种酒，最好还是选择经过煮沸或发酵消毒后的酒精饮料，毕竟白水的质量大多不可靠。古罗马的输水管道和排水系统渐渐老化，如今，饮用水主要从水井和溪流中获取，可饮用性大大降低。在乡下，农民与家畜混住在一起，卫生环境差，取得的水也大多不可饮用。

1　指约自 15 世纪初开始 20 世纪初结束的全球气候寒冷期，通称为"小冰期"。

无论哪种酒精饮料，其消耗量都十分惊人。在实行封建制度的中世纪早期，英国农民每日从当地庄园或修道院获得平均配额约 1 加仑的啤酒：这种啤酒很可能是"小啤酒"，即通常用第二道甚至第三道麦芽浆酿成的淡啤。可预见的是，皇室和贵族要对自己慷慨得多。英格兰国王爱德华二世于 1308 年大婚，从波尔多订购了 1000 吨干红葡萄酒为婚礼助兴，换算成瓶装酒，要远远多于 100 万瓶；而在当时，王国的总人口可能刚刚超过 300 万人，首都伦敦则最多只有 8 万人。

这就意味着，当啤酒与葡萄酒的蒸馏技术问世后，烈酒的生产和消费几乎总是强加于现有的葡萄酒酿造与饮用文化上。烈酒的出现并未让当地人改变喜好，只是作为补充，葡萄酒和啤酒仍是当地饮食中不可分割的部分。一个明显的反例出现在北美：早期英国殖民者发现，北美不但水质纯净，且当地土著几乎从未体验过酒精。此前，这些殖民者担心当地水质会如家乡英国一般糟糕，因此，1620 年乘坐"五月花"（Mayflower）号登陆普利茅斯岩附近时，朝圣者们随船携带了大量啤酒、葡萄酒与烈酒（"五月花"号是一艘运酒的旧船，曾由波尔多向英国运送干红葡萄酒），以期在新环境中维生。登陆北美后，人类天性使然，朝圣者很快便与船员争夺起剩余的酒水，毕竟水手们不愿在没有啤酒或烈酒的情况下踏上漫长而危险的归途。

无论"五月花"号上装运的是何种烈酒，都帮助朝圣者与当地的万帕诺亚格人建立起了良好关系；很快，朝圣者便着手开发生产酒精这一重要资源的方法。荷兰人在新阿姆斯特丹殖民的记录可追溯至 1640 年，其中提到黑麦威士忌的制造方法，而早在 1664 年即英国接管纽约前身[1]的同年，斯塔滕岛人就开始用进口的加勒比糖蜜生产朗姆酒。不幸的是，当地人此前从未接触过酒精，因此酒精耐受力很差。此外，他们并不像欧洲人那样将烈酒等酒精饮料当作日常饮食的补充，而是纯粹为了获得醉酒的体验。在所有可致醉的酒精饮料中，他们最喜欢能最快、最高效致醉的烈酒。因此，17 世纪末，殖民当局大力劝阻向北美土著出售酒精。最终，饮酒被彻底禁止，但英国入侵者经常违反这些禁令。朗姆酒很快成为英国人购买海狸皮毛的必备"货币"，北部地区受法国影响居多，当地的"货币"则是白兰地。

与此相反，在更南部的中美洲地区，酒精饮料早已司空见惯；西班牙人将蒸馏技术引入该地，随后，当地开始以龙舌兰为原料生产梅斯卡尔酒，但并未引起酗酒潮。这在一定程度上归功于西班牙人在新领土上对酒精的生产与销售施行了严格把控，因此，梅斯卡尔酒最早就是因其口感而非致醉能力而备受推崇，是一种长享盛誉的饮料。无论如何，美洲南北部的对比表明，当地存在的酒精"弱"饮有助于蒸馏烈酒"温和地"进入当地社会。然而，正如欧洲人已知的那样，这些饮料的不良影响恐怕无法避免。

036

1　纽约的前身即新阿姆斯特丹。

蒸馏烈酒是作为饮料引入美洲的，但其引入欧洲的背景则截然不同。蒸馏起源于近东的阿巴斯（Abbasid）炼金术，利用沸腾温度的不同分离乙醇和水似乎是 12 世纪由萨莱诺（Salerno）传入欧洲的——萨莱诺是意大利南部一所杰出的医学院，集希腊、拉丁、阿拉伯和犹太医学传统之大成。在该校支持下，1150 年发表了一份医药艺术的简短调查报告，作为流传甚广的中世纪技术文献汇编《图例之钥》（*Mappae Clavicula*）的本地化版本的一部分。关于该调查报告的作者，坊间有多种说法，有人称是"萨莱诺的大师"，具体地说是迈克尔·萨莱诺（Michael Salerno）。调查报告中提及了从水中高效分离出酒精的方法，是已知欧洲最早的相关描述，据此制造出了一种"遇火即燃"的物质。该物质的制造方法也许是高度机密，其文字描述十分简略，有时以代码呈现。在萨莱诺学派失势、意大利的医学创新中心北移至博洛尼亚前的几十年间，该物质被用于各种医学场景。

再次提及蒸馏烈酒，是在 13 世纪末属于法国的加泰罗尼亚地区的医生（其人似乎也是炼金术士）威兰诺瓦的阿那德（Arnald of Villanova）的著作中，仍是在医学场景中。阿那德是第一个将烈酒称为生命之水（aqua vitae），并将其描述为"葡萄酒之精华"的欧洲作家。他亦撰写了历史上第一份详细的蒸馏说明，他似乎还是世界上第一位将酒精用作消毒剂的医生。作为同时代的加泰罗尼亚人，年纪略轻的雷蒙·卢尔（Ramon Llull，又名 Raymond Lully）也是一位宗教先知，被誉为用阿拉伯词语

"al-kohl"造出"alcohol"（酒精）一词的第一人。像卢尔那样，阿那德也积极捍卫酒精的医学价值，称其为"长生不老之水"。卢尔接过了这一重担，成为蒸馏烈酒极具说服力和影响力的倡导者，称其为"神的显灵……注定将唤醒现代人渐衰的能量"。他还赞许地指出，喝蒸馏烈酒可以让奔赴战场的士兵增强体质。

从那时起，蒸馏知识迅速传播至德国，随后传遍整个欧洲。人们用15世纪德国人量产的莱茵葡萄酒制成了大量烧酒（来源于德语词Branntwein，因在火上蒸馏而得名）。烧酒被宣扬为令人精神焕发的补品，作为医用提神剂被大量使用。久而久之，人们发现烧酒具有较高的致醉性，这一新型饮品也遭受了褒贬不一的评价。15世纪与16世纪之交，枪伤还是件新奇事，斯特拉斯堡的外科医生耶罗尼米斯·布伦施威格因治疗枪伤声名远扬，其人对烧酒展现出极高的认可。布伦施威格的《蒸馏技术之书》（首次出版于1500年）影响深远，书中将烈酒宣扬为治疗各种病症的灵丹妙药，无论牙痛、黄疸或是膀胱感染，人们能想象到的病症烈酒都能治愈。读者们也跃跃欲试，意图用烈酒治疗自己的疾病（图3.1）。

《蒸馏技术之书》充满传播知识的热情，但并非最早讲述蒸馏技术的出版物——这份殊荣当属22年前维也纳医生迈克尔·帕夫·冯·施瑞克（Michael Puff von Schrick）在奥格斯堡出版的《极有用的蒸馏手册》（*A Very Useful Little Book on Distillations*）。该书标题贴切，描述了至少82种药草蒸馏酒的制作方法，首次向大众介绍了烈酒的制作技术。该书极为畅销，再版了38次，直到布伦施威格的新作占领市场。冯·施瑞克的手册实际上极为

图 3.1　耶罗尼米斯·布伦施威格 1500 年出版的《蒸馏技术之书》的书名页。

成功：早在 1946 年，纽伦堡当局就禁止了家庭蒸馏，试图减少早已有所显现的不良社会后果。

野格利口酒（Jägermeister）等现代产品不断提醒我们烈酒作为滋补品的历史起源，然而，人们还是不可避免地发现了这样一个事实：若仅将蒸馏酒用作医学和药剂领域，实属浪费。早在

1495 年，苏格兰林多修道院（Lindores Abbey）的僧侣就已开始蒸馏一种"生命之水"，因品质出众引起皇室注意。同年，国王詹姆斯四世下令"将麦芽煮沸八次"，用当地的药草、干果甚至香料来调味。当时的编年史家认为，这种生命之水能"令时光久驻"，饮用者将"抛弃不幸"。单论口感，该酒仍值得今人一试，轻微的药草香覆于独特的麦芽香主调之上，令人联想起经典的荷兰杜松子酒。我们今天所熟知的橡木桶陈酿苏格兰威士忌即在其基础上发展而来（见第 12 章）。

同样在 1495 年，拥有成熟白兰地（源自荷兰语词 Brandewijn）蒸馏技术的荷兰记载了世上首个金酒／荷兰杜松子酒配方（正如法国加斯科涅地区生产的葡萄白兰地，也即"雅文邑"一样）。因重税脱离波尔多葡萄酒贸易的荷兰商人，也于不久后在附近的夏朗德地区创立了干邑产业（见第 9 章）。比起夏朗德本地产的传统稀薄酸葡萄酒，商人们需要一种更易携带、更有销路的"货币"，因此要求当地栽培者通过蒸馏方式改造葡萄酒，也因此"善举"受到世世代代酒客的感激。烈酒的时代到来了。很快，欧洲各地几乎都有了本地专属的烈酒，由本地原料与调味品制成。北部地区的谷物和南部地区的葡萄等水果成为最常见的基本原料。

长远来看，易于出口与流通的蒸馏烈酒将遍布世界，必将对经济和社会产生重要影响。尽管如此，英国"金酒热潮"（Gin Craze）那样的大规模挥霍行为还远未出现；积极影响是，烈酒大大扩充了酒精饮料的种类，且不同于葡萄酒与啤酒，烈酒可进行混合。

欧洲对外贸易不断扩张，在该过程中，由于运输方便，葡萄白兰地迅速成为高价值商品。然而，没有哪一种蒸馏酒能超越朗姆酒的历史、经济与文化影响，作为甘蔗的衍生物，朗姆酒无法在位于温带的欧洲酿造。大航海时代（Age of Exploration）早期，欧洲人试图打破阿拉伯人对香料贸易的垄断，开辟了向南沿非洲海岸与向西横跨大西洋的两条贸易路线。在葡萄牙人带领下，14—15世纪，欧洲人发起远距离航海活动，占领了加那利、亚速尔和马德拉等大西洋东部群岛；这些岛屿均极适于种植甘蔗，也即朗姆酒的基本原料。很快，这种结构紧凑、易于运输的烈酒成为西非沿海地区的重要贸易商品，仅次于纺织品。

十字军东征期间，欧洲人从阿拉伯人处习得原产于东南亚的甘蔗种植方法。不过，种植这种热带作物十分艰苦，这是一种劳动密集型产业，经济回报固然丰厚，但大西洋岛屿上的葡萄牙和西班牙占领者不愿提供必要的人力。因此，早在15世纪中叶，葡萄牙人便在非洲沿岸的贸易据点收购奴隶，将其运往西方的岛屿种植园工作。起初，葡萄牙人通过袭击、绑架等手段获取奴隶，但奴隶制迅速转变为一种常规贸易，日益深入非洲大陆内部。奴隶业规模不断扩大，到15世纪与16世纪之交，马德拉群岛的奴隶种植园成为世界上最大的蔗糖来源地。

马德拉群岛种植园的地位并未维持多久。1492年，热那亚探险家克里斯托弗·哥伦布（Christopher Columbus）抵达加勒比海的伊斯帕尼奥拉岛，预示着蔗糖种植园与奴隶贸易将扩展至新大陆。第二次访问该地时，哥伦布带去了加那利群岛上的甘蔗插条；几年内，西班牙人在几个加勒比岛屿上种植甘蔗，葡萄牙人则开始在巴西种植甘蔗。后来，当地人口大多死于自欧洲传入的疾病，新大陆的甘蔗种植园转由非洲奴隶耕种。随后几个世纪，1100 万名非洲奴隶悲惨地横渡大西洋，数量更多的奴隶在途中丧生。

传统上，举行仪式与作乐时，西非人会饮用含酒精的棕榈酒及各类以高粱和小米为主要原料制成的啤酒。正因这种相似性，非洲沿海商人一开始即对口感浓烈的葡萄牙加强型葡萄酒[1]与法国白兰地深感兴趣，后者也很快成为促进商业往来的重要元素。事实上，今天在西非十分常见的"潇洒"习俗（即"小费"，或更粗俗的说法是"贿赂"）即源自"dashee"一词，即当地奴隶贩在与欧洲买家谈判前收到的礼物。

后来，大概是一名巴巴多斯奴隶发现"甘蔗白兰地"不仅可用甘蔗汁制成（甘蔗汁也可转化为宝贵的糖），还可用发酵的糖蜜制成（糖蜜是提炼过程中产生的一种无用的副产品），自此，甘蔗白兰地在奴隶贸易中占据了特殊地位。起初，这种糖蜜朗姆酒的口感极差，在巴巴多斯被称作"杀人恶魔"，还有人曾将早期的糖蜜朗姆酒描述为"炙热如地狱般的可怕烈酒"。不过，人们很快对其进行了改良，提升至足以与白兰地竞争的水准，成为西非的贸易商品。事实上，17 世纪起，朗姆酒就取代白兰地成为购买非洲奴隶的主要交易品。"三角贸易"（Triangle Trade）将非

1　加强型葡萄酒（fortified wine）指在酿造过程或结束后添加酒精，以此提高酒精度的葡萄酒。

洲奴隶卖往新大陆，将新大陆的棉花、烟草和朗姆酒销往欧洲，又将朗姆酒和制成品运回非洲；现有奴隶的劳动则为购买更多奴隶提供了资金。在这片日后成为美利坚合众国的大陆上，采用进口糖蜜的酿酒厂蓬勃发展。

随着英国对加勒比地区兴趣浓厚，不断扩张其帝国，朗姆酒也在海军史上发挥了重要作用。17世纪，英国海军水兵的配额啤酒逐渐被朗姆酒取代，后者的结构更紧凑，也更耐喝。出于可预见的原因，这款"硬酒"很快推出了掺水版，也即"格罗格酒"，自18世纪末起，人们还在其中掺入柠檬汁或酸橙汁。英国人在饮食中添加了可预防坏血病的食物补充剂维生素C，其军人的体质首次全面赶超对手法国海军（法国水手习惯饮用含维生素C的葡萄酒；可惜的是，他们于18世纪末改喝白兰地，白兰地虽更易转运但缺乏维生素）。据说，正因不易患坏血病，英国才在1805年的特拉法尔加海战中取得先机，确立了英国海军的优势性地位。

拿破仑战争时期，英国的金酒热潮已是过去式。可在羽翼未丰的美国，人们正如火如荼地西迁，穿越了阿巴拉契亚山脉；作为交换媒介，十分便利的蒸馏烈酒，促进了新占领土的发展。许多苏格兰、爱尔兰新移民将饮用威士忌的习惯和蒸馏技术带至新家园。此地到处都是玉米，新移民用麦芽以及发酵与蒸馏技术制出易运输的威士忌。18世纪末，威士忌在很大程度上取代了朗姆酒，跻身"新生儿"美国最受欢迎的烈酒，成为边界地区名副其实的货币。

与此同时，威士忌也成为边界地区的自由象征。对最早的殖民者来说，自由的概念与宗教全然相关，而从美国革命时期起，自由意味着免于征税，而税款正是政府最需要的东西。乔治·华盛顿执政期间，国会通过了1791年《消费税法案》（Excise Act of 1791，有时也称《威士忌法案》），针对蒸馏酒征税，由此偿还独立战争期间产生的巨额债务。北方人爱喝麦芽酒，对该法案表示支持，喜欢饮朗姆酒的南方人与喜欢饮威士忌的西方人则强烈反对。当税务官进入宾夕法尼亚州西部对周围的边界地区进行收税时，威士忌叛乱（Whiskey Rebellion）就开始了。1794年，当局动用大批军队成功平息了叛乱，确立了联邦政府的主权与征税权。不过，换个角度看，多数观察家认为叛乱者成功地宣示了政府需为民负责的原则。此外，这场军事行动将部分叛乱分子驱逐至更偏远的山区，威士忌叛乱即便未能解决，至少也澄清了联邦政府与各州的关系，述清了政府对人民的责任，还催生了具有传奇意义的私酿酒活动（见第20章）。

042

目前为止，本书出现的whisky一词大多不带字母"e"，19世纪下半叶前，多数人也都采用这一拼写方式。然而，英国议会1860年通过了《烈酒法案》（Spirits Act），允许苏格兰酒商在传统单一麦芽威士忌之外生产更廉价的调和威士忌。爱尔兰酒商多有怨言，认为与自家竞争的调和威士忌配不上"威士忌"之名，因此，政府委员会做出这项有利于苏格兰人的决定后，大量爱尔兰酒商将产品拼作"whiskey"，以在激烈的市场竞争中形成差异。如今，市场上出现了两种拼法交叉出现的情况：苏格兰、加拿大、日本等国的多数谷物烈酒商采用传统拼法，而大部分（并非全部）美国与爱尔兰酒商则将产品标注为 whiskey。不过，无论标签上的文字是什么，产品的实际质量都有所保证。

18世纪末，威士忌在西部边界充当了货币；半个世纪后，随着美国西海岸的开发，威士忌在更远的西部再次发挥同样作用。1848年末，人们在萨克拉门托附近发现金矿，各色寻宝人涌入加利福尼亚这块美国新领土，决心要么找到金子，要么从找到金矿的人手中骗得钱财。他们带去了大量对矿工极具诱惑力的威士忌，矿工们劳累了一天，常常无所收获地回到这片原始的处女地休憩，因此，当地人几乎日日醉生梦死。旧金山是淘金热的中心地区，这里大量的酒吧、妓院等为淘金者大肆提供威士忌，迅速高效地攫取了后者来之不易的收入。一家媒体报道称，19世纪50年代的旧金山街道是"酗酒者的温床与罪行泛滥之地"。在西班牙和墨西哥的统治下，加利福尼亚曾是一个相对沉寂与虔诚的地方，无政府主义的美国加州则建立在酒精与黄金之上，这一点显而易见。

淘金热的参与者中，少有人经由陆路去往加利福尼亚。但在随后10年中，从阿巴拉契亚山脉和宾夕法尼亚州向西的涓涓细流化身洪水，"淘金州"成为移民向西流动的终点站。在踏上艰苦的旅程前，迁徙者通常会携带大量便携的威士忌，然而路途遥远艰苦，常常需要补充存货。为满足需求，造酒业在密苏里州和西南地区兴起，生产的酒水不仅缓解了迁徙者的疲劳，还可安抚家园被入侵的美洲原住民或助其与后者进行交易。不可避免的是，在这种非法交易中损失最惨重的还是印第安人。就技术层面而言，殖民者向美洲原住民提供酒精是非法行径。一个个原住民群落被无情推向毁灭，本应保护其利益的士兵却视而不见。与此同时，19 世纪中期，南方奴隶主仍在庄园里狂欢，用廉价的酒精操控奴隶，以便像弗雷德里克·道格拉斯[1]（Frederick Douglass）所说的那样，"令（他们）只看到自由被滥用，从而令（他们）厌恶自由"。新奥尔良市也积极向密西西比河上游输出浸淫在酒精中的多元文化享乐主义；最终，南北战争爆发，两军均严重依赖烈酒来维持士气。

总之，19 世纪中叶，美国是世界上酗酒最严重的地区之一，与俄国不分上下。对酒精的强烈抵制必然提上日程。美国各市纷纷成立地方禁酒协会，禁酒势力汇聚起来。协会常与福音派教会结盟，一些提倡节制饮酒，另一些则追求全面禁酒，有些协会也确实实现了目标。不过，直到 1873 年至 1874 年的"妇女十字军东征"运动（Women's Crusade），一场真正有组织的全国性反售酒运动才开展起来，而该运动之所以兴起，在一定程度上源自女性对新兴沙龙的不满：沙龙通常肮脏破旧，将妇女排除在外，男性主顾则花费着本应补贴家用的钱饮酒作乐。这场运动由基督教妇女禁酒联盟（WCTU，名义上仍在运营）策划，该联盟也借此迅速在政坛崭露头角，并推广了不朽的口号："喝了酒就别吻我！"

该运动中，一项重要举措即是将反对酒精的宣传内容引入

1　弗雷德里克·道格拉斯是 19 世纪美国废奴运动的领袖。

学校课程。这些信息被伪装成科学，如同今日美国某些课堂中的"神创论"[1]（Creationism）。最终，除亚利桑那州以外，禁酒联盟的地方分会成功渗透各个州及地区的学校，值得警醒。基督教妇女禁酒联盟最著名的成员当数可疑的活动家凯莉·内申（Carry Nation），她在 19 世纪与 20 世纪之交放弃了通过举行公开祈祷会抵制沙龙的传统，而是用斧头将沙龙砸毁（图 3.2）。

1893 年，反沙龙联盟（Anti-Saloon League，ASL）在俄亥俄州的欧柏林成立，然后很快将重心从欧柏林转移至华盛顿，开始游说国会。一路走来，该组织建立了强大的禁酒联盟，将三 K 党、女性妇女参政论者、世界产业工人组织（Industrial Workers of

"I CANNOT TELL A LIE.-I DID IT WITH MY LITTLE HATCHET!"

图 3.2　凯莉·内申的当代卡通画。

1　神创论认为生物界所有物种（包括人类）、天体和大地均是由上帝创造的。

the World）与石油巨头约翰·D. 洛克菲勒（John D. Rockefeller）等看似不可能加入的成员纳入其中。该组织的禁酒事业获得德国酒商的大力支持，讽刺的是，19 世纪下半叶，德国酒商大举接管了美国啤酒业，也从威士忌贸易中分走了一大杯羹。德国的移民历史相对较短，恺撒内战（Kaiser's War）的打响激发出人们的厌德情绪。美国卷入该战争，立法者因此分身乏术，很快成为禁酒联盟及其盟友的拉拢对象。1917 年底，美国国会通过了禁止在美生产、销售"可致醉酒"的第十八条修正案（Eighteenth Amendment），该修正案凌驾于总统的否决权之上，1920 年初在各州批准生效。

　　综观人类种种经验，唯一不变的法则就是"意外难测"。第十八条修正案带来了意料之外、情理之中的后果，也即"咆哮的二十年代"[1]（Roaring Twenties）：该时期，新法律非但未能提升民众素质，反而令黑帮获利颇丰，加深了普通公民与警察对法律的普遍蔑视，令人震惊。很快，形势变得十分严峻，足以证实美国人刻在血液中的清教徒"基因"；整整 13 年后，也即 1933 年末，该修正案才被废除。然而，这 13 年足以改变美国人的饮酒习惯：散装啤酒失势，不再是美国人的宠儿。美国啤酒再次合法化后，麦芽与啤酒花的供应链已基本枯竭，造出的酒极其寡淡。美国人对啤酒不再挑剔，啤酒的品质便一直如此，直到 1978 年家庭酿造合法化，精酿啤酒运动应运而生。若不论数量，单就品质而

1　"咆哮的二十年代"指北美（含美国与加拿大）20 世纪 20 年代这一时期，该时期涵盖了数不胜数的激动人心的事件，因此也被称为历史上最多彩的年代。

言，美国葡萄酒的品质回升要快于啤酒；但与啤酒不同的是，葡萄酒仍是一种小众饮品，主要在高端市场消费。最终，烈酒填补了市场的空白。

高端干邑葡萄酒与威士忌一直是富人的非法"特供"；不过，禁酒令期间，美国在售烈酒的平均质量也很可疑（不妨想想当时的"浴缸金酒"[1]）。因此，混合饮料在地下酒吧很受欢迎，美国人对之一贯的青睐进一步加深（混合酒的历史见第 22 章）。美国富人到欧洲旅行，既是为了文化，也是为了饮酒，他们因喜爱鸡尾酒闻名于大西洋彼岸，彼岸的东道主亦热情回应。

禁酒令的另一重大影响，即令女性重返社交酒局。战前的沙龙通常十分寒酸，女性往往避而远之，但穿着艳丽的时髦女郎很快挤爆了地下酒吧。此外，酒吧老板发现衣着暴露的女歌手能招揽生意，20 世纪 90 年代，也即禁酒令期间，出现了酒吧演唱的习俗，音乐表演随之诞生。难怪许多爱好者将禁酒令时期视为最伟大的爵士时代。

美国人渴望废除禁酒令，真正废除后却似乎迎来了一场高潮，大致由大萧条的社会影响造成。然而，第二十一条修正案的另一令人生厌且持久的遗产是混乱的酒精产品州际贸易监管体系，在此体系下，各州独立制定规则。这导致了酒精饮料分销系统的多层化和难以操作，生产商与消费者均需付出高昂成本。唯

1　禁酒令时期，人们用工业酒精、甘油和杜松子油等原料私酿金酒，甚至有人在家中用浴缸勾兑，也就是所谓的"浴缸金酒"。

一从中获益的群体是中间商，他们中的许多人曾是朗姆酒商。禁酒的另一不幸后果是联邦将 21 岁"高龄"定为最低饮酒年龄，这一规定在二战时期明显被军事权威忽视，最终于 1984 年在各州实施。

传统的鸡尾酒突破了一切限制，幸运地存活了下来。20 世纪 30 年代末 40 年代初，至少在二战爆发前，酒水充足的夜总会一直是公开饮酒的首选场所，同期的军队也一直享有酒水配额，只是不似之前那般挥霍罢了。20 世纪 60—80 年代，鸡尾酒调制技艺逐渐衰落，预制鸡尾酒登上舞台。最终，大西洋两岸的经济条件有所改善，饮酒者重新关注起鸡尾酒的基本原料。由此，不仅创意调酒领域发生了变革，20 世纪末的富人与各类意见领袖再次捕捉到单一麦芽苏格兰威士忌、XO 干邑、单桶波旁威士忌和桶酿格拉巴酒的优点，对烈酒的看法随之改变。人们对经典鸡尾酒仍怀念旧之情，但自 21 世纪初以来，其他类型的酒逐渐得到青睐。令人欣慰的是，今日的酒吧可提供前所未有的海量劲酒。我们已进入酒精的"极乐世界"。

从原料到效果

4

烈酒的原料

SNOW LEOPARD
VODKA

"Proud to be making great vodka and helping snow leopards
survive in the wild since 2006" Stephen Sparrow, Founder

60% ALC/VOL. 750ML IMPORTED

　　若制酒的原料生于土壤中，那么此时此刻，某地的某人也许
正对其进行蒸馏。此时，我们手中正高举装有伏特加的酒杯，主
要由斯佩耳特小麦蒸馏而成。这种谷物对我们而言相对陌生，有
时酿酒师会少量使用，但酒厂极少使用；斯佩耳特小麦能赋予面
包坚果味，因此在烘焙界享有盛名。在波兰，人们小批量生产由
泉水制成的伏特加，经过 6 次蒸馏和 2 次木炭过滤——这就不禁
令人好奇，上桌后的酒水还留有几分坚果味。人们的确在这款伏

特加中品出了坚果的痕迹，却只存在于绵密而回味无穷的气味之中。除此之外，这款酒仍是我们期待的清澈、经典、柔顺的中性烈酒，仅尾调中含一丝意料之外的湿干草味。

赋予烈酒效力的乙醇分子遍布全球各地，但其分布较零散且量少。在自然界，时不时就会有一滩含酒精的液体自发生成，乙醇却很难合成，只有少数自然过程能产生乙醇，因此相对罕见。事实上，地球上大部分乙醇都是由植物和名为酵母菌的微生物合成的。植物提供的糖分是乙醇分子中原子的化学来源，酵母则提供了将植物糖转化为乙醇的酶。不过，上述仅仅是发生在地球上的过程。若不深究"大量"一词的程度，那么，在没有酵母和植物的情况下，宇宙中也有大量的酒精存在。

我们尚未发现宇宙中"酒吧"的身影，但天文学家早已知晓浩瀚太空中漂浮着酒精的事实。20 世纪 70 年代末，C. A. 戈特利布（C. A. Gottlieb）及同事在报告中称，在太空中发现了小块的甲醇："我们观察到，J=12 时，CH_3OH 可向 14 个星系源发生 1 次 96.7GHz 的旋转跃迁。虽然 CH_3OH 分子的柱密度在 Sgr A 和 Sgr B_2 附近达到峰值，但银河系中 834MHz 的 CH_3OH 发射相对于 ~40′的望远镜光束宽度有所扩展。"粗略翻译一下，戈特利布团队用射电望远镜在 14 个独立的遥远星系中心发现了甲醇（CH_3OH，与乙醇分子结构相近）。甲醇有毒，不建议饮用，但在宇宙大型物质团之间发现甲醇的确是一项重大科学发现。1995

年，S. B. 查恩利（S. B. Charnley）及同事撰写了论文《星际酒精》，称在人类已知的宇宙中遍布着大量酒精。几年后，人们探测到了一团"甲醇云"，横跨2880亿英里（1英里=1609.344米），遮住了所谓的"恒星幼儿园"（Stellar Nursery）。重要的并非新生恒星含有酒精，而是这一发现令我们进一步了解了恒星的形成，而甲醇似乎在大型恒星脱离恒星幼儿园的过程中发挥了重要作用。

这篇论文还引发了一系列其他发现，清楚表明人们已知的宇宙中遍布着酒精。其中，一种特殊的星际酒精是乙烯醇（C_2H_4O）。乙烯醇形成了大量异构体（分子式均为 C_2H_4O，但因原子连接方式不同而形状不同）。太空中漂浮着125种小分子，多数由6个或更少的原子组成。小分子（有时只是原子）相互碰撞就会形成大分子，且分子越小越易形成。甲醛（H_2CO）分子只有4个原子，因此较易形成。甲醇有6个原子，因此也很容易形成。不过，乙烯醇超过了6个原子的限制，因此较难通过简单的气相化学反应形成。乙醇（C_2H_5OH）含有9个原子，这样的大分子需要额外的推动力方能凝聚。若想了解更复杂的分子是如何形成的，就必须知道这种推动力从何而来。

研究者们认为，这种额外的推动力来自星际尘埃，小分子可在合成过程中黏附其上。这个观点似乎很合理，但存在一个明显的例外：酒精分子在太空的分布十分稀疏，以至于要收集一满杯纯乙醇，需要将酒杯伸到距离飞船货舱外50多万光年远的地方，相当于银河系的整个宽度。尼古拉斯·比弗（Nicolas Biver）与同事称，彗星"洛夫乔伊"（Lovejoy）在活动峰值时，"每秒释放的酒精量至少相当于 500 瓶葡萄酒"。不过，追逐彗星并不是获取酒精的高效方式；幸运的是，对于爱饮酒的地球人而言，地球上存在可获取乙醇的其他方式。

052

任何烈酒的原材料都是非常基础的。水是酒商最想在成品中去除的成分，也是烈酒最简单的原料，生产烈酒有三个阶段：制作蒸馏烈酒所用的麦芽浆；进行再蒸馏过程（稀释中性谷物酒精）；最终对产品进行稀释。幸运的是，地球上处处都有水。水是如此简单而又无处不在，以至于人们将其视作平常之物。但水并不都一样，没有什么地方的水是完全纯净的。无论在何处收集到的水都会混入杂质，这些杂质或呈溶液状，或呈悬浮状。杂质影响了水的"软度"或"硬度"：硬水中含有大量矿物质，软水中则含有较少矿物质。"软硬度"对蒸馏产生影响，因为水中矿物质的浓度会影响水中的氢与其他原子发生反应的潜力。氢的这一潜力（有时称"能力"）缩写为 pH。pH 值低表示氢的活动潜能低，溶液呈酸性。相反，pH 值高的溶液为碱性，具有较高的氢活动潜能。一般来说，水的硬度和 pH 值相关，因为较硬的水中含有较多的矿物质，可起到缓冲作用，提高 pH 值。

2015 年，伦敦精酿蒸馏博览会（London Craft Distilling Expo）的与会者观看了一项有趣的实验，针对水源对金酒生产的影响进行了检验。实验采用图 4.1 中的各类水生产了六批金酒，采用了相同的步骤、原料和蒸馏设备（壶式蒸馏器）。

国家	描述	pH值 水质更软
法国	含矿物质的泉水	5.5
英国	软化生活用水	7.0
德国	泉水矿物质水	7.1
英国	循环利用的生活用水	7.2
斐济	手工火山矿泉水	7.7
冰岛	火山冰川矿泉水	8.4 水质更硬

图 4.1 伦敦精酿蒸馏博览会的实验用水。人们用全球各地的水蒸馏出金酒，口感整体上呈现惊人差异，与 pH 值和水的硬度或软度有关。

　　实验选取了一组观众进行评估，结论是不同的金酒呈现了可辨的特点与口感，而评估者的反应完全是主观的。尽管如此，人们一致认为 pH 值为 5.5 的法国矿泉水酿制的金酒"柔和、干净，有明快的花香划过，如白芷、松树一般洁净、松脆……回味悠长，口感干爽。质地顺滑轻盈，值得品尝"。相比之下，pH 值为 8.4 的冰岛水制成的金酒"果香扑鼻，但……留香极短，转瞬即逝。杜松子的味道微微爆开，但很快消失。质地令人腻烦，尾调辛辣，整体而言口感欠佳"。pH 值为 7.0—7.7 的水制成的金酒口感、特征不尽相同，但不像 pH 值相差甚大的冰岛水、法国水那般差别明显。毫无疑问，除 pH 值外，实验采用的水也存在其他方面的差异，由此制成的金酒差异主要体现在质地和口感而非味道上。此前，酒商认为水对金酒的饮用体验影响不大，但仍渴望一探究竟；经过陈酿后，六种金酒的差异变得更加明显。这样看来，制作烈酒时，水的选择也许确实极为重要，这也说得通。毕竟，仅稀释阶段使用的水就占最终成品的约 50%。

烈酒的另一个原材料是糖，为酒商希望最终得到的小分子酒精提供了原子来源。蒸馏用糖来源繁多，来源物几乎都是植物，以谷物（可食用的草类）或能结果的植物为主。与动物相比，植物的生性很奇特：为了获得生存所需的能量，它们利用阳光进行光合作用，过程可由下列等式总结：

$$6CO_2 + 12H_2O + 光能 \rightarrow C_6H_{12}O_6 + 6O_2 + 6H_2O$$

或

$$二氧化碳 + 水 + 阳光 \rightarrow 糖 + 氧 + 少量水$$

植物细胞在名为叶绿体的微小细胞器中合成糖分。叶绿体多见于叶片细胞中，植物因叶绿体而呈现绿色。由此生成的糖通过维管系统运输至其他部分，作为植物生长和繁殖的营养物质。许多植物的胚胎四周也有含糖物质。

开花的植物可分为两大类，即单子叶植物和双子叶植物。从名称中可以明显看出，单子叶植物只有单个"某物"，而双子叶植物则有两个"某物"。这个"某物"即是子叶，结构类似小型叶子；子叶从发育中的胚胎上长出，像"保姆"般为发育中的植物提供营养。多数植物都是出色的"父母"，在种子四周或附近贮藏了大量的糖分（图4.2）。葡萄胚四周有一层富含糖分的肉质

054

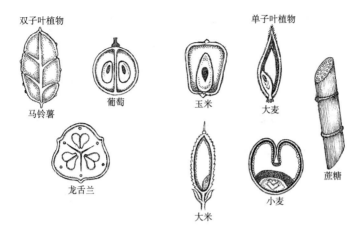

图 4.2 植物中糖的来源。
左侧三幅图为双子叶植物，右侧五幅图为单子叶植物。

层。蒸馏采用的其他双子叶植物，如龙舌兰也有大量糖分在发育中的胚胎四周。玉米、大麦、小麦、水稻等"基本谷物"都属单子叶植物，其胚胎四周也有含糖层。甘蔗则在整个茎结构中储存糖分。

　　然而，滋养发育中的胚胎并不是植物产生糖分的唯一原因。一些植物通过产生糖来吸引种子的传播者。果实越甜，鸟类等动物就越有可能吃下果实，随后飞走，将种子排泄出来，在别处生根发芽。这一过程堪称双赢。

　　葡萄是自然界易获得的天然糖库——只消用手指一挤，便可获得糖分。与此相反，多数谷物只有"受骗"才会献出糖分。比如，大麦进化出了一种系统，谷物中的淀粉只有在发芽时才会释放，发育中的胚胎则需要消耗由淀粉转化成的糖分。因此，酿酒者必须想办法在淀粉被植物消耗过多前将其释放。漫长的酿酒史

055

中，人们不断完善这一技巧。首先，麦芽酒酿造商将谷物浸泡在水中，诱使谷物提早发芽。随后用热空气使谷物快速干燥，阻止胚胎发育，从而留下大部分淀粉供酿酒者使用。同样不容忽视的是，麦粒发芽的过程会重新释放一种叫作淀粉酶的物质。这种酶将谷物中的淀粉分解成葡萄糖等糖分，是发酵过程中的关键分子。大麦在这方面的作用尤为突出，因此，制作烈酒的麦芽浆中经常会加入大麦。此外，无论采用的是何种谷物，我们通常都不知其种植地点，因此烈酒与葡萄酒不同——因为后者的葡萄产地有严格的追踪记录。

自然界中，任何含糖混合物与名为酵母的单细胞生物发生作用时，都会产生乙醇。酵母是真菌，与蘑菇关系密切，但比起植物，酵母与动物的关系更加密切。许多酵母菌都进化出了处理糖分以获取能量，并将其转化为酒精的方法。具体过程参见下列化学方程式：

$$C_6H_{12}O_6 \rightarrow 2C_2H_5OH + 2CO_2$$

或可更简单地表达为：

葡萄糖 → 2 乙醇 + 2 二氧化碳

这些反应发生在酵母单细胞中，由特殊的酶完成。糖（葡萄糖）是酵母的主要食物。将糖转化为能量后，酵母将产生的乙醇运出细胞膜（以阻碍竞争者）并继续生活。正如上文解释的那样，乙醇是一种毒素，乙醇浓度足够高时，甚至对酵母本身也存在毒性。如此，地球上天然产生的乙醇浓度上限为体积百分比 15% 左右。部分强悍的酵母可耐受体积百分比高达 25% 的乙醇。不过，这种强悍的"超级酵母"并不多见，多是人为干预的结果，酿酒师专门培育这种"超级酵母"以增加乙醇含量，用以调制酒水。

在酵母的使用上，啤酒酿造师往往比葡萄酒酿造师更为激进，前者开发了数百种酵母菌株，酿造出了现存的多种啤酒。但要记住，这一风潮兴起于路易斯·巴斯德（Louis Pasteur）发现酵母可影响发酵过程后，且仅风靡了一个半世纪。因此，巴伐利亚当局 1516 年通过了《啤酒纯净法》（Reinheitsgebot），规定啤酒仅有三大成分，即大麦、水和啤酒花——其中并无酵母。1516 年要远早于巴斯德的时代，酵母是日后才成为啤酒成分之一的。一旦啤酒酿造师发现酵母特别是啤酒酵母菌（saccharomyces cerevisiae）对酿酒的重要作用，他们便将酵母用于酿造啤酒，实质上是为了私利驯化了这些单细胞生物。

过去 5 年中，研究人员获得了数百万种生物的遗传蓝图或基因组，加深了对酵母的认识。对于葡萄酒和啤酒酿造师而言，这些新信息更有助于制出更优秀的产品。此外，基因研究人员的新发现应引起意图创新的酒商的注意：虽然各种葡萄酒酵母看起来相似，但啤酒酵母内部却大相径庭。这种现象并不出人意料，因为葡萄酒酵母和啤酒酵母的驯化程度及野生程度不同。葡萄酒酵母通过驯化进行杂交，可提高基因组的相似度；啤酒酵母允许基因组杂交，可提升基因组的多样性。因此，酿造啤酒时，酵母对口味的影响会更大；酿造葡萄酒时，酵母对口味的影响则较小。对于试图增加烈酒口感的酒商而言，这一话题值得关注。

在酵母的作用下，天然生成的酒精在地球上随处可见。但在酒商看来，天然乙醇含有大量杂质，主要产生于发酵过程中。因此，酿造烈酒时，酒醪的初始发酵与去除多余成分的蒸馏工序同样重要。

057　　正如我们所见，人们曾多次"发现"自然发酵现象，且一些非人类的动物也发现了这一事实——甚至连果蝇都在寻觅发酵的水果。与动物不同的是，人类将这一发现用于酿造葡萄酒、啤酒等低浓度酒精饮料。此前，我们已在其他书中介绍过葡萄酒和啤酒的酿造过程，不妨再回顾一下——毕竟，多数烈酒的前身为酒精浓度较低的液体，通常为酿造的酒醪或发酵葡萄酒。此外，蒸馏过程并不产生酒精，而是对酒精进行浓缩。因此，用于制酒的原液会大大影响蒸馏出的终产品；尽管啤酒厂和葡萄酒厂的成品与蒸馏原料之间存在巨大差异，不过，优秀的烈酒生产商应大致熟悉葡萄酒生产与啤酒酿造的来龙去脉。

　　对于不熟悉无菌技术的初学者，酿造啤酒尤其困难，毕竟任何含糖混合物一旦受细菌感染就会彻底变质。细菌经过进化后，会将糖分分解为醋酸，而醋酸会毁掉整批啤酒。因此，多数酒厂会尽量保持产品无菌。实际上，若将啤酒视作一个生态系统，现代酒厂通常会尝试加入单一菌种的酵母菌株（但也有例外，比如兰比克啤酒和各类酸啤酒中就含有不同种类的微生物）。相反，威士忌酒厂会在发酵过程中尽量加入多类菌种，如此，细菌分解糖分产生的酸味可赋予馏出物更多特色与风味。此外，当今的啤酒大多含有啤酒花，不仅可抑制啤酒变酸，还增添了令人愉悦的苦味，抑制细菌生长。如今，酒厂还将啤酒煮沸以产生所谓的麦芽汁，或更形象地说"糖水"。煮沸的原因有二，一是对麦芽汁进行消毒，二是将从谷物中提取的长链糖分解为较小的葡萄糖分子，促进发酵过程。不过，煮沸过程也可能失掉令人愉悦的香气。

相比之下，不向麦芽浆添加啤酒花是所有威士忌酒厂的共识，多数酒厂甚至没有煮沸过程。省掉这些步骤，原浆中微生物的多样性会有所提升，由此产生在终产品中喜闻乐见的成分。对谷物烈酒厂而言，发酵步骤的长短对于保持麦芽浆中的生态平衡也至关重要。多数酒厂会在麦芽浆中加入自用酵母，帮助微生物在早期发酵的生态环境中占得先机。不过，随着麦芽浆中酒精含量的提升，酵母会变得疲倦并迟钝，甚至因酒精浓度过高而死亡。一旦这种情况发生，其他微生物便开始争夺麦芽浆中残留的糖分。这些细菌会将糖分发酵成酸性乙酸，但这也许正是酒厂希望看到的：毕竟，终产品中不需要的多数化合物可通过下一步蒸馏去除，而麦芽浆在发酵过程中产生的任何酸性物质都可能为最终的烈酒增添风味。

现在大家知道了，乙醇之所以能在地球上天然存在，要归功于酵母的发酵过程，人类利用这一自然过程来制造可饮用的烈酒。不过，倘若省去酵母这一"中间人"，仅用基本的化学反应来制造乙醇，又会如何呢？

乙醇分子并不复杂，由 2 个碳原子、6 个氢原子和 1 个氧原子结合而成。真正复杂的，是三维空间中相同的原子组合可以构成各种不同的分子。分子的形状决定了其功能。比如，乙醇和二甲醚（dimethyl ether）的碳、氢、氧原子数量相同，均为 2 个碳原子、6 个氢原子和 1 个氧原子。然而，从结构和行为上看，两者区别极大。就技术层面而言，它们称作同分异构体，若两者发挥不同的功能，则称功能异构体。图 4.3 展示了乙醇和二甲醚的三维"球棍"模型：二甲醚相当对称，乙醇则相当不对称。分子通常像锁和钥匙一般，因此，任何分子的整体形状都决定了它将如何与其他分子发生反应，其中的区别不可谓不大。乙醚是一种相对不溶于水的有机化学物，乙醇则是所谓的"无限"可溶物。乙醚被用作麻醉剂，吸入乙醚者可快速陷入睡眠（过程也许不很愉快）状态，乙醇则有各种各样的用途。奇怪的是，尽管两种分

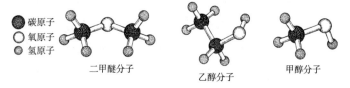

图 4.3　二甲醚、乙醇和甲醇分子的"球棍"模型。

子中的原子数与种类完全相同，但乙醇被归类为醇，乙醚却不然。原因后文揭晓。

以图 4.3 中的乙醇分子为例，我们现在除去其左端的碳原子和与之相连的 3 个氢原子。当碳原子被移除后，两个氢原子也会消失，这是原子自动保持化学平衡的结果。此"甲基"被移除后，我们得到的结构为 CH_4OH，或称甲醇。甲醇状似截短后的乙醇，但形状与乙醇截然不同，两种分子的功能也因之大相径庭。适量的乙醇可为人类所耐受，极少量的甲醇则会对包括人类在内的所有脊椎动物造成严重损害。奇怪的是，乙醇和甲醇分子的功能极为不同，却统称为醇——仔细观察其球棍模型，我们会发现乙醇和甲醇的右端都带有羟基（OH），乙醚则没有。醇在化学上被定义为一个碳原子带有一个或多个羟基有机小分子的结构。表 4.1 显示了这一共性：表中的几种醇分子都具有不同数目的碳原子、氢原子，但均在一端带有羟基。

醇有多种分类方法。最简单的一种方法是将所有的醇分为 3 种"味道"，即异丙醇、甲醇和乙醇。人类只能耐受乙醇，其他两种醇则对所有动物都有毒。另一种方法是按照羟基与醇分子其他部分连接的方式分类，分为一级醇、二级醇和三级醇。自然界允许 1 个碳原子上连接 4 个其他原子。一级醇像乙醇一样，羟基连接在 1 个碳原子上，该碳原子又仅与另 1 个碳原子相连（表4.1）。二级醇是羟基连接到 1 个碳原子上，该碳原子又与另外 2 个碳原子相连。三级醇为羟基与 3 个碳原子相连（图 4.4）。

表 4.1　部分一级醇的化学式结构与名称

化学式	名称
CH_3OH	甲醇
CH_3CH_2OH	乙醇
$CH_3(CH_2)_3OH$	正丁醇
$CH_3(CH_2)_3CH_2OH$	正戊醇
$CH_3(CH_2)_4CH_2OH$	正己醇
$CH_3(CH_2)_6OH$	正庚醇
$CH_3(CH_2)_6CH_2OH$	正辛醇
$CH_3(CH_2)_9OH$	癸醇

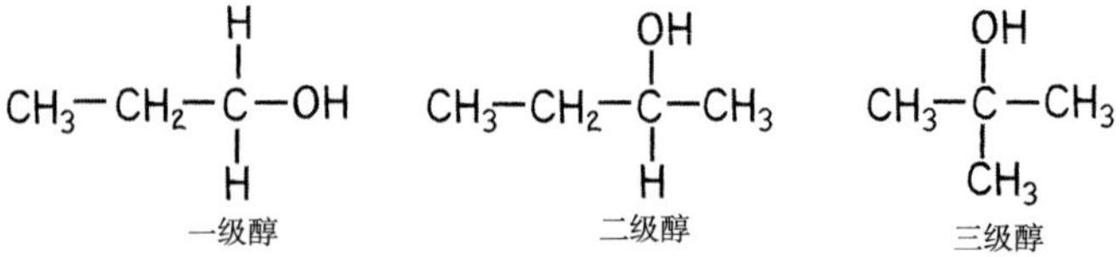

图 4.4　一级醇、二级醇和三级醇的结构。

如何利用小分子合成乙醇？醇与相关化合物的种类繁多，因此，合成过程并不简单，效率也不高。石油的主要成分之一是乙烯（C_2H_4），因此，人工生产的乙醇大多是石油产品。与蒸汽（气态 H_2O）结合时，这种简单的碳氢化合物会在释放能量的放热反应中生成乙醇，但这一反应并不高效：通常，仅有 5% 的乙烯转化为乙醇。即便如此，全世界每年的乙烯制乙醇产量仍有 200 万吨，其中大部分用作消毒剂、溶剂或燃料。

科学家们构思出各种巧妙方法来合成乙醇。2018 年，钱清利（Qingli Qian）及同事令乙醇的异构体二甲醚与二氧化碳和

061

氢发生反应，成功合成了乙醇。这一转换似乎十分高效，但实际用途有待观察。合成气（syngas）也被认为是酒精的一种来源。这种燃料气由氢、一氧化碳和少量二氧化碳组成，可从煤或天然气等多种原料中产生，已经成为合成氨、甲醇和纯氢的重要原料。研究人员使用铑催化剂来提高用合成气生成乙醇的产量，但效果不尽如人意，直到 2020 年，王成涛（Chengtao Wang）及同事另辟蹊径，用合成气直接合成了乙醇。该方法将高活性沸石晶体当作基质：高活性沸石晶体美丽、色淡、柔软，存在于年代较近的火山中。比起早期方法，碎成粉末的晶体可显著提高人工乙醇的产量。合成酒精的所有方法都避开了耗时耗能的生物途径，因此吸引了对生产食用酒精感兴趣的研究人员。毕竟，通过这些途径，人们有望生产出完全由乙醇分子组成的终极"中性烈酒"。

用合成产品替代传统蒸馏酒精，令人们开始思考合成酒精替代品的话题。下面，请容许我向各位介绍"危险教授"大卫·纳特（David Nutt）。纳特教授以为娱乐性兴奋剂辩护为生。他并非酒鬼、瘾君子或可卡因爱好者。相反，他职业生涯的大半都致力于了解娱乐性物质在现代社会中的使用，正如一位观察家所言，纳特是"他自己口中更开明、更合理的毒品政策的积极倡导者"。2009 年，纳特被英国药物滥用管制咨询委员会（Advisory Council on the Misuse of Drugs）解聘，不再担任主席一职。他指出，巴拉克·奥巴马也曾称大麻的潜在危害要小于酒精和其他毒品。奥巴马发布声明后，纳特向公众发出了令人难忘的警告："终于有一位政治家敢于说出真相。不过，我要提醒他，我就曾因说了同样的话而被解雇。"纳特关于大麻的声明令时任内政大臣（职位类似美国内政部部长）的阿兰·约翰逊（Alan Johnson）很是不悦，毕竟，约翰逊刚刚将大麻从 C 级毒品升级为 B 级（毒品的危险性越大，级别越高）。纳特知道，约翰逊的这一举措毫无意义——正如美国许多州所承认的那样，大麻也许是目前使用的毒品中最安全的一种。

对于酒精的影响，"危险教授"也有自己的看法。他正确地认识到过量饮酒会对人体产生毒性。不过，纳特也称若能生产出一种合成物质，可模仿酒精的效力而不产生副作用，那么酒精的许多不良影响就会消失。我们将在第 8 章中探讨酒精对大脑的影响，不过，可以提前剧透的是，酒精通过作用于参与大脑正常功能的特定化学物质达到致醉的目的。酒精对全脑和神经递质的影响不易复制，但纳特推荐了两种有望成为致醉剂替代品的化合物。更妙的是，人们可使用解毒剂来抵消两种化合物的致醉作用，如此，酒后亦可安全驾驶回家。

当然了，烈酒爱好者会对这一建议持保留态度。毕竟，何必为了某种未知的化学替代品抛弃钟爱了大半辈子的酒水呢？纳特的建议又是否会招致法律和道德问题？更不消说人们最钟爱的烈酒中，决定味道的成分完全由酒类芳香物决定，这些非乙醇分子或是酒厂在蒸馏过程中刻意保留的，或是在桶酿步骤中添加的。不过纳特并未停下探索的脚步。他尝试用果汁调味，2019 年他已发现了一些不错的"候选分子"，甚至亲身尝试了一些。纳特将这类新物质称为"酒精合成物"（alcosynths），其本人的产品奥尔卡瑞拉（Alcarelle）还可能在 2025 年前上市，让我们拭目以待。等待的间隙，不妨来一杯希蒂力鸡尾酒，令等待的过程更加愉快。

5

蒸 馏

很难相信有人能在肯塔基州的法兰克福造出伏特加，法兰克福本土以波旁威士忌闻名的水牛足迹酒厂（Buffalo Trace Distillery）却这么做了，还宣称其产品"有着伏特加应有的味道"。这一"丰功伟绩"自然令人好奇。据该产品的创造者介绍，这款瓶装伏特加以小麦为原料，在"独一无二的微型蒸馏器"中分批蒸馏了 7 次，又在"伏特加壶式蒸馏器"中蒸馏了 3 次，随后进行三重过滤。该酒厂生产过另一款伏特加，据说经过了足足

159 次蒸馏，令人瞠目结舌，不知实操中如何实现。如此看来，"区区"7 次确实不算什么。这款伏特加共经过 10 次蒸馏，足以保证其纯净度，因此，当闻到其中一丝迷迭香和薰衣草的香气时，我们还是有些许惊讶。口感与尾调如期望般顺滑，也无伏特加的灼烧感。

　　如何将混有大量物质的混合物处理为高纯度酒精？如上文所述，多数烈酒脱胎自"麦芽浆"，也即各种组织、分子和原子的复杂混合物，这些组织、分子和原子通常来自植物、微生物、酵母、水及其他来自然环境的分子和化学物质。能从这壮观的大杂烩中提炼出酒精浓度较高且相对纯净的烈酒供饮用，人类此举实属奇迹。

　　要理解这一点，需要先了解一些化学知识。地球上的生物为碳基生物，在一定程度上是因为生物体内含有大量碳原子。然而，将经过物理、化学实验才能观察到的 27 种元素算在内，碳只是地球上已知存在的 118 种元素之一。酒精专家门捷列夫创建了元素周期表：其中，除去名字相当特殊的锝（Technetium），前 92 种元素均是在地球上自然发现的（有关门捷列夫的更多信息，参见第 10 章）。不过，生物对构建自身的原子是有选择的。多数动物体内只含有 6 种原子，其中碳是位列第二常见的原子。按占比排序，六种原子依次是氧（O）、碳（C）、氢（H）、氮（N）、磷（P）和硫（S）。可借助高中生学习记忆法 OCHNPS 加深记忆。

　　大家应该还记得，地球上几乎所有的酒精均由酵母这种微生物生产，而这些单细胞真核生物（即遗传物质周围有核膜包裹的生物）在进化过程中学会了使用这六大原子及少量的氯。最终，植物利用的对象不仅有这六大原子，还有另外四种，即镁（Mg）、硅（Si）、钙（Ca）和钾（K）。麦芽浆中的活性原料亦如此；不过，麦芽浆的最后一道原料是水，在麦芽浆中含量最高，而水是一种非活性且复杂度低的实体。在烈酒的诸多原料中，水含有的元素最少（只有 H 和 O）；但我们知道，水可携带大量各类溶液状态的矿物质。因此，麦芽浆中可能存在许多不同种类的原子，均可相互作用生成分子。这就意味着要理解蒸馏过程，我们需要先了解原子。

原子有一个原子核或说中心核，内含中子和质子这两种粒子。围绕此中心核，名为电子的小粒子在进行绕圈运动（笔者暂时无法找到更恰当的词语），在名为"轨道级"（orbital level）的不同轨道上运动。要理解原子，还须了解一种名为"荷"的神秘物质。幸运的是，我们只需了解其中一种荷，也即"电荷"。中子不带荷，因此与我们相关的只有原子中的电子和质子。任何质子数与电子数相同的物质都不带电。若电子数多于质子数，则物质带负电；若质子数多于电子数，则带正电。任何净带正电荷 / 负电荷的物质都称为离子。任何原子都可用其原子序数来描述，原子序数就是其所拥有的平衡状态中的电子和质子的数量。例如，钠（Na）的原子序数为 11，代表平衡状态下有 11 个电子和 11 个质子。一个钠原子失去一个电子，就变成了一个正的钠离子，用 Na+ 表示。原子的荷是大自然用来记录宇宙平衡的"货币"，是个严格的"账房先生"。

原子或离子的结构取决于有多少个电子，以及这些电子在不同轨道级中的位置。例如，钠原子的原子核内有 11 个质子，另有 11 个电子在 3 个不同的轨道上绕原子核转动。有时，一个原子的电子可转移到相邻原子上，同时保持稳定性。这种转移会减少"施予者"的电子数，增加"受予者"的电子数。有此情况时，两个原子的电荷发生变化，两者处于平衡状态中。施予者变为正，受予者变为负，因此两者都被称为离子。

如其化学式所示，水（H_2O）含有 2 个氢原子和 1 个氧原子，且相当稳定。水可谓与宇宙同龄。氢原子与其他原子的反应性很强，因此，不难理解在宇宙早期，氢原子与其他氢原子相遇并形成更加稳定的氢（H_2）分子。氧原子易起反应，容易与其他氧原子形成分子，生成更稳定的氧气（O_2）。将 H_2 加入 O_2 就能简简单单生成水，看似合乎逻辑，事实却并非如此简单。该反应还需要能量的加持，还须形成一个中间分子，也即 H_2O_2 或称过氧化氢。过氧化氢分子非常不稳定，会分解为水分子和氧分子，因此，尽管氧分子和氢分子生成水的平衡方程式为 $2H_2 + O_2 \rightarrow H_2O$，但并不足以真正说明水在宇宙早期的形成过程何等复杂。

如上文所述，化学家喜用球棍模型描述原子间的键（棍）与原子本身（球，通常尺寸、颜色各异）。参见水分子的球棍模型（图 5.1）。另一种呈现水分子结构的方法为用线表示键，用字母表示原子（图 5.2）。借助该方法，化学家可说明原子间的空间关系，如两个氢原子之间的夹角（约 105 度）。这两种表示分子的

066

氧原子

氢原子

水分子（H₂O）

图 5.1　水分子（H₂O）的球棍模型。

水分子（H₂O）

图 5.2　使用线条和字母表示的水分子（H₂O）示意图。

方法与上文的标准方程帮助化学家证明分子结构中存在自然界要求的平衡态。不过，我们亦须对不同的原子有所了解。例如，氢原子（H）必须有一个键，氧原子（O）必须有两个键，有机物中的碳原子则必须有四个键。下面两图对这一点进行了清晰的展示。我们稍后将详述糖与醇的结构，但可提前剧透一下可饮用醇也即乙醇的结构。此处，黑色代表碳原子，白色代表氧原子，灰色代表氢原子（图5.3）。

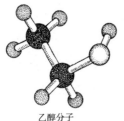

碳原子

氧原子

氢原子

乙醇分子

图 5.3　乙醇分子（C₂H₅OH）的球棍模型。

请注意，两个碳原子上各有四个键。其中，一个键位于两个碳原子之间，一个键位于一个碳原子和一个氧原子之间，其余两个键位于氢原子之间。分子中原子间的键有三种基本类型：离子键、共价键和金属键。金属键产生在金属间，此处不做讨论。离子键由一个原子向另一个原子提供电子而形成，因此最牢固也最难破坏。氯化钠（NaCl，也即食盐）就是一个很好的例子。氯化钠是一种化合物，其中，氯原子给了钠原子一个电子，从而形成了图 5.4 所示的"晶格晶体"。共价键较弱，存在的前提是相互作用的原子共享电子。乙醇分子中，所有键均为共价键。

乙醇分子非常稳定，意味着可在多种条件下与其他原子、分子在溶液中共存。这种可溶性自然是件好事；不过，可溶性也令乙醇分子难以净化。如前所述，乙醇具有无限溶解性。换言之，乙醇具有可混溶性，即乙醇可与其他溶液按任意比例混合。将乙醇与水相混合，两种溶液将形成一种单一溶液。相比之下，若将

068

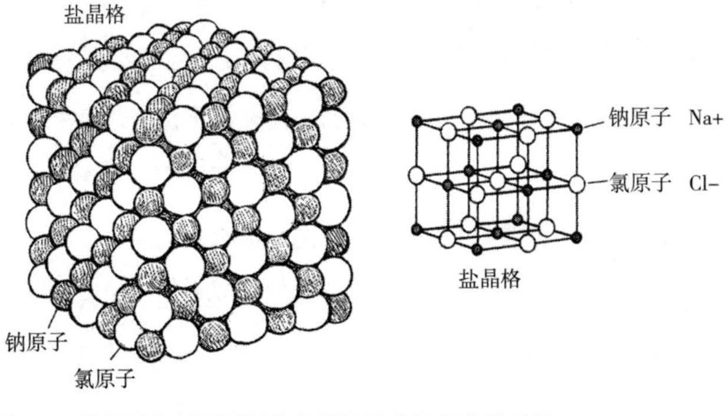

图 5.4　钠原子和氯原子间的离子键形成的氯化钠晶格。

水与正癸醇（decanol，一种含 10 个碳原子的醇类）混合，正癸醇将从密度更大的水中分离出来，漂浮在水面上。

分子可在液态、气态或固态（液相、气相或固相）中共存。温度与压强对于确定化合物在某一时刻所处的相位非常重要。谈论这三态时，我们通常假设压强为一个标准大气压（atm），即地球海平面处的压力。水对蒸馏过程至关重要，我们将对水的三态进行讨论。在室温和一个标准大气压下，水为液态。在一个标准大气压和 0℃ 条件下，液态水转化为固态，形成冰。在一个标准大气压和 100℃ 条件下，液态水转化为气态。在珠穆朗玛峰峰顶，水在 71℃ 时转化为气态，因为该处压强较低（0.3 atm），沸点随大气压降低而降低。相比之下，石墨或称固体碳在地球上始终是固态。它在 3550℃ 时可转化为气相，然而，地球表面并无任何地点的温度和压力满足这一条件。

任何固体均由密集的分子组成，气体则由弥散的分子组成。这一排列结构意味着固体比液体密度大，液体又比气体密度大。密度大的分子在溶液中下沉，密度小的分子则上浮。这就意味着，当置身于相同分子组成的液体时，固体会下沉，而在混有气态分子的液体中，固体会沉降到气体之下。不妨想想钠原子和氯化物生成离子键后形成的盐所拥有的晶格结构：其中，压得密密实实的原子要远重于水，因此，在水中加入一点盐，盐会沉入底部。盐最终会溶于水，那就是另外一回事了。图 5.5 展示了与氧气反应的过程。

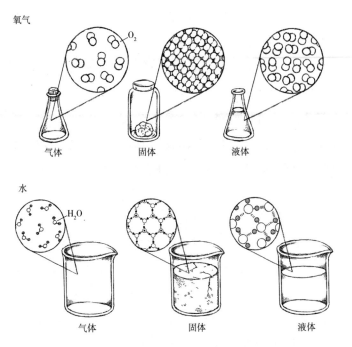

图 5.5　从左到右依次为氧分子（O_2）在气体、固体和液体中的状态。

先不要着急下结论。鸡尾酒的表面有浮冰，且在室温下，即便是一杯纯水，冰也会浮在其表面。为何作为固体的冰会漂浮在液态水之上？这是因为温度降低时，氢原子和氧原子间的键会对水分子之间的相互作用发挥稳固的功能。温度降低时，水分子停止运动，因此无法形成复杂的晶格，也不能像沙丁鱼一样密实地挤压在一起。水中的氢键不允许冷分子如室温下那般相互靠近，这就使得固态水的密度仅为液态水的 90%，足以将冰推至鸡尾酒的顶部。

冰的浮动特性对地球上的生命至关重要。湖泊结冰后，表面的冰会将下方的水隔绝开。如果冰下沉，整个水体将自下而上结冰，生活在其中的多数生物无法存活；温度升高时，湖泊完全解冻的可能性也不大。此外，湖面冰可反射大量阳光，这一过程对调节全球气温非常重要。冰对地球两极的气温调节作用尤其显著，且大有益处：如果冰沉入海洋，北极将失去冰面，南极四周的冰面也将严重减少，海洋将吸收更多的太阳热量。

蒸馏过程中，从液相到气相的转变至关重要，其通过汽化过程完成。汽化可通过沸腾和蒸发实现，沸腾与蒸发之间具有重要区别。蒸发指化合物在特定压力下发生低于沸点的相变。蒸发的速度相对较慢，几乎完全发生在液相的表面。相反，沸腾发生在液体表面以下，速度也快得多（图 5.6）。

加热液相的水之类的化合物通常会增加液体的蒸汽压。液体的蒸汽压大于或等于外界压力时，液体将开始沸腾。沸水锅中看到的气泡并非释放的氧气或氢，而是因为溶液温度升高，转化为水蒸气的分子数增加。气态的水集合在溶液中形成，又向表面扑去，从沸腾的溶液中升腾出来。该过程中并无化学反应，完全是相变。

蒸发　　　　　沸腾

图 5.6　蒸发与沸腾。沸腾被视为"块状现象"，蒸发则被称为"表面现象"。

我们已经知道许多化合物从液态转化为气态的温度。表5.1
显示了固态到液态（熔点）和液态到气态（沸点）的几个转变
点。相变是双向的，水的沸点既可看作液态水开始转化为气态的
温度，也可看作水蒸气凝结成液态水的温度。

表5.1　几类化合物发生相变的温度（华氏度）

化合物	固态 ↔MP	BP ↔ 气态
氧气	−218	−182
氪气	−189	−186
氦气	−272	−269
丙烷	−189	7
甲醇	−98	65
乙醇	26	78
水	0	100
碳	3550	3825

注：MP 代表熔点，BP 代表沸点。

我们讨论了一些水及其相变的问题，不仅是因为不了解水
的特性就无法理解蒸馏过程，还因为这种神奇的液体对生命本身
至关重要，是地球上最重要的化合物之一。水是少数几种常见的
化学化合物之一，可自然以固态（冰）、液态（水）和气态（水
蒸气）的形式存在。不妨想象一下，深冬的清晨，你从睡梦中
醒来，地面上有积雪；一天中，你观察着水的三种状态；太阳升
起，气温上升到冰点以上，固态雪融化为液态水，太阳照射进一

步提高气温，雪水汽化并上升为气体。奇怪的是，雾与淋浴时产生的蒸汽却不被视为气态。为什么呢？显然，淋浴水并未沸腾，否则入浴者会被烫伤。正如上文所述，分子不断运动并相互碰撞。对于室温下的水而言，此过程中存在动能转移，表面上的一些水分子获得大量能量，因此试图逃离同类并蒸发到空气中。有热量输入时，分子运动速度越来越快，水分子的蒸发也越来越剧烈。我们都知道水沸腾时的现象，在此情况下，真正的气态水被释放。淋浴时的水也是液态水（此时未达沸点，也即发生相变的温度，因此，水的状态必须为液态）。那么，淋浴时的"蒸汽"只是一群漂浮在浴室中的液态水分子，这些小液滴分布得很稀疏，因此状似蒸汽。

要理解蒸馏过程，不仅要知道水的沸点（100℃），还要知道蒸馏液体中其他化学物质的沸点。若蒸馏目的是除去麦芽浆中的水和其他杂质来获得乙醇，那么，我们需要了解乙醇和水的沸点。刚好，水的沸点要高于乙醇的（78.4℃），蒸馏的方法是将麦芽浆加热到水的沸点以下，收集馏出物，去掉不能蒸发的物质。然而，麦芽浆是一种非常复杂的混合物。除乙醇外，麦芽浆中既含有酒厂想保留的物质，自然也有酒厂希望去除的东西。威士忌麦芽浆或蒸馏过程中的半成品葡萄酒中含有乙酸、丁醇和丙醇等讨厌的多余物质，沸点分别为118℃、117℃和97℃，均高于乙醇的沸点。不过，对人体神经系统有剧毒的甲醇等多余化合物，沸点实际上非常低（64.7℃）。甲醇会对人体产生极大的影响，可使人呕吐、意识不清直至死亡。作为最小的醇类分子，甲醇对视神经有剧毒，一旦摄入可能导致失明。10毫升的纯甲醇足以令人失明，一满杯甲醇甚至能杀死酒量最大的瘾君子。麦芽浆中几乎不可避免地会出现甲醇，我们必须通过蒸馏将其彻底去除。幸运的是，甲醇比酒精的沸点低 13℃，可据此将其去除。

在加热麦芽浆过程中蒸馏器开始收集乙醇蒸气之前，人们会收集并去除其中的"酒头"，即在最高约 77℃—78℃ 或乙醇开始沸腾前形成的任何馏出物。基于经验，每 10 加仑的麦芽浆，其前 3/4 品脱主要为甲醇，闻之像医用酒精，因此，这 3/4 品脱要丢掉。同样的，麦芽浆加热至远超乙醇沸点（此时温度自然会超过 95℃）后产生的"酒尾"也会被丢弃。这部分馏出物往往富含杂醇油，散发出令人不适的气味（苏格兰威士忌的酿酒师偶尔会保留少量这样的气味分子，但不会太多）。无论如何，乙醇仍在蒸发时，麦芽浆中的水成分开始沸腾，馏出物的核心阶段会不可避免地出现部分水，而这是酿酒师刻意保留下来的。因此，若使用传统蒸馏器，必须经多次蒸馏才能使酒精浓度达到理想状态。馏出物中还含有沸点与乙醇相近的其他化合物，为制成高纯度酒精，酿酒师不得不采用一些创新手段将其去除。

自塔式蒸馏器问世后的近两个世纪里，蒸馏设备的设计取得了许多进步。出于需要，人们在塔式蒸馏器基础上利用工业化学手段进行了绝佳改动，烈酒酿造师也学到了一些技巧。回流蒸馏器（reflux still）是顶级蒸馏工序中的一项重要创新。

　　基本的回流装置非常简单。蒸汽在沸腾锅中产生，在回流塔中上升，部分蒸汽会冷凝并返回锅中，其余蒸汽则被蒸馏入终产品。这就形成了一个循环过程，其中，冷凝蒸汽在回流塔中不断返回，既增加了馏出物的酒精含量，又去除了更多的水和其他杂质。这个过程的关键在于回流蒸馏器内有一个分馏塔，帮助上升的蒸汽冷凝。回流蒸馏器通常很高，塔越高，回流效果就越好。使用沸腾球也可提高回流效率。"沸腾球"是一个铜球，放置在蒸馏蒸汽通过回流塔的位置，可增加冷凝的表面积。图 5.7 展示了主要的回流蒸馏器。

　　如图所示，回流蒸馏器主要有三种：强制式（forced）、外阀式（external valved）和内阀式（internal valved）。强制式回流蒸馏器是塔式蒸馏器中最常见也是最著名的一种，以高效闻名，采用冷却管实现冷凝。冷却管（通常装有水）穿过回流塔，与蒸汽

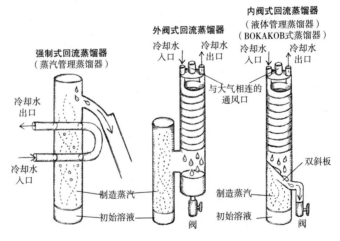

图 5.7　回流蒸馏器的类型：强制式、外阀式和内阀式。

直接接触，整个过程非常简单直接：初始溶液中的蒸汽上升通过回流塔，随后流入冷却线圈并冷凝。任何未通过线圈的蒸汽都会进入冷凝室，最终被收集。蒸汽碰到线圈会立即冷凝，并不会再次通过线圈，而是回落到加热的液体中。每一次蒸馏，蒸汽会不断试图突破冷却线圈设置的障碍，因此部分溶液可能会多次经历这一过程。当然了，这一过程的速率和效率由冷却线圈的长度及经过水流的温度决定。

外阀式回流蒸馏器在加热塔外进行强制回流。如图所示，回流塔与蒸汽塔主体延伸出的 T 形管相连接。回流塔通常由一个铜制的冷却线圈、一个位于塔底部的收集桶和一个向大气开放的通风口组成。该阀能够实现蒸馏器对收集冷凝蒸汽的哪些部分进行选择和对具体收集量进行控制。收集到的蒸汽反复回流，每次回流结束后，乙醇的纯度和浓度均会提高。

图中还显示了内阀式回流蒸馏器的结构。该设计中，强制回流发生在主塔内，收集池则置于回流塔内。收集池通常通过在回流塔内回流装置下方放置双斜板形成。内阀和外阀式回流蒸馏器均受家庭酿酒者欢迎，也称为液体管理蒸馏器。

蒸馏器是一种美丽的机器装置，随着时间的推移产生了令人惊叹的变化。

我们已掌握了一些化学知识，下面，让我们选中一枚碳原子，让它作为"向导"，跟随它一起见证现代蒸馏工序吧。这枚原子起源于数十亿年前。事实上，人类身体中的大部分碳原子都有数十亿年的历史，仅有万亿分之一的碳原子年限稍短，或者说是新的碳原子。与多数碳原子一样，我们的 token 碳原子也诞生于远古时期，由诱导核聚变形成；而在此前，新星出现，产生了气体云，最终凝聚成如今的太阳系。当今太阳系所需的碳原子几乎全部在该时期形成。我们的 token 碳原子可能在太空中漂浮了很久，直到 45 亿年前地球形成，才安顿下来。

也许从那时起，单一碳原子就先后进入了许多不同的生物体内。也许是植物，但更有可能是细菌；随着宿主生老病死，碳原子通过新陈代谢系统在不同个体间来回游走。最终，我们的碳原子形成了二氧化碳分子，漂浮在大气中，直到一两年前它找到了一种名为 vitis vinifera 即葡萄的植物。更准确地说，碳原子进入了生长中的葡萄果肉，通过葡萄体内细胞叶绿体发生光合作用转化为糖分。

葡萄果肉中，我们的碳原子"栖身"的糖分子共有 5 个碳原子，在名为葡萄糖的糖类中呈环状排列。它与糖分子中的其他碳原子转化为乙醇。须注意的是，碳原子也可能位于葡萄糖的某个位置上，葡萄糖被转化为二氧化碳，碳原子也就再度进入大气中。上一刻还舒适地栖身于葡萄果肉的葡萄糖中，下一刻，我们的碳原子却突然被意大利皮埃蒙特地区的葡萄园工人带到酿酒厂。碳原子栖身的葡萄被碾碎，其中的糖分子释放到葡萄汁（刚碾碎的葡萄，也称葡萄渣）中。一旦进入葡萄汁，糖分子会被酵母细胞吸收，成为这微小单细胞真核生物的食物，酵母细胞通过发酵从其所在的糖环中产生能量，并在此过程中产生乙醇。同样，我们的碳原子只有位于糖环的正确位置上，才能进入乙醇；

若位置不对，碳原子会以二氧化碳的形式释放并重回大气。这其中的化学反应不再赘述，只要知道我们的碳原子幸运地进入了乙醇分子即可。

一旦进入乙醇分子，碳原子就必须等待溶液中的所有其他糖分子转化为乙醇。等待过程中，我们会发现初始葡萄汁中有醋酸和甲醇等较小的分子环绕在碳原子四周，另有一些相对巨大的蛋白质分子。其中，部分是大色素分子（碳原子曾栖身的葡萄是紫色的），另一部分是葡萄用来制造能量和糖分的酶。幸运的是，葡萄压榨出的葡萄汁未被用作肥料或动物饲料，而是送往酒厂用于生产格拉巴酒。

人们将压碎后的汁液提取出来用于酿酒，我们的碳原子所栖身的乙醇分子则与其他轻微压碎的葡萄渣被一起送往酒厂。这些种子、果皮、果梗和附着其上的果肉混作一团，当中含有数以万亿计的碳原子，早已进入醋酸和甲醇等小分子及大量乙醇分子中，乙醇分子约占混合物总体积的 4%。不同寻常的是，法律规定，制作格拉巴酒的葡萄渣蒸馏过程中不得加水，这就意味着葡萄渣须保持湿润状态，且最初的蒸馏工序不能过于猛烈，须在蒸汽中进行。由此生成名为"弗莱玛"（flemma）的物质，此物质包含我们的碳原子，装入塔式蒸馏器时，弗莱玛中含有约 15% 的乙醇。随着周遭温度升高，我们的碳原子见证了甲醇分子和其他挥发性物质冲向溶液表面，然后弹出并向上漂浮的过程。这些就是"酒头"，注定被抛弃。78℃ 左右时，我们的碳原子所在的乙醇分子加入了向溶液表面冲击的行列，将水分子、色素分子及其他较大的酶和蛋白质抛在身后。之后，碳原子随甲醇蒸汽离开溶液表面，前往塔顶部；然而，溶液身处的是回流蒸馏器，因此蒸汽会凝结并落回溶液中。随后，溶液向回流塔冲击多次不成，最终进入冷凝塔，并被收集到大钢桶中。此时，我们的碳原子周围只有水和其他乙醇分子，其他物质要么已被蒸馏掉，要么留住了锅中（"其他物质"指大部分水、无用的色素分子以及来自葡萄和酵母的所有酶）。

　　蒸馏过程结束后，作为乙醇分子的两个碳原子之一，我们的碳原子可以舒舒服服地待着。此时，乙醇浓度已达 80% 左右，碳原子的许多"老相识"已不复存在。碳原子与同伴们在钢罐中会待 6 个月甚至更久，随后被稀释（注水稀释到乙醇浓度约 40%）并装瓶——若这批格拉巴酒需要陈酿，则中途会在橡木桶中停留一段时间。碳原子所在的某瓶酒被购买饮用后，碳原子随酒水一并被消化，其宿主分子被分解，碳原子再次漂浮于环境之中，等待开启这无休止旅程的下一阶段。

6

是否选择陈酿

  我们知道，在木桶中被动成熟的烈酒会发生较大变化。若是经历了木桶陈酿、温度变化和海运过程中剧烈颠簸的波旁威士忌，又会如何呢？毕竟，马德拉岛加强型葡萄酒就是采用这种极端方式被制成的，还在 16 世纪声名鹊起，依此法制成的英国印度淡啤同样在 18 世纪闻名退迹。类似的处理方式会对美国威士忌产生什么影响呢？图中这款波旁威士忌已经过制造商测试，结果令人非常满意：这款威士忌制成于第 17 次航行，航行过程十

078

079 分顺利。也许因为酿酒旅程毫无波澜，这款威士忌呈琥珀色，口感温和，闻之有湿树皮的气息，顺滑不黏腻，焦糖基调上带有橙皮和香草的味道。这款波旁威士忌唇齿留香，甚至能令人想象到海风的些许咸味。这款酒最初的口感如何，世人已无从知晓，但它已完美地结束了漫长的海上航行。

我们都知道，年龄的增长有其弊端，这是人类不可否认亦无法逃避的事实。然而，一瓶珍藏了52年的老麦卡伦却能卖出5万美元的高价，足见时间的流逝对烈酒的恩赐，至少对部分烈酒而言，确实如此。在高度重视烈酒基本成分（例如白龙舌兰酒中的龙舌兰或水果白兰地中的水果）的人看来，陈酿本身并不会对烈酒的精华有所裨益，且对于追求纯粹者，将令人兴奋的烈酒置于橡木桶中陈酿也不是什么好事。此外，人们普遍认为，中性烈酒无论是在蒸馏器中提取的，还是从植物成分中提取的，大致都不会因陈酿获益，但一些现代酒商仍在生产"桶酿"或"桶置"的金酒（过去，橡木桶几乎是唯一可用的批量储存容器，因此该习惯被沿袭了下来）。

不过，对于格拉巴酒爱好者而言，橡木桶陈酿必然是最佳选择。未经橡木桶陈酿的格拉巴酒已是口感极佳，而价值最高的瓶装格拉巴酒通常都曾经历木桶陈酿。玉米威士忌或黑麦威士忌爱好者，则必定会坚持在橡木桶中陈酿一段时间。因此，不难理解未经陈酿的威士忌多被讥讽为"私酿酒"（moonshine），不过，这种通常的（也未必尽然）原始的私酿酒也有其受众（见第20章）。接着往下看，像苏格兰威士忌那样，干邑酒商的产品必须依法在法国橡木桶中陈酿至少两年，方可冠以"干邑"之名，必须在橡木桶中陈酿至少 3 年（零 1 天）方可出售。当然，这两种"传说"中的烈酒陈酿时长通常远超最低要求，当地酒吧出售的昂贵烈酒则大多曾在木桶中陈酿（欲了解威士忌酒商的看法，见第 12 章）。

080

因此，陈酿对烈酒十分重要，但也不必过分看重这一点。2018 年底，BBC 苏格兰分台曾报道称通过一种高灵敏度的放射性碳年代测定技术对苏格兰威士忌的酒龄进行了精确测定，结果表明，在 55 瓶"稀有"的陈年苏格兰威士忌中，21 瓶是彻头彻尾的假货，其余则并非产于宣称年份。其中，有 10 瓶据称是 19 世纪产的单一麦芽威士忌，是欺骗消费者的假货。这些标注了年份的瓶装酒是从英国各地的拍卖会、经销商与私人酒窖中随机抽样而来的，因此，喜好收集古老昂贵威士忌的收藏者十分震惊，但若熟悉葡萄酒收藏市场的内幕，可能就不会这般惊讶。委托进行这项研究的机构总结称，当时的二级市场流通着价值约 5500 万美元的虚假稀有苏格兰威士忌，远高于 2018 年英国各地拍卖的所有威士忌的总估值，也即 4800 万美元。机构创始人称，多数销售商是在不知情的情况下出售苏格兰威士忌假货的，但每瓶被称为"稀品"的威士忌，特别是单一麦芽威士忌，"在未证明为真时均应认为是假"。

市场有买到假货的风险；不过，若还是偏爱陈酿烈酒，那么该关注的并非时间，而是陈酿过程采用的木料材质与来源。刚离开蒸馏器的烈酒非常稳定，如果保存在完整、不活跃、不可渗透的容器中，多多少少可无限期维持原状。然而，若是置于木桶中，就会发生几种情况。首先，烈酒会吸收一些味道，分别来自木桶材质中原有的分子以及炭化或烘烤产生的分子（见下文）。此外，若容器曾用于盛装葡萄酒或其他烈酒，酒的残留物也会影响新酒的口味。与此同时，略微可渗透的木材中，极少量氧气会从外部空气中进入桶内，桶内也会蒸发相应比例的烈酒。上述过程逐步发生时，木头中的分子将提升液体的化学复杂性，从而丰富其潜在的味道，在此过程中发生的轻微氧化作用则通常会进一步强化这些味道，产生各类新化合物。随着蒸发不断进行，木桶中液体的液面会下降。酿酒师常常会将木桶加满液体，以此减少桶内氧气存在的空间，烈酒酿造者则通常不会，只是静观桶中液体减少，见证"献给天使的份额"消失在大气中，氧化过程也逐渐加速。上述各类过程共同维持着化学反应，随着时间的推移，从本质上改变了桶内液体的口味、香气与色泽特征。通过控制橡木桶的类型、尺寸、年限、长度及熟成条件，酿酒师可让酒产生特定的口感——不过，烈酒的陈酿既是艺术也是科学，因此仍有不可预测的因素存在。

　　市面上的木材种类繁多。有几类树（枫树、栗树、桑树和山核桃树）常用于制作酒桶。当今的烈酒主要源自欧洲，橡木一直是欧洲人制酒桶的首选，因其"径向射线"异常宽阔，而带有这种木纹的木条强度高，可保持木桶完整不破裂。橡木有很多种，但只有少数几种最宜制桶，几乎所有烈酒的熟成均在这几种橡木桶中进行，其中最常见的当数欧洲夏栎（*Quercus robur*）和美国

081

白橡木（*Quercus alba*）。经过风干的木材还有生命时可通过微小的通道"呼吸"，营养物质在通道中流动，木头内部存在名为"侵填体"的小型树节，阻挡了桶内液体从空通道渗出的路（图6.1）。欧洲夏栎的侵填体要少于白橡木，对箍桶匠（而非酿酒师）而言意味着用夏栎制桶时，须将木材沿木纹分开，而非按照传统方式锯开，也就使得用欧洲橡木制桶时更耗时，成本也更高。

不过，在酿酒师看来，大西洋两岸橡木的优点远不止适宜制桶的物理特性。每种木材都具有复杂的化学特性，但橡木的

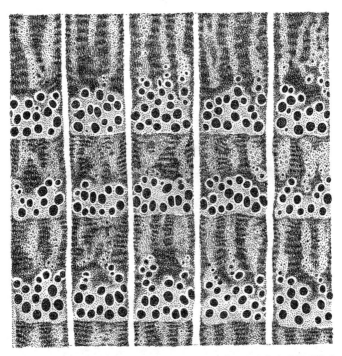

图 6.1　美国白橡木板的放大横截面，内含侵填体，即浅色木质部通道内的深色圆点。

化学组合格外理想，不含松木中的树脂等制桶不需要的化合物。酿酒师可利用橡木中的分子提升葡萄酒及烈酒的复杂性和丰富其色泽，这些分子包括能带来香草风味和辛辣味道的木质素（lignin）、提供涩味与质感的单宁（tannin）、糠醛（furfural）等散发出面包味或焦糖味的醛类以及带有木质香气有时还散发出椰子味或丁香味的内酯（lactone，源自美国橡木中丰富的脂质）。传统上，波旁威士忌箍桶匠在火上将桶板烤弯，过程中点燃并烧焦桶的内部。这种炭化过程（与葡萄酒桶的"烘烤"略有不同，后者在较低温度下长时间烘烤）会激发木质素，增强其香草风味，并使木材中的部分天然半纤维素糖转化为焦糖，生发出太妃糖和坚果风味，风味强弱大致与使用的木炭成比例。木桶烧焦的内表面在一定程度上充当了煤炭过滤器，将有难闻金属味的硫化物等多余化合物截留下来。

与美国橡木桶（波旁威士忌陈酿的必备）相比，法国橡木桶（干邑陈酿时强制使用）的侵填体较少，因此渗透性更强，木质更软，纹理也更细。在这些物理特性综合作用下，欧洲橡木桶比美国橡木桶的微氧速度更快，陈酿时间通常更短。在化学影响方面，欧洲橡木桶的多酚含量高，炭化后产生辛辣味，因此备受推崇，这些多酚包括能提供涩味和提升质感的单宁。相较之下，美国橡木的酚含量较低，但芳香族化合物（如香兰素，vanillin）含量较高，陈酿过程中会产生甜味和烤面包味，且木香、椰香味内酯的含量极高。论及具体香型，美国橡木桶多为椰香、烟熏香、咖啡香和可可香，欧洲橡木桶的香味则多用蜂蜜香、香草香、干果香、坚果香及各种香料来描述。

此处，需强调的是造酒业并不只采用夏栎和白橡木这两种橡树。近年来日本威士忌蓬勃发展，蒙古栎（*Quercus mongolica*）渐渐出现在人们的视线中：这是一种日本本土橡木，起初在二战后资源短缺时用作橡木桶原料，却就此吸引了一批"粉丝"。蒙古栎因香兰素含量高备受推崇，还能为陈酿的威士忌注入檀香木的辛辣味与熏香味。无梗花栎（*Quercus petraea*，又名 Q. *sessiflora*）原产于欧洲与近东，被广泛用于建筑物而非制作木桶，却是法国中部著名的特朗赛（Tronçais）和利穆赞（Limousin）森林中的主要橡木，这两个森林亦是干邑陈酿木材的唯一合法来源。因此，无梗花栎常用于干邑的陈酿。据称，与夏栎相比，无梗花栎较少影响葡萄酒与烈酒的质感，但能赋予其更多香气。此外，夏栎具有地区特性，不同地区出产的夏栎，其单宁含量、甜味成分和辛辣味成分也不同。近年来，夏栎在匈牙利引发了特别关注，以此为基础的制桶业也大幅扩张。

地球上的每个物种都是可变的，因此，我们谈论的几个橡木品种不足以涵盖烈酒陈酿这个大话题。欧洲橡木桶按照地理上的原产地，每个大型橡木林（法国共有 6 个）都有自己的传统消费群，亦有包括物种混合在内的地方特色。大西洋彼岸，部分棕色烈酒生产商偏爱来自欧萨克山脉的白橡木，另一部分则推崇阿巴拉契亚山脉的白橡木，或是凉爽的中西部上段地区那些生长缓慢、纹理紧密的木材。不同地区的品种间存在差异，在很大程度上是因为木材质量对当地的生长条件极为敏感，这些条件不仅包括气候，还包括地形、海拔和太阳照射。对某个特定的品种而言，生长速度较慢（欧洲夏栎的普遍特征）往往会提升大量风味成分的含量。木材采伐后的处理方式也极为重要，比如，木材干燥的方式和时长会对酒桶的特性产生影响。

由于变数太多，烈酒陈酿时，橡木桶的选择十分关键又令人苦恼。权威人士大多不敢贸然对此领域进行归纳总结：事实上，很多橡木桶知识都是专有的，且严格保密。不过，法国专家帕斯卡·沙托内（Pascal Chatonnet）和丹尼·杜博迪安（Denis Dubourdieu）曾在几十年前大胆宣称："欧洲无梗花栎与美国白橡木是陈酿优质葡萄酒的最佳之选，夏栎木桶芳香素含量低、鞣花单宁含量高，最宜陈酿烈酒。"此观点是否具备技术性或科学性尚可探讨，不过，许是历史传统不容置喙，大西洋两岸对这一新观点并不"感冒"。

无论木料来源何处，只要在橡木桶中放置过一段时间，哪怕极短，都会令酒产生不可逆转的变化。比起未经陈酿的酒，曾在橡木桶中陈酿过的必定具有更多风味成分，但这究竟是加分项还是减分项，恐怕仅仅关乎主观感受。就技术层面而言，任何清澈的烈酒都可借助添加剂（通常为焦糖着色剂）使颜色变深，但经橡木桶陈酿的酒应比未经橡木桶陈酿的酒颜色更深。相反，一些橡木桶陈酿的淡朗姆酒与其他烈酒会经过滤去除橡木桶带来的色素。显然，每个橡木桶都具有独一无二的特质，实际情况也就更加复杂了。不同来源的橡木含不同的化合物组合，不同的炭化程度也会产生不同的风味。新桶自然比旧桶中的化合物浓度高，毕竟橡木桶的分子总数有限，使用一次就释放一部分。除非法律明文规定，否则，人们可自主决定一个木桶重复使用的次数。我们已知的，就曾有一位勃艮第酿酒师选用全新的橡木桶制成价格较低的副牌酒[1]，只因其发现首次使用的橡木桶效果更加明显；后来，他才用这些橡木桶酿造更柔和也更昂贵的单一葡萄园葡萄酒[2]。与此相反，法律规定波旁威士忌只能采用全新的炭化白橡木桶，酿出的威士忌一旦装瓶，该桶便立即出售。通常，买方为苏格兰威士忌制造商，其产品不可避免地会受到此前装在桶中的酒液的影响。由此诞生的苏格兰威士忌被赋予了新的口感，也正因如此，一些苏格兰威士忌陈酿时会接连装于多个橡木桶中，如在波旁威士忌桶中开始陈酿，在雪利桶中完成陈酿。不使用新桶的操作非常适合苏格兰威士忌，不仅是因为旧桶更便宜，还因为大麦酿制的威士忌口感比玉米威士忌细腻，因此，使用新桶恐会压制酒的口感。过去，二手波旁威士忌酒桶一直为其他烈酒商所用；如今，啤酒商将眼光投向制作威士忌、马德拉酒、朗姆等各种酒所需的酒桶，以期探索新的啤酒调味方式。连用 3 次后，装普通葡萄酒或烈酒的桶中原有的化合物会全部释放出来。不过，酒桶仍保持透气能力，且只要不发生泄漏或无法使用，就仍具有价值。

1　副牌酒（second wine）是针对正牌酒而言的概念。一些知名酒庄将酿造出的最好、最有知名度的酒称为正牌酒，同一酒庄出产、未被选为正牌酒的葡萄酒则称为副牌酒。

2　单一葡萄园葡萄酒指酿造这款酒的葡萄采自同一个葡萄园。

酒桶的尺寸是陈酿过程中的另一重要变量。桶的表面积与容积比越小，单位容积内提供的木质化合物和氧气扩散量就越少。葡萄酒桶的尺寸差异极大（气候温暖地区的葡萄酒桶通常较大，装满后温度更稳定），烈酒商则不太在意烈酒熟成的环境，且通常喜欢小桶。53 加仑（200 升）的波旁酒桶为典型酒桶。据称，哈德逊河谷的一家威士忌生产商使用容积只有 10 升的小桶。

原则上，烈酒在新桶和小桶中陈酿速度更快，这也正是酒商使用小桶的主要原因。不过，新桶、小桶陈酿的效果与在大桶中陈酿更久的结果不尽相同。需注意的是，烈酒的熟成速度在很大程度上取决于当地气候。熟成速度对湿度和温度十分敏感。牙买加仓库中的一桶烈酒比在气温更低的苏格兰仓库中熟成得更快，而肯塔基州仓库中的一桶烈酒熟成速度介于两者之间。这在一定程度上是因为北方气温的季节性下降使得熟成过程几乎停止，而在温差较小的加勒比海地区，陈酿过程可在四季不间断进行。熟成速度在一定程度上也与平均温度有关：许多波旁威士忌陈酿仓库的选址和建造均以能在夏季最大限度吸收热量为考量。在这一点上，波旁威士忌酒商与苏格兰威士忌酒商不同，后者更喜欢凉爽的酒窖。我们还须注意，较剧烈的温度波动会影响烈酒在木桶中的膨胀和收缩，迫使酒液出入桶壁，从而增加酒液的流出量。当地湿度也是影响因素之一，影响液体穿过桶壁的扩散速度，从而影响氧化过程。出于上述种种原因，北方气候条件下生产的烈酒通常比温暖地区生产的烈酒熟成时间更长。当前，陈酿 12 年或 18 年的苏格兰威士忌并不罕见，同样"熟龄"的波旁威士忌却很少。事实上，1994 年市面上才出现第一瓶 20 年酒龄的波旁威士忌；不过，拥有 23 年酒龄的派比·凡·温克（Pappy Van Winkle）已在二级市场上卖出超过 5000 美元的高价，"高龄"美国威士忌的供货量也逐渐增加。向南方展望，按照墨西哥相关机构规定，在桶中陈酿两个月至一年的龙舌兰酒为"微陈年龙舌兰"（reposado），陈酿三年即为"超陈年龙舌兰"（extra añejo）。龙舌兰酒的陈酿速度似乎比谷物酒更快：龙舌兰酒在橡木桶中陈酿四五年后会失去甜味，最终被桶中木头的味道（过度）掩盖。

　　酿酒师也有很多人为加速陈酿的技巧，或者说模拟桶中陈酿效果的技巧。除了常用于加深酒色的焦糖，法律规定干邑制造商（干邑是全世界最受推崇的白兰地）可在陈酿过程中添加少量的涩味橡木提取物"木头香"（boisé）。木头香本身也常经"陈酿"。人们发明了一项新技术，在桶的内表面压印蜂窝图案，以此增大暴露在液体中的木材有效表面积。人们还在木桶中加入装置，以此加速陈酿过程。一项引领潮流的装置几乎可在一夜之间实现此效果：该装置从正压切换到负压，再切换回正压，迫使烈酒进、出新鲜木材。此外，目前至少有一家美国公司正提供一种专有的微氧技术，帮助加速威士忌以及私酿酒等烈酒的陈酿过程。不要忘记无尽西部（Endless West）公司，该公司可在"一夜之间"生成"分子烈酒"，可与"最佳陈年威士忌"相媲美（见第 23 章）。不过，模仿是最真诚的赞美，这些障眼法只会更加凸出这样一个事实：当人们渴望兼具深度与复杂性且完全熟成的烈酒时, 传统的橡木桶陈酿才是黄金标准。

各地的法律基本都不强制烈酒制造商在酒瓶标签上标明酒龄 (例外情况见下文), 而在干邑的产地——法国西部夏朗德大区, 法律明文禁止制造商标注此信息。不同年份的干邑大多混杂出售, 因此, 人们采取了明智的做法, 为每瓶干邑标注质量等级。需注意的是, 质量等级与熟成时间有关: VS 级干邑至少要在橡木桶中陈酿 2 年, VSOP 级干邑至少 4 年, 拿破仑级干邑至少 6 年, XO 级干邑至少 10 年。唯一严格依赖质量判断的类别是"忘年"(Hors d'Age), 只有最好的干邑才会特别标注此等级。每瓶追求顶级质量的干邑酒都必须标注产地名称 (大香槟区、边林区、林地产区等), 对质量的判断至少在一定程度上可从中窥得。不过, 夏朗德地区的规则与其南部地区加斯科涅形成了鲜明对比: 雅文邑酒商会在单一年份产品上自豪标注酿造年份, 但 VS (最"年轻"的成分, 需在木桶中陈酿 2 年)、VSOP (4 年) 和 XO (10 年) 的分类也用于在雅文邑地区大量生产的调和酒。

在美国, 威士忌的销量近年来呈爆炸性增长, 陈年库存因之大量消耗, 因此, 近来单桶瓶装酒 (来自单一年份) 大受欢迎, 但很少能在酒瓶上看到酒龄。市场上的多数美国烈酒仍以混合年份出售, 多数为大规模酿造, 在一个大缸中混合了多个单桶的内容物, 以追求调配师的特定愿景或既定的特有风格。无论是为达成富有想象力的全新效果, 还是打造满足长期客户期望的可靠产品，这种混合行为都是一门高超的艺术，通常需要平衡烈酒在陈酿过程中各阶段的不同品质。因此，多年份调和法在行业占据主导地位。美国与法国一样，以调和法调配的酒水必须在瓶上的酒龄信息中说明其中年限最低的成分的酒龄。根据联邦法规，"酒龄可低报但不得高报"，因此，标注 8 年酒龄的波旁威士忌中可能含有酒龄为 12 年的烈酒成分，反之则不可。

事实上，实际情况还要更复杂一些。标注为"纯威士忌酒"（straight whiskey）的产品必须在新制橡木桶中陈酿 2 年。若实际在新制橡木桶中陈酿了 2—4 年，则必须将这一事实标明。任何标注为"保税威士忌"（bottled in bond）的产品均为不同烈酒在橡木桶中调和至少 4 年而成，且每种酒年份相同。单桶（single cask）则顾名思义。除明确标注的情况外，一切皆有可能。因此，须小心查看烈酒的标签，莫被标签上大大的数字糊弄了，以为指的一定是瓶中酒的年份，这可能只是一个任意的数字，用来指代特定的瓶装酒，与酒龄并无关联。

那么，烈酒究竟是该陈酿还是不该陈酿？还是要取决于烈酒本身以及消费者的口味。人们大都认可葡萄白兰地和威士忌是最适于橡木桶陈酿的烈酒，且认为朗姆酒和部分龙舌兰酒稍事桶酿也不错。多数人的共识是，对于法国白兰地这类酒水，最重要的是抓住基本原料的精髓，最好从蒸馏器获得后直接装瓶。当然，陈酿留下了巨大的空间，不可否认桶中的酒会在其间发生变化，但未必是好的变化。这就纯粹是个人口味的问题了。饮酒者最不能接受的底线，就是所有格拉巴酒或龙舌兰酒要么均经过陈酿要么均没经过陈酿的"非黑即白"。烈酒最令人愉悦的特征之一就是其多样性，而橡木的魔力又将多样性进一步放大。

7

烈酒的谱系

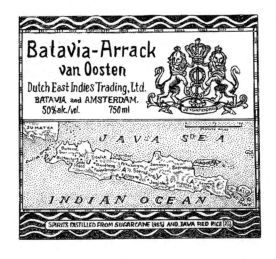

　　在本章中，我们不妨品尝一下新大陆烈酒中的"祖师爷"——
亚力酒（arrack）：亚力酒起源于加那利群岛的早期葡萄牙种植园，
因此可能早于卡莎萨或朗姆酒。遗憾的是，我们已无法找到用棕榈
树汁蒸馏出的亚力酒，但上图绿瓶中装的是加那利酒的直系后裔，
在爪哇用甘蔗和少许红米制成，经壶式蒸馏器蒸馏。我们对于米酒，
如白酒的风味了解不多，无法做出预判；幸运的是，我们面前的这
款加那利酒，先是散发出淡淡的清香，随后糖的甜味占据了主导地

090 位。这款淡酒未经陈酿，酒精体积百分比高达 50%，口感清爽顺滑，尾调是奇特的果香。该酒早期以作为热带潘趣酒的原料而闻名，生产商也显然将其视为一款调酒原料，在背标上注明了潘趣酒和鸡尾酒的调配方法。不过，该酒仍不失为一款好饮品。

《啤酒的博物志》的读者都知道，作为研究系统论的专业人士和系统论的拥护者，我们习惯性于厘清笔下事物间的联系。基于各类烈酒的特性，本书明确了烈酒之间的关系。这并非一件易事，须对许多不同的特征进行考量，且烈酒的相对重要性和关系是见仁见智的话题。不过，以活体动物为研究对象的系统论学者就不存在这个问题了：生物领域的进化通过分裂世系进行，系统论专家显然只需知道所研究生物与后代的关系即可。烈酒研究者要做的，则是将生物学家用于确定生物物种间关系的方法应用于烈酒，尽可能多援引现存的公认标准。我们的工作是否有成效，有赖于读者自行判断，但相信我们的工作至少会为读者带来一些启发。

亚里士多德大概是第一个用文字解释生物分类重要性的人，甚至提出了将生命系统化的想法，并称之为"自然阶梯"（scala naturae）："自然阶梯"的基础是生物的完善程度，即生物越完善，其在阶梯所处的位置更高。借助这一观点，亚里士多德简单地将人类置于阶梯顶端，其他生物则根据完善程度向下排列。如此，鸟类要略低于哺乳动物，蛇次之，虫类则接近阶梯底部。显然，任何标准都可用于在类似的阶梯上对事物进行排列，但烈酒

的演变史与生命进化不同。尽管如此，烈酒这般无生命之物确有
其历史，也因此具备了某些特征，而对这些特征进行比较有助于
确立烈酒间的关系。呈现烈酒间关系的方法有很多，大多为视觉
方法。直观地说，以图示展示烈酒间的一般接近度就是个不错的
方法，图 7.1 展示了一位 T 恤衫设计师的杰作。这件 T 恤衫本质
上就是一座自然阶梯，以各类酒的典型瓶子尺寸与形状为基础。

　　这种系统化的方式极具视觉吸引力，但对思考酒水间的关
系助力不大。比如，T 恤上的梅子白兰地位于左数第四的位置，
与桃子白兰地距离较远，隔了足足 5 瓶酒。然而，合理的分类
方式是将这两种白兰地毗邻放置，以此显示两者间的密切关联。
"自然阶梯"理论十分模糊，却出乎意料地沿用至查尔斯·达尔
文（Charles Darwin）时代。由于中世纪学者的努力，它演变成
一种宗教解释（天使这一角色出现在人类的上方，上帝又出现
在天使上方）。此外，"自然阶梯"理论还孕育出自然史中更具

091

图 7.1　T 恤衫上的烈
酒"自然阶梯"。想
象以下酒瓶从左至右
排列时瓶中的酒依次
为：金酒、朗姆酒、
龙舌兰酒、梅子白兰
地、黑麦威士忌、苏
格兰威士忌、白酒、
桃子白兰地、荷兰杜
松子酒和格拉巴酒。

误导性的一大概念，即特创论[1]（special creation）。当时并无其他方法可用于探索自然界多样化的成因，早期的自然史便一直停留在特创论，停滞不前。因此，进化论问世时，不难想见人们会利用"自然阶梯"理论的残余概念生发出另一伪观念，认为当代生物的各种形式是相互变换而来的，人类由黑猩猩进化而成的错误观点即是如此。我们现在知道，黑猩猩和人类拥有共同的祖先，生活在约 700 万年前，且其既非黑猩猩也非人类。不过，我们并无该祖先的化石，只能通过比较人类和黑猩猩的特征来推测祖先的样子。

这一阶梯式思维方法后被揭穿并取代，说来话长，在此就不赘述了。18 世纪中叶，瑞典学者卡尔·林奈（Carolus Linnaeus）发明了双名命名法（binominal nomenclature），即我们今天所用的生物命名法（比如，我们是智人，属于智人属的智人种，智人属还包括其他几个物种，如今均已灭绝）。这为"生命被规划为包含较小类别的完整类别层级"这一观点开辟了道路。一个世纪后，查尔斯·达尔文又提出了进化论的观点，也即"有差异的继承"（descent with modification）。

林奈做的趣事之一就是建立了用于识别和分类生物的分级"钥匙"。该装置是当今"决策树"（decision tree）的前身，涉及的推理与图 7.2 非常相似，图 7.2 旨在帮助您决定最适合自己的威士忌品牌。

通过使用该图并回答一系列是 / 否问题，很容易得出结论，

1　特创论认为地球上的生物均由造物主创造，物种一旦被创造出来就永恒不变，最多只在种的范围内变化。

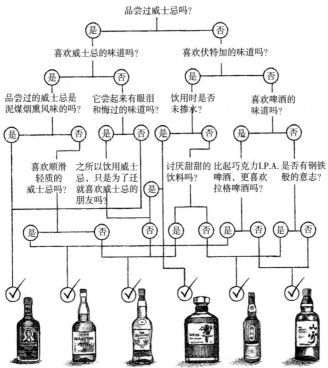

图 7.2 选择威士忌的决策树。

根据 *Bootleg Brew: The Bootleggers Guide to Choosing the Perfect Dram* 重新绘制；Instagram，Bootleg Brew，2015 年 11 月 19 日，https://www.instagram.com/p/-QnVvdwk0F/?taken-by=bootlegbrew。

筛选出某人可能喜欢的威士忌种类。比如，面对下列问题，如果您的回答"是"，那么应该会更喜欢布纳哈本 18 年（Bunna-habhain 18）：

品尝过威士忌吗？

喜欢威士忌的味道吗？

品尝过的威士忌是泥煤烟熏风味的吗？

相反，如您对下列问题的回答为"否"，那么您会更喜欢山崎
（Yamazaki DR）威士忌：

品尝过威士忌吗？

喜欢伏特加的味道吗？

喜欢啤酒的味道吗？

是否有钢铁般的意志？

同样，这种方法与分类学家口中的"分类钥匙"十分相似
（图 7.3）。

093　　　在这个案例中，若下列问题的答案均为"是"，则该生物属
于被子植物门（开花植物）：

它是植物吗？

它有根吗？

它有种子吗？

它开花吗？

094　　　达尔文创造了"生命树"（tree of life）这一术语，将地球上
生物的多样性描述为枝繁叶茂的大树，大树的根部是所有生命共
同的祖先。20 世纪初，该思想主导了生物学领域，但该时期绘

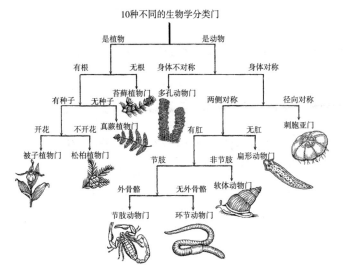

图 7.3 动植物分类钥匙。

制的许多生命树完全基于承担绘制工作的科学家的权威和专业知识。直到 20 世纪 60 年代，人们才开发出完善的科学技术来重现共同祖先的面貌，并创造出代表科学数据并可转换为等级分类的生命树。本书将利用这些技术进行讲解。

事实上，人们对酒特别是烈酒间的关系已有了诸多猜测，不过，由此而生的酒水层级结构仍以 20 世纪早期系统学的权威解释为基础。多数读者应见过类似 7.4 的图，但并未意识到这就是进化树中曾使用的关系网络。有趣的是，威士忌树的丰富性使得威士忌酒商与饮酒者对最喜欢的酒水之谱系极感兴趣，对其他烈

图 7.4　威士忌的文氏图。

酒的谱系则缺乏兴趣。

　　图 7.4 是我们能找到的最简单的威士忌图，这是一张文氏图，用来对一组数据进行分级。此图将所有的黑麦威士忌归为一类，所有的波旁威士忌归为一类，又将所有的苏格兰威士忌归为一类。更重要的是，这三类烈酒又共同组成了一个单一类别（由外圈表示），称为威士忌。若想用这种图对所有烈酒进行更全面的分类，就该将金酒归入一个圈，将伏特加酒归入另一个圈，以此类推。一些 T 恤衫印上了威士忌树的图样，如图 7.5 所示。

　　图 7.5 中的网络实际上展示了威士忌优美的层级结构。请注意，层级排列中的不同步骤由不同几何形状表示。例如，威士忌主要分为美国产、爱尔兰产、加拿大产和苏格兰产 4 种，用矩形表示。这四种国别的威士忌又分别按不同元素分为不同层级：比

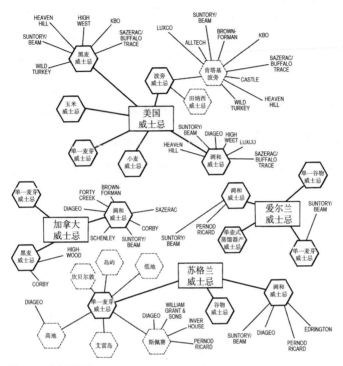

图 7.5 威士忌网络。

如，美国威士忌按照玉米威士忌、小麦威士忌、波旁威士忌、单一麦芽威士忌、黑麦威士忌或调和威士忌进行分类，每个子分类都用六边形表示。美国波旁威士忌等烈酒还可进一步下分为田纳西波旁和肯塔基波旁（用虚线六边形表示）。层级网络的端点是各种酒品牌，通过线条连接到相应的组别中。比如，杰克丹尼来自代表田纳西波旁威士忌的六边形，田纳西波旁威士忌的六边形来自代表波旁威士忌的六边形，波旁威士忌的六边形来自代表美国威士忌的矩形，美国威士忌的矩形又构成了"威士忌"这一

096 　　大六边形的一部分。仔细观察该图，就会发现其中并不存在其他层级结构。换言之，苏格兰威士忌与某一特定威士忌的关系并不比与其他所有威士忌的关系更密切。四大威士忌（美国产、爱尔兰产、苏格兰产和加拿大产）中的每一种都有自己独立的分支。

　　图 7.6 展示了一张类似的图表，由杰森·海恩斯（Jason Haynes）绘制。这棵"树"进一步扩展了威士忌的分类，增加了芬兰、英国、日本、德国、非洲、印度、威尔士和澳大利亚的威士忌种类。请注意，不同国家产的威士忌并未按层级排列，而是各自形成网络。在生物种系发生学中，这种排列方式称为星式系

098 统发育，表明所有主要的威士忌分支均独立问世，或是快速分叉，以至于很难区分爱尔兰威士忌、苏格兰威士忌和英国威士忌之间的关系。不过，这张图确实展示了苏格兰、美国、爱尔兰和印度威士忌各自的一些下分类别。

099 　　有些图表的树状寓意非常明确。比如，克里斯·拉西西亚（Chris Rassiccia）绘制过一幅相当漂亮的图表，展示了一棵"威士忌树"。与 T 恤衫上绘制的网络一样，这棵树主要有四个分支，即爱尔兰、加拿大、苏格兰和美国。该图并不精致，但确实展示了树的各个端点是如何从共同的祖先中分支出来的。图 7.7 中的"禁酒树"是经典生物树的一个有趣变体。这张法国明信片创作于 1900 年前后，展示了饮酒特别是饮用苦艾酒带来的危害，并暗示饮酒将不可避免地导致染病或被送上断头台的命运，甚至导致人类灭绝。

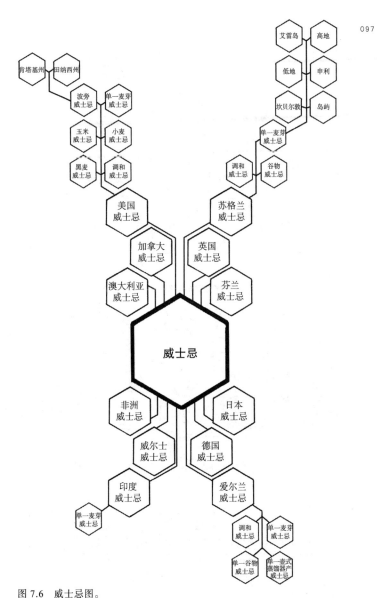

097

图 7.6 威士忌图。
杰森·海恩斯绘制，https://www.pinterest.com/pin/522065781780667251。

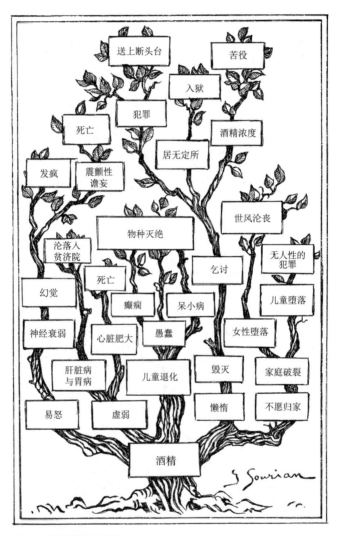

图 7.7　描绘饮酒之苦的树。
法国，1900 年前后。

图 7.7 引发的思考有些沉重，让我们回到烈酒树的主题上。图 7.8 展示了另一棵威士忌家族树，与前图的 4 个主要分类相同（树干上的大树枝分别代表爱尔兰威士忌、苏格兰威士忌、波旁威士忌和黑麦威士忌）。不过，此树的不同之处在于带有相关数据。根据正式定义，爱尔兰威士忌需"至少在木桶中陈酿 3 年；产于爱尔兰"，苏格兰威士忌需"含麦芽；至少在橡木桶中陈酿 3 年；产于苏格兰"，加拿大威士忌需"含黑麦成分；至少陈酿 3 年"，等等。这些信息被系统论学者称为"特征"，或称"共衍征"（这个说法有些过于学术，请见谅），表明例如"含有发芽大麦"、"至少在橡木桶中陈酿 3 年"以及"产于苏格兰"是所有苏格兰威士忌共有的特征，其他任何种类的威士忌都不具有。因此，这些特征与图 7.2 和图 7.3 中分类钥匙的问题答案十分类似。

　　退一步讲，我们可以演示如何利用这些特征来构建一棵树。假设我们要对葡萄酒、白兰地、啤酒和威士忌这四种酒进行分析，那么，构建这棵树只需两个明显特征，即酒水是否由谷物制成、是否经过蒸馏。我们还会在分析中加入调味苏打水——调味苏打水并不具备上述两个特征，而是因为我们需要"第五元素"让树"扎根"，也就是为树指明方向。系统论学者将这第五元素称为"外群"[outgroup，其他四项称为"内群"（ ingroup ）]，并将这 5 种酒水并称为"分类群"（ taxa ）。参见下列数据的简单矩阵，该矩阵行为项目，列为特征。

	是否含谷物	是否蒸馏
苏打水	否	否
葡萄酒	否	否
白兰地	否	是
啤酒	是	否
威士忌	是	是

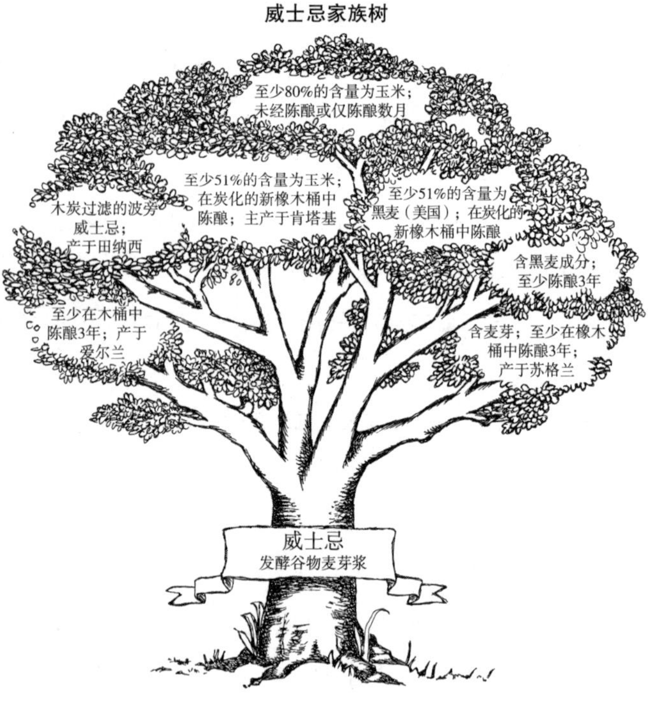

威士忌家族树

图 7.8　威士忌树的方向指南。

图片来源：www.seekpng.com。

然后，我们可将之转换为是—否矩阵，其中 0 表示"否"，1 101
表示"是"。可得到：

	是否含谷物	是否蒸馏
苏打水	0	0
葡萄酒	0	0
白兰地	0	1
啤酒	1	0
威士忌	1	1

此处的关键在于找到最符合特征状态的树。葡萄酒、白兰
地、啤酒和威士忌（还有作为外群的苏打水）可排列组合成 15
种不同的树。自 20 世纪 60 年代以来，许多研究人员已开发出
一些排列组合的方法。其中，最简单的方法采用了 14 世纪英
国学者威廉·奥卡姆（William of Ockham）提出的"奥卡姆剃
刀"原则（Occam's razor），也即"简约性原则"（principle of
parsimony）。奥卡姆称对任何事物都应采用最简单的解释。因此，
按照简约性原则，能采用最少更改容纳数据次数的树为最佳。让
我们来看一看，这 15 棵树中的其中一棵树是如何工作的。

通过简约性原则测试的树将啤酒和白兰地列为近亲，将葡萄
酒和威士忌归为一个类群。图 7.9 揭示了若上述分组正确，我们
的两个特征可能进化成什么样子（这一过程被称为特征映射）。
为使特征符合图中所示的进化情景，需在谷物分支上确定两个事
件，在蒸馏分支上确定两个事件，这样一来就总共有 4 个步骤。
15 棵树中的另一棵将啤酒和威士忌归为一类、白兰地和葡萄酒归

为一类；观察这棵树，我们可得到图 7.10 中的进化情景。

在这棵树的拓扑结构中，特征之一（谷物）可用啤酒和威士忌的共同祖先中的一个事件来解释，另一个特征"蒸馏"则需要两个事件，因此一共有三个事件。上一棵树须要完成四个事件，相较之下，只需三个事件的本树更符合简约性原则的要求。若其

102

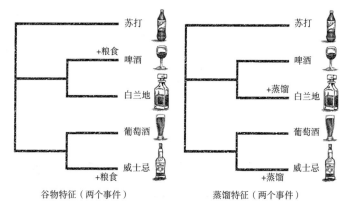

谷物特征（两个事件）　　　　　　　蒸馏特征（两个事件）

图 7.9　绘制葡萄酒—威士忌树的酒水特征。

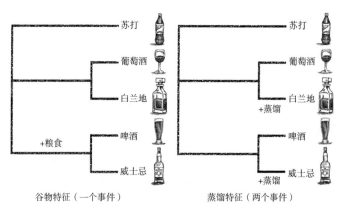

谷物特征（一个事件）　　　　　　　蒸馏特征（两个事件）

图 7.10　绘制啤酒—威士忌树的酒水特征。

他树须要发生均超过三次的改变，则图 7.10 中的树为最佳。如果事情可以这么简单就好了！事实证明，15 棵树中还有一棵也仅需三个事件（图 7.11）。

因此，图 7.11 中的树状拓扑结构与图 7.10 中的拓扑结构一样简约。那么，我们被两难选择困住了吗？幸运的是，并没有。如果我们讨论的仅是简约性原则，那么须要加入所有酒水类别的更多特征来帮助决策。然而，在所掌握数据的基础之上，我们仍有其他方法可选择：许多系统论专家曾称，不应认为进化总按照简约性原则进行。相反，专家们为进化过程创建了"模型"，并利用这些模型来预测发生改变的概率。在本例中，我们须要自问还知道哪些与这些酒水相关的知识，能够表明一种树的拓扑结构概率高于另一种。

例如，我们的模型可能认为选择植物作为原料的概率高于选择蒸馏。如果确是如此，可采用名为"最大似然"的方法，即估

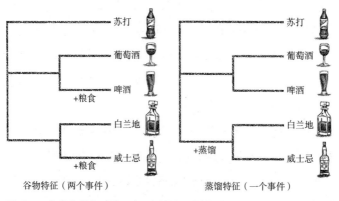

图 7.11 交替绘制白兰地—威士忌树的酒水特征。

计所有可能的 15 棵树的概率，然后选择符合这一标准的树。采用模型进行的似然分析结果为单一拓扑结构，与图 7.10 所示相同，似然值为 –11.19034。图 7.11 中所示的同样简约的树似然值更低，为 –11.86640。所有其他 13 棵可能的树，其似然值在 –12.54254——11.86644 之间。

对于对构建树感兴趣的人，我们采用了一个基于 DNA 的模型，该模型结合了具有伽马分布和根据数据估计形状参数的广义时间反演（generalized-time-reversal）模型。广义时间反演模型允许 DNA 序列四种碱基（鸟嘌呤、腺嘌呤、胸腺嘧啶和胞嘧啶）中的任何一种变为另外 3 种，伽马分布仅是一个参数，用于预估序列的变化率。为实现这一目标，需要将数据集当中的 0 和 1 分别转换为表示谷物特征的 A 和 T，以及表示蒸馏特征的 C 和 G。根据概率推断，一个合适的模型应偏好蒸馏状态而非选用植物作为原料。随后，我们使用同事大卫·斯沃福德（David Swofford）编写的"使用解析法的系统发育分析"程序（Phylogenetic Analysis Using Parsimony，PAUP）进行似然性分析。这些分析看似琐碎无聊，却展示了当数据更佳时可以做些什么。

图 7.12 为彼得·费洛斯（Peter Fellows）创作的常见酒水示意图。该图就像一棵决策树，但可将其与我们此前的结果进行比较。费洛斯在分析中纳入了果汁和苏打水，不过，我们可忽略左边的"类群"，只关注树的右侧。虚线框中的区域与图 7.10 中最简约的拓扑结构相同。但请记住，图 7.11 中的拓扑结构与图 7.10 中的拓扑结构一样简约；仔细观察费洛斯的树，会发现之所以得到这棵树，是因为费洛斯将"谷物还是果实"这一标准用在了第

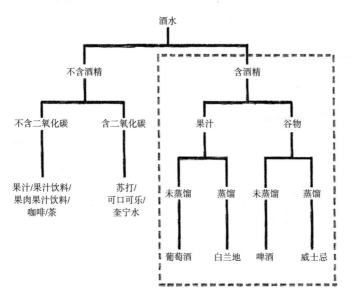

图 7.12 常见饮料树。
用于解释如何在系统发育背景下收集和分析特征。

一个分叉处，而将"蒸馏"用在了第二个分叉处。如果将这两个
分叉颠倒一下，就会得到与图 7.11 相同的树（树的似然性低于图
7.10）。因此，从本质上说，我们在分析过程中选择了一个模型，
该模型令费洛斯的第一个分叉也即植物材料的选择获得了最高的
似然性。

按照简约性原则进行分析，若某个步骤表现更佳，似然分析
中的概率差为 0.67610，数值并不大；但在现代系统发育分析中，
通常采用大量特征，而不会仅仅采用两个特征。此外，用蒸馏相
关数据构建的树确实存在，是因为多数用于葡萄酒、啤酒酿造或
发酵麦芽浆蒸馏的酵母菌株都已进行了基因组测序。这些基因蓝

图可为系统发育分析提供特征，研究人员也用其生成了发酵酵母的家谱。

关于树的应用，一个有趣的例子来自伊利诺伊大学的李正（Zheng Li）与肯尼思·萨司利克（Kenneth Suslick）：两人发明了一种光电"鼻子"，可用于鉴定烈酒的特征。两人用此装置分析了 14 种不同的烈酒：其中 4 种酒精纯度[1]较高（包括一瓶酒精纯度为 116 的威利特肯塔基单桶），6 种酒精纯度中等（包括一瓶酒精纯度为 86 的爱威廉斯黑标），还有 4 种酒精纯度较低（包括一瓶酒精纯度为 80 的格兰菲迪）。随后，李正与萨司利克将这些数据用于绘制分支图（采用另一种绘图方法的树状图，细节不表）。他们将几种浓度稀释至 50% 左右的谷物乙醇作为外群，结果如图 7.13 所示。该鼻子为等电性质，能将所有酒精纯度高的酒水归为一类，将所有酒精纯度中等的酒水归为一类，并将所有的酒精浓度低的烈酒归为一类。这极好地证明了目标工具在识别酒精水平方面的实用性。不过，这款鼻子装置仅根据酒精浓度进行分类——分析过程中，研究人员仅使用了每种烈酒的 0.1 毫升，但未说明剩余酒水如何处置。

在当前的文献检索中，我们未能获得包含所有主要烈酒类

107

1　酒精纯度（proof）是一种美制酒度，100 proof 等于 50% 的酒精体积百分比。

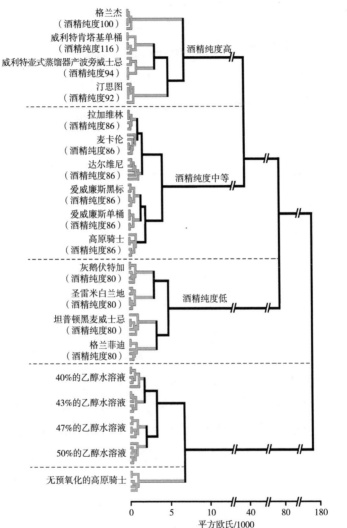

图 7.13 从酒精纯度低、中、高的酒水中获取并区别处理的 14 种烈酒样品，4 种乙醇水溶液对照品，1 种烈酒对照品，低、中、高酒精纯度饮料的系统树。

别的单树或谱系，因此，我们认为应向大家介绍我们自己的酒之树，以便更清楚地展示这类树是如何形成的。任何系统发育研究的第一步都是收集生物体，或称分类群。在此情况下，我们从集体酒柜中收集了样本，并在左邻右舍处"搜刮"了一番。随后，我们编制了一份含 40 种烈酒的清单，涵盖了"六大"烈酒（金酒、伏特加、朗姆酒、威士忌、白兰地和龙舌兰酒）以及水果白兰地。分类群齐全后，我们开始研究可能有助于系统发育分析的每种酒的特征。最终，我们得出了近 30 种可用于生成酒之树的特征。

最初的几个特征仅仅通过一两个既定的特质来定义每种烈酒，包括：(1) 是否使用了杜松子（是，否）；(2) 是否使用了马铃薯（是，否）；(3) 是否使用了龙舌兰（是，否）；(4) 是否使用了葡萄（是，否）；等等。其他特征包括烈酒的常见证明、原产国、是否浸渍或加甜、是否陈酿，如果陈酿，采用的是哪种木桶。接下来，我们将这些数据放于一个矩阵中，与之前介绍的双特征矩阵非常相似。随后，将数据输入两个通过简约性原则分析数据的程序，也即帕布罗·格洛波夫（Pablo Goloboff）及同事开发的"采用新技术的树分析"（Tree analysis using New Technology，TNT）程序和大卫·斯沃福德开发的"使用解析法的系统发育分析"程序。我们曾尝试加入啤酒或葡萄酒等外群，然而，许是因为这些酒精饮料与烈酒本质不同，这棵树会因此动摇。在没有外群的情况下，两个程序给出了相同的答案，也即图7.14 所示。作为系统论主义者，我们对这棵树印象深刻，因为这棵树为我们提供了极有意义的推论。请相信，有些数据集实际并不像本书呈现的那般优美。

请注意，这棵树令 6 种主要的烈酒紧密聚集于"单系类群"（monophyletic groups）中。在系统论中，这一冗长的术语是非常重要的组织原则，意味着其成员拥有共衍征，表明成员来自单一共同祖先。图 7.14 中，网络上的点代表定义"六大烈酒"的共衍征所处的位置。比如，点 1 指代所有白兰地的共同祖先，中来自蒸馏葡萄酒定义；点 2 指代所有朗姆酒的共同祖先，由馏出物来源为蔗糖酒精定义；以此类推。

我们还发现一些令人吃惊的结果，包括威士忌和一种水果白

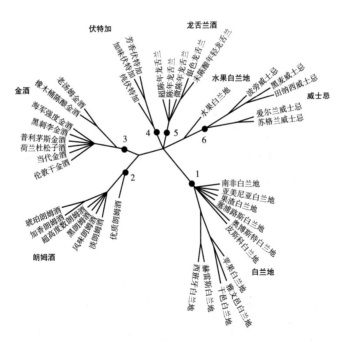

图 7.14　主要烈酒种类的无根系统树。
这些特征包括原产国、使用的植物材料、陈酿和浸泡。

兰地同属一类，以及金酒和朗姆酒之间的关系。然而，这些关系中，部分依赖网络根部所处的位置。比如，若树的根部为水果白兰地世系（这个选择也不错，但我们希望选取尺寸更大的样例），则其与威士忌同属一类的推论不成立。主要的单系烈酒间的关系也很有趣。例如，在白兰地中，水果白兰地为一类，西班牙白兰地另成一类，这两类又可以汇聚为一类，表明其相互联系紧密。奇怪的是，皮斯科白兰地与奥博斯特（Obstlers）白兰地也是一类，其余的水果白兰地则在类群中没有分支。通过观察单系烈酒中哪个类群最先分支出来，我们可尝试推断出每个分组中哪种酒最原始（最接近祖先的形式）。优质朗姆酒似乎是该组中最先分支出来的，纯伏特加是伏特加分组中最先分支出来的，老汤姆金酒和橡木桶陈酿金酒组队并最先分支出来。显然，这些特定的组内推论是否在理论而非技术层面存在意义，还值得商榷。

由于样本量非常小且是非正式采样，我们能写的素材只有这么多，但须注意，我们的分析对烈酒主要类别的处理十分整齐，比起之前对啤酒进行的一项分析要整齐得多。这也许在一定程度上反映了蒸馏的性质：在蒸馏后期，不需要的化合物会从烈酒中整体去除。与此相反，啤酒酿造师通过初期选择酵母和其他原料来达成此目的。此外，也许从一开始，烈酒的酿造者便对生产的烈酒类型存在具体设想，希望成品纯净，符合传统。这也与啤酒的酿制形成鲜明对比：啤酒酿造的历史要长得多，且在近来的精酿啤酒革命中，啤酒酿造者既更具实验性，也更保护其专有的酵母菌株。不过，最重要的一点，图中的星形可能反映了 13 世纪末到 14 世纪蒸馏技术在欧洲的传播速度。当地的蒸馏传统早已确立，并迅速深入当地文化，此后便一直保持独特性。"六大"烈酒中，只有朗姆酒和龙舌兰酒是真正的后起之秀，清晰地反映了这两种特殊烈酒的独特历史及异国糖源。

需要注意的是，我们的数据库不仅范围有限，且仅包含具有代表性的例子。此外，品过多类酒者必然了解，即使是对主要的烈酒类型加以区分，也绝非易事。比如，即便经验丰富的品酒师，有时也极易将谷物烈酒与甘蔗烈酒相混淆，若是酒水曾在桶中陈酿很久，辨别难度会更大。事实上，对葡萄酒进行区分则容易得多，毕竟上好的葡萄酒往往既能表现出其品类特征，又能展现原产地的风土条件。尽管烈酒的整体质量与原料产地大有不同，酒商却很少甚至从未明确说明其产品基本成分的确切品种或确切种植地（也有例外：一些果渣白兰地、格拉巴酒和水果白兰地等高端果酒会予以说明）。未来，这种情况也许有所改变，至少高端市场应如此；一些精酿酒商已开始更多关注其原料的确切来源，必然会对行业产生有趣影响。今后，系统论主义者仍抑制不住求解的欲望，烈酒爱好者将继续不求甚解，畅饮这一瓶瓶"神秘"的酒水。

8

烈酒与感官

瓶中酒正绽放出绿色的光芒,它虽在纽约市历史悠久的哈莱姆酿造,却完全沿用了苦艾酒的传统。正是苦艾酒,见证了文森特·凡·高(Vincent van Gogh)和保罗·魏尔伦(Paul Verlaine)等19世纪欧洲名人的陨落。怀着对未知的期盼,我们将鼻子埋入酒杯,仿佛瞬间穿越至一座新鲜的香料花园中。茴芹、茴香和必不可少的苦艾香涌入脑中,随之而来的还有异常强烈的黄瓜气息。所有成分完美衔接,回味绵长,香味沿上腭弥散,直至尾调挥发。

按照传统，苦艾酒需加入大量水、糖和仪式用酒。苦艾酒的酒精
体积百分比高达 66%，还是依惯例饮用为好。然而，在这瓶魏尔
伦（Verlaine）苦艾酒中，这些额外的添加物仅仅压制了酒的活
力——即使高度稀释，酒液依然清澈如许。酒液的入口感不禁令
人好奇，这款魏尔伦背后可能有些"故事"。

从波旁威士忌的碰杯声到泥煤苏格兰威士忌的第一缕气味，
从用橡木桶陈酿的朗姆酒的闪亮光泽到加味伏特加的质感与口
感，烈酒为我们的感官而生。是什么诠释了人们对烈酒的所有感
受？归根结底，是大脑，而大脑本身也会受醉酒等因素的影响，
亦会上瘾。

🥃🥃🥃

不得不承认，人类的大脑非常复杂。它们并非数百万年进
化而来的完美精密仪器，而是做权宜之用的装置，在漫长的岁月
中积累了令人惊叹的部件和特性。那么，经历数百万年的进化
后，为何人类的大脑会如此杂乱无章？与人类的设想不同，进化
并非通往完美的坦途。大脑的许多特征既不完美，也非不可或
缺，而是作为应对环境挑战的应急方案而生。一个谱系分化自另
一个谱系时，进化并不会重新开始，因此，生物体之所以拥有某
些特征，仅仅因为其祖先就拥有这些特征。换言之，一旦某个谱
系针对某个进化问题进化出特定的解决方案，就再不可能将之随
意抛弃，回到起点重新来过，也不可能再凭空进化出另一个解决
方案。变化必须在已有变异的基础上进行。随机因素也会通过名

为"漂变"（drift）的现象介入，这种现象在个体数量较少的群体（比如人类祖先）中非常突出。难怪我们的同事加里·马库斯（Gary Marcus）称人类大脑为"克鲁格"（kluges）（笨拙，不优雅但奏效的解决方案）。好消息是，大脑可出色地处理、合成饮用烈酒时产生的一系列奇妙感受。

在桌边小坐，品尝一杯拉弗格传奇（Laphroaig Lore，一种浓郁的泥煤烟熏苏格兰威士忌），你会留意到瓶身是绿色的，标签是浅灰绿色。瓶身的绿色掩盖了内里苏格兰威士忌的颜色，但将酒液倒入玻璃杯，答案就会即刻揭晓。酒瓶呈圆柱状，放在距你约 2 英尺（1 英尺 =0.3048 米）远的桌上。此时，你无法嗅、听、尝或触摸到酒本身的任何部分（可以触摸酒瓶，但酒瓶并无特别之处）。辨别瓶身颜色听上去不怎么耗费脑力，但看到它的第一眼，人体就调用了非常复杂的收集装置（眼睛）与繁复的处理系统（大脑）。

拉弗格的瓶身为固态，正经受光线照射。光的真实性质存在争议。不必猜测光究竟是什么，但我们知道它既像粒子又像波。光穿过瓶身与其中的烈酒，部分光被吸收，另一部分被反射，瓶身反射的许多光波就是我们眼睛"看到"的内容。这些光波来自整个电磁辐射的光谱，下至微小的伽马射线（小于细胞核直径）、上至巨大的无线电波（相当于纽约到底特律的距离）。地球上多数有视觉的生物都能看到所谓的"可见光"，这一小段波长约是光盘上凹槽的长度（400—700 纳米），不过，有些生物已进化至可看到近红外线（800—2500纳米）与紫外线（100—400纳米）区域的程度。光子在粒子状态下可与物体发生碰撞，因此，光照射到瓶身时会进行反射和吸收。

当人看到东西反射的光（或发光）进入人眼时，人眼的颜色检测系统就会启动。人眼为多层结构，然而，对正欲喝下苏格兰威士忌的人而言，最重要的当数后部名为视网膜的结构。视网膜由数百万个名为视杆细胞和视锥细胞的特化细胞组成。这些细胞的排列状像随机生长的玉米秸秆；不过，视杆细胞主要分布在视网膜外围，视锥细胞则散布在其余部分，高度集中于名为眼窝的中央区域。这两种细胞的膜上都嵌有所谓的色素蛋白，来自外界的光线正是与这些蛋白产生反应。膜上的这些蛋白在视杆细胞中是视紫红质，在视锥细胞中是视蛋白。视蛋白有三种，分别对应短、中、长三种波长，多数人类视网膜中都存在两种对应短波长的视蛋白。视杆细胞中的视紫红质对光非常敏感，赋予人类夜视能力，视蛋白则赋予人类色彩辨别能力。每种视蛋白色素都会与被观察物体反射的特定光波发生反应。我们所说的"反应"指光波实际上会在视锥细胞中引起化学反应，这些化学反应又会转化为神经信息传入大脑。当波长为564纳米的光波照射到具有长波视蛋白的视锥细胞时，视锥细胞反应度最高，而波长在400—680纳米的光波照射视锥细胞时，视锥细胞产生的反应强度较低。中波视蛋白对波长534纳米的光波反应度最高，但对此峰值附近的光波反应度要低一些，反应范围为400—650纳米。短波视蛋白对420纳米光波反应度最高，反应范围为360—540纳米。三类视蛋白覆盖的波长有所重叠，以此确保波长360—680纳米范围内的光信息均能被视网膜检测到，并通过视神经传输到大脑视觉皮层。

拉弗格酒瓶的分子结构可吸收所有红光、蓝光以及部分绿光的较短端。部分光线穿过酒瓶，另一部分被酒瓶反射回人眼。因此，视网膜上对绿光敏感的视蛋白向大脑发出强烈信号，该信号最终告知我们酒瓶为半透明的绿色，而瓶上的标签是淡绿色。换言之，大脑正在处理绿色范围内的反射光波，并根据传递至长波、短波视蛋白的信息调整对颜色的解释（本例中调整为深绿色）。所有这些信息在大脑的光学皮层进行汇集，告诉人们看到的是什么。在此过程中，还有大量其他神经处理过程同步进行，对纵深、光强、阴影和视觉的其他方面进行额外的感官推断。

伸手抓向瓶子，环绕住瓶身，又有一波信息涌入你的大脑。手与大脑感觉皮层间的联系相当精妙，事实上，若要绘制一个人形，令身体各部分和大脑感觉皮层中与其相应的各部分成正比，那么，我们将绘制出一双"巨手"（按照这种画法，嘴唇、舌头和生殖器均比身体其他部位大得多）。人手由许多特化细胞组成，能检测到特定类型的触觉信息。这些细胞以梅克尔（Merkel）、帕西尼（Pacini）、梅斯纳（Meissner）、鲁菲尼（Ruffini）和兰维尔（Ranvier）等神经生物学先驱命名，各自擅长感知不同类型的触碰。触碰瓶身时，手指和手掌中的梅克尔—兰维尔细胞会因触及瓶身的初始压力而发生轻微位移。这种物理位移会引起梅克尔—兰维尔细胞和梅斯纳细胞的反应；这些细胞负责轻触，并告知大脑您已与某物发生轻微接触。接下来，握住瓶子，伸展皮肤以适应瓶身的形状；鲁菲尼细胞会做出反应，告知大脑人手正对瓶身施加更大压力，手部皮肤深层的帕西尼细胞也会接收到这一信息。施加给瓶身的压力足够大时，大脑就会计算出可以举起瓶子的结论。与此同时，手部的温度感受细胞向大脑传递信息，告知大脑人手不会被瓶子冻住或烫伤。长期以来，本体感受器细胞都在告知手臂、手掌和手指的肌肉其在空间中的位置，从而使动作流畅。伸手拧开盖子时，另一只手会重复同样的过程。根据记忆，大脑知道应做出扭转动作，软木塞即被拧出。

拉弗格具有强烈的泥煤气味。打开酒瓶后，大量分子从瓶颈涌出，飘散至空中。其中，一些分子漂浮至鼻腔，随呼吸被吸入人体。鼻腔内布满了小小的嗅觉"毛细胞"，有两个特点：首先，这些毛细胞与脑中的嗅球直接相连，关系密切；其次，毛细胞的膜中嵌有特殊分子，起到锁和钥匙的作用，捕捉瓶中飘出的特定气味分子。这些膜分子称为嗅觉感受器，作用与视网膜上的视蛋白类似。气味与感受器接触时，若该气味能为受体蛋白所接纳，就会触发一系列反应，并向大脑发送信号。随后，大脑将该信号解码为嗅觉体验。因此，我们感受到的每种香气或气味，均是多种气味物质相互作用的结果，它们撞击鼻腔的嗅觉细胞，并由大脑进行解读。更可能的是，轻嗅杯中的苏格兰威士忌，大脑中负责记忆的部分正试图强行插入有关该气味的信息。马塞尔·普鲁斯特（Marcel Proust）曾用优美的文字，描述闻到刚出炉的玛德琳蛋糕香气时产生的美好回忆。普鲁斯特向来不吝啬笔墨，在

116 《追忆似水年华》一书中用洋洋洒洒 2000 词令读者"沉浸式"体验了这份欢喜。而乙醇分子的芳香，也许曾在远古时期为人类祖先提供了宝贵的启发。

气味分子多变的程度令人难以置信，因此，人类拥有数量庞大的嗅觉感受器。人体的嗅觉感受器有约 800 个基因编码，小鼠的数量则几乎是人类的两倍。每个基因确定蛋白质基本组成的一部分序列，称为氨基酸。这些不同的序列影响嗅觉感受器的三维结构，并改变识别气味的蛋白质区域。与气味分子的反应是否涉及感受器分子的物理接触或振动变化，当前尚无定论，不过，无论哪种机制，感受器蛋白的结构都与气味的接收密切相关。

与烈酒相关的气味分子引发了啤酒、葡萄酒酿造师及酒商的研究兴趣，气相色谱—嗅味计或电子鼻技术使得研究人员能将气味分解为其组分，从而推动了相关研究的发展。结果表明，电子鼻可检测出泥煤单一麦芽威士忌中有 20 种关键气味物质，其中近半是酚类化合物（带有羟基或 –OH 的苯结构环分子）。许多类似的气味物质结构是已知的，并且极为独特，以至于人类复杂的嗅觉系统也许可将其全部检测出来，并将这些信息传递给大脑。这就意味着，人类对泥煤苏格兰威士忌的感知基于大脑对 20 种气味物质的整合。此现象的发现者为科学家比塔·普卢托斯卡（Beata Plutowska）与瓦尔德马尔·沃登斯基（Waldemar Wardencki），随后，两人对泥煤苏格兰威士忌与其他威士忌进行了对比。通过分析单一麦芽威士忌、调和威士忌和美国威士忌的特征，可证明每种威士忌都有独特的气相色谱—嗅味计特征。最后一项实验中，两人使用了他们识别出的四类威士忌的 36 个品牌，并得出结论：要对这四类威士忌进行辨别，60 种常见的挥发性分子足够了。

一闻到泥煤威士忌的香气，人们便会将其倒入杯中（毕竟，人类祖先对酒精的香气十分敏感，我们自然也不遑多让），不过，酒水的外观会进一步吸引人一探究竟。此时，视网膜充斥着酒水与酒杯反射的光线。手部的触觉细胞引导你牢牢握住酒杯，举起，并提议干杯。"叮"的一声，碰杯令空气产生位移，位移大小与碰杯强度成正比，空气像波浪一般向四方传播。碰杯产生的"波"与产生颜色的光波不同，但表现形式十分相似。碰杯产生的波具有频率（音高）和强度（响度）。波频率的测量单位为赫兹（Hz），定义为每秒一个波周期。音高较高的声音由每秒多个波周期组成。正常说话声约为 500 赫兹，玛丽亚·凯莉（Mariah Carey）的歌声可达 3100 赫兹；我们推测，烤面包机的音高大约为 1000 赫兹（与小铃铛的响声相同）。相较之下，碰杯声音强度的测量单位为分贝（dB），是一种电学指标。0 分贝无法感知，120 分贝上下则会引发疼痛。烤面包机的叮声较为柔和，在 10 分贝以下。

人类自然是通过耳朵聆听声音的，耳朵实现这一壮举的方式十分高超。我们的听觉器官是一个复杂的装置，由几个主要部分组成，其中最重要的当数耳蜗。耳蜗是一个充满液体的螺旋管，排列着小小的"毛细胞"。与耳蜗相连的是圆窗，圆窗又与一个奇怪的装置相连：该装置由三块独立的小骨头组成，按照与圆窗的距离由近到远依次称镫骨、砧骨和锤骨。这 3 块小骨头也存在于鱼类等其他脊椎动物中；不过，这些骨头构成了哺乳动物下巴的一部分，意味着人类的听力结构是从原本位于下巴的骨头改造进化而来的。通过这几块小骨头，圆窗与外耳道内侧的一个小鼓膜相连。鼓膜从环境中接收振动，通过这些骨头传递到耳蜗，再通过该处的毛细胞转换为电信号，最终到达大脑的听觉中心进行解读。

进化而来的听力"装置"看似简单，运行得却十分理想。圆窗的振动通过螺旋管内的液体传递，使耳毛弯曲，生成一连串电信号并传递至大脑。耳蜗为盘旋状，因此，它的一部分靠近振动源头，另一部分则在较远的地方。高音调的声音只能由耳蜗起始处的耳毛感知，低音调的声音则可被耳道内的所有耳毛接收。这就意味着，耳蜗起始处的耳毛会受更多磨损，因此，随着年龄增长，人类听到更高频率声音的能力会流失。不过也不必担心，毕竟烤面包机的叮声不会太高，而上好苏格兰威士忌碰杯的声音，应能经受住时间的摧残。

听觉部分结束后，我们迎来了重头戏——味觉。人类的味觉器官称为味蕾，由名为舌乳头的微小结构组成。我们的舌头、上腭、面颊内侧、会厌甚至食道上部共有 2000—8000 个味蕾。味蕾是细胞的集合，与口腔传递信息至大脑的三条神经之一相连。味觉器官的灵敏度因人而异，有证据表明，舌乳头的数量与味觉的灵敏度直接相关。味觉极其灵敏者称为"超级味觉者"（supertaster），几乎尝不出味道的人则称为"低级味觉者"（hypotaster，或味盲）。不过，多数人都是普通味觉者。有一个简便方法可用于快速了解自身味觉状况，那就是数一数舌头上的舌乳头数量。以纸上打孔的面积为参照，若舌头同等面积上有超过 30 个舌乳头，则很有可能是超级味觉者。更精确的超级味觉测试涉及受试者对 6– 正丙基硫氧嘧啶（PROP）的反应，该物质对超级味觉者而言非常苦。低级味觉者察觉不到 PROP 的异常处，普通味觉者可察觉，但不会感到难受。

超级味觉者听上去似乎很有趣，有些人也确实享受这一身份。然而，成为超级味觉者意味着对苦味异常敏感。超级味觉者的味觉非常敏感，因此多有挑食的习惯，且大多不饮酒（这是因为酒精对味蕾存在明显影响，下文将介绍）。

自然界共有咸、甜、酸、苦、鲜五种基本味道，研究人员已摸清这五种味道的工作原理。与嗅觉一样，味觉也是一种化学感觉，意味着食物中的化学物质可被接收系统检测到。五种主要味道都有各自的受体。比如，咸味涉及带电离子小分子的检测，也即氯化钠或氯化钾的委婉说法。最著名的盐受体称为 ENaC［上皮钠（Na+）通道］，不过，学界近来发现了第二种盐受体。

人体细胞试图在细胞膜内外保持离子平衡。因此，分子通道存在于细胞膜中，离子可双向移动，称为离子通道。盐的离子通道负责处理氯化钠中的钠离子。氯离子不参与 ENaC 的咸味接收。咸味由过量的盐触发味蕾细胞形成。随后，ENaC 通道将钠离子转移到细胞中，引发一系列反应，生成送往大脑的神经脉冲，警示大脑盐的存在。对酸味的感知也由离子通道实现。

甜味、苦味与鲜味采用的接收器系统与嗅觉类似。这些味道由味蕾舌乳头中味觉接收器细胞膜上镶嵌的蛋白质检测。三种味

119

道各有自己的接收器蛋白家族，由基因组编码。甜味有近16种接收器蛋白，苦味有12种接收器蛋白，鲜味有3种接收器蛋白，可检测谷氨酸钠等小分子的存在。品尝拉弗格酒时，主要涉及五味中的甜味和苦味（图8.1）。

与人们普遍的认知相反，酒精替代品之所以难寻，是因为酒精分子对味觉感知有很大影响。我们猜测，人们普遍认为酒精本身无味，是因为据称伏特加这类烈酒"无味"。然而，就味道的效果而言，乙醇实际上是有"阈值"的。乙醇浓度低于约1.4%时，普通人无法品尝出其存在；乙醇浓度为2%—20%时，乙醇会含有苦味和甜味元素；乙醇浓度超过20%，人们不但能尝到苦味和甜味，还会体验到一种灼烧感。

拉弗格威士忌的最大特点是带有烟熏香，举杯至嘴边，烟熏味就会扑鼻而来。这种气味对味觉体验十分重要，因为人类对味道的感知在很大程度上受嗅觉影响。事实上，人类并无烟熏味的

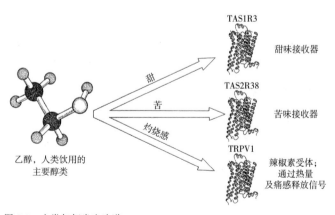

图8.1　人类如何尝出味道。

味觉接收器，我们的味蕾并不能真正体验拉弗格威士忌的烟熏味；是嗅觉系统通过邻甲氧基苯酚（guaiacol）的存在来感知烟熏味——邻甲氧基苯酚是一种小型酚类化合物，杂酚油（creosote）或泥煤燃烧时会释放出来。制麦芽糖时，泥煤用于烟熏谷物，在此过程中一些分子会进入混合物并留在其中，且不会在蒸馏过程中被去除。鼻腔通道中，微小的邻甲氧基苯酚分子被特定的嗅觉接收器蛋白识别，并与苦味和甜味一起被"加工处理"。

酒精如何带来灼烧感？酒精含量超过 20% 时，乙醇过度刺激所谓的"伤害感受器"或疼痛接收器引起灼烧感。出于某种原因，与辣椒素反应的接收器也与乙醇发生反应。辣椒素分子比乙醇分子大得多，植物属"辣椒"的多数成员均可产生，与向神经系统发送疼痛信号的香草酸受体反应。因此，严格意义上讲，苏格兰威士忌的"灼烧感"并非一种味道，而是由热诱导生成的痛感。那么，金酒那独特的杜松子口感呢？波旁威士忌的甜味和橡木味呢？加味伏特加各异的口味呢？这些极具特色的味道覆盖了乙醇基本的苦味、甜味和灼烧感。如同泥煤拉弗格威士忌中的邻甲氧基苯酚一样，上述每种烈酒都有该类酒特有的气味和味道分子。这些分子对人类的感官进行刺激，从而对人产生吸引力。品尝拉弗格威士忌时，我们感知到的所有感觉在大脑的不同区域处理，大脑将所有感觉相结合，形成一种丰富的体验，与我们的情感、记忆和过往的全部生活体验相互交织。

不妨回顾一下曾带领我们体验蒸馏过程的"向导"乙醇分

子，上次与它相见，还是在本书第 5 章的那瓶格拉巴酒中。如今，它的"表亲"就在我们的拉弗格酒瓶中。将酒水倒入酒杯，这枚特殊的乙醇分子随之进入杯中。它避开了味觉或嗅觉的所有受体，到达食道并安然无恙地穿过。其他乙醇分子大多与味觉和香兰素受体发生反应，产生苦涩的灼烧感，但它却抵达了胃部。在那里，它遭遇了胃部为分解食物中营养成分而大量分泌的消化酶。对乙醇分子而言，胃黏膜中的一种酶十分危险，也即本书第 1 章提到的醇脱氢酶。目前共有 5 类醇脱氢酶，由人类基因组中的 7 种不同基因编码。乙醇分子须避开的是 ADH_1 和 ADH_2，这两者会吞噬大量乙醇分子并去除其毒素。我们的乙醇分子幸运地逃出胃黏膜并进入血液，通过血液，它与幸存的乙醇分子可到达身体的其他部位。

大量乙醇分子被输送至肝脏，肝脏内有更多的醇脱氢酶，去毒作用更加显著，可将化合物代谢为能量。长期过量的乙醇摄入对任何内脏器官都不利，肝脏尤甚，长期酗酒更会导致肝硬化。这种可怕的疾病本质上是肝脏瘢痕，因为肝细胞和肝组织倾向于将无功能的瘢痕组织用于自我修复。持续酗酒，上述情况就会累积，直至整个器官停止运转。不幸的是，阑尾或胆囊发生故障便可切除，且不会引发太多问题，肝脏则不同。保持肝脏正常运转对人体至关重要。若发现得早，肝硬化仍可控，但前提是停止饮酒。

此刻，我们的乙醇分子正与同伴在血液中流动，尚不知最终会抵达何方。内耳就是一个潜在的"终点站"，内耳的器官不仅负责听觉，还负责平衡。毛细血管可将乙醇输送至名为半规管的小结构中。半规管共有 3 个，一个用于控制左右方向平衡，一个用于控制前后方向平衡，还有一个用于控制旋转平衡。半规管中充满液体，以与耳蜗相同的机械方式（耳毛的机械弯曲）运转。乙醇进入半规管后会引发耳毛膨胀，进而引起眩晕、失衡和"天旋地转"般的糟糕反应。

但我们的乙醇分子最终进入了大脑，在皮层安顿下来。大脑的这一区域负责决策和有关行为的其他重要事项。乙醇分子也可能前往杏仁核（参与情绪反应）、海马体（参与记忆）、小脑（参与肌肉运动和其他重要功能）或纹状体（参与所谓的"执行功能"），此处，我们仅列举了大脑中的几个区域。无论到达大脑的哪个区域，乙醇分子均会到达神经细胞之间被称为突触的区域。神经突触本质上是相邻神经细胞间的通信管道。为使大脑和神经系统正常工作，电位需要转移到组成大脑和神经系统的神经细胞之间。突触利用神经细胞膜上的分子促进神经信息的传递。钙、钾、钠等许多小分子通过膜上的通道帮助完成这种传递，这些通道与在味觉部分提到的离子通道类似。受体控制离子进出神经细胞，从而控制信息在突触间的传递。

乙醇至少可影响 10 种不同类型的神经受体，因此是大脑中的"多面手"分子。这些受体控制着 6 种不同神经细胞之间的通信，也因此影响着大量大脑控制的行为。卡瑞娜·阿伯拉奥（Karina Abrahao）、阿曼多·萨利纳斯（Armando Salinas）与大卫·洛文杰（David Lovinger）的研究结果显示，乙醇对大脑主要存在两种影响：短期来看，它既是一种兴奋剂，也是一种抑制剂；长期来看，乙醇会导致大脑产生变化，进而使行为发生变化，最终可能导致成瘾（酗酒）。我们的乙醇分子将直接导致一些急性

122

变化，如酗酒，还将导致长期成瘾。

我们的乙醇分子随众多分子一同进入大脑皮层的突触。刚一抵达，它就与名为 GABA（γ–氨基丁酸）受体的受体蛋白发生作用。正常情况下，这种受体与相对较小的 γ–氨基丁酸分子（$C_4H_9NO_2$）结合，从而对神经细胞的突触通信起到调节作用。我们的乙醇分子允许更多离子通过它所在的突触，进而扰乱 γ–氨基丁酸分子间正常的相互作用。与此同时，饮酒后进入血液的所有乙醇分子携手同心，致力于提高 γ–氨基丁酸分子受体的活性。这就使得突触活动整体上有所增加，神经信号出现不平衡的情况。比如，酒精可能增强 γ–氨基丁酸分子受体的效力，进而抑制神经传递；也可能降低 mGlu 受体的活性，通常神经通信将因之增强。换言之，酒精可对不同离子通道产生不同影响，但可以肯定的是，大脑皮层突触受到的各类影响，整体上将会使行为受损。若酒精渗透大脑的其他区域，也会出现类似问题：酒精进入小脑，肌肉协调将受损，杏仁核中的乙醇则会改变情绪反应。

酒精对大脑还能产生更深层次的影响，即对神经递质多巴胺和去甲肾上腺素造成刺激。酒精可促进去甲肾上腺素的分泌，从而导致兴奋增强、抑制减弱，但这仅限于饮酒的早期阶段。乙醇也可刺激多巴胺，多巴胺越多，所谓的"奖赏回路"中的活动就越多，饮酒者会因此更渴望乙醇。多巴胺还与记忆有关，因此，酒精令多巴胺增加的趋势意味着首次饮酒后，大脑的记忆回路会进一步寻求乙醇对大脑的刺激。乙醇的影响显而易见。它增强人类的冲动性，抑制其抑制功能、肌肉活动、记忆和情绪反应；同时，人类会"越喝越想喝"。如果不加以控制，这种短期的渴望会造成长期慢性影响，在某些情况下甚至导致酒精中毒。

酒精对大脑的所有影响均由血液中的乙醇浓度调节，为便于解释，我们刚刚讨论的都是过量饮酒的情况。浓度较低时，酒精的作用并不像描述的那么极端，也更有益；大脑生物机制须为饮酒过量产生的问题负责，但若节制饮酒，同一机制却能使人体验到愉悦的放松感与轻微的解脱感。此外，酒精是各种感官体验最有效的载体，特别是嗅觉和味觉；若是没有酒精，人类的体验显然要匮乏得多（要了解这一点，只消看看禁酒令期间人们采取的各类应对招数即可）。我们已撰写三本关于酒水的书，坚信酒精的这些效力是促进人类生存的重要因素。过量饮酒的危险不可否认，但只要小心谨慎、适度控制，便可尽享酒精带来的愉悦，而不致掉入乙醇分子和其伙伴设下的"陷阱"。

市场的宠儿：
"六大"烈酒

9

白兰地

艾利克斯·德·沃格特（Alex de Voogt）

标签上印着的红色数字"8"是我们了解这瓶干邑品质的第
一个线索：这个数字指代的是"忘年"年限，最低6年，最高
11年，表明该瓶酒等级高于普通干邑质量等级。自19世纪起，
爱都家族（A.E.Dor）就生产调和干邑，其忘年系列的基酒只来
自干邑最著名的产区大香槟区。我们面前的"8"是一个中档数
字，由陈酿40年及以上的干邑调和而成。每口酒的酒精含量高
达47%，是该酒庄能提供的最烈的干邑。较高的酒精含量消除了

干邑的大半顺滑甜感，但并不咄咄逼人，而是辛辣且风味十足。先浅尝一口，再咽下一大口，浸入这浓郁的酒香；稍等片刻，体会这持久尾调中的种种变幻。我品尝过众多干邑，酒龄各有不同，但一直对这款干邑情有独钟。多多品尝各类干邑，不仅可直接对比口感强弱与尾调的持久性，还可帮助自己找到最心仪的一款。

法国西南部有一座中世纪小镇干邑（Cognac），以该镇名字命名了一种出众且奢华的白兰地。在这座古城的中心，雷米·马丁（Rémy Martin）、豪达（Otard）、卡慕（Camus）、轩尼诗（Hennessy）和马爹利（Martell）等著名酒庄巍然屹立于道路两侧，供游客一睹风采。向东步行两三个小时至雅尔纳克（Jarnac）镇，会看到另一组干邑酒庄，分别为馥华诗（Courvoisier）、御鹿（Hine）和爱都。

某天早上，我与朋友未预约便来到爱都，在一间不起眼的办公室中，一位优雅的女士接待了我们。她请来一位年长而开朗的绅士，专门招待我们这两位荷兰客人。在绅士的带领下，我们进入一间不大却迷人的品酒室，室内的柜台后摆放着一长排干邑酒瓶。绅士告知此地并无酿酒厂可参观，但若感兴趣，可在品酒前先去"天堂"（paradis）一游。我们自是感兴趣的，便跟随这位绅士穿过一扇铁链锁起的大门，来到只比大谷仓略大的一间房子前。进门后，木梁屋顶下有一座低矮的木台，摆放着大量玻璃酒瓶和柳条盖子。这些干邑酒由阿梅迪－爱德华·多尔（Amédée-Edouard Dor）收藏，自他存放此处后再未移动过。1858 年，让·巴蒂斯特·多尔（Jean Baptiste Dor）创建了一家规模不大的干邑酒庄，1889 年，其长子阿梅迪 – 爱德华的名字首字母加到了酒标上。爱德华热衷于收集、挑选当时最受推崇的干邑，这家酒庄也正因此获得声望。几十年来，爱德华用橡木桶陈酿稀有样品，其中大部分来自大香槟区，也即今日最受推崇的干邑葡萄园。之后，他将陈酿佳酒倒入细颈大瓶，令精华永存。

我们看到的第一批玻璃容器，每个都标有年份、名称和产区，如"上等香槟"（Fine Champagne）或"大干邑香槟"（Grande Champagne）。向内走去，位置越向内，干邑的历史就越久远；其中，只有部分酒有名字。我们在一瓶 1834 年的阿尔伯特亲王酒前停留了片刻，但还有很长的路要走、很多的酒可看。最终，我们在标有"大干邑香槟，1811 年，酒精体积百分比 31%"的罐子前停了下来——这是拿破仑时代的产物。旁边是一个稍小的罐子，置于木盒之上，标有"大干邑香槟，1805 年"的字样。看来我们"重返"了拿破仑战争时期，"天堂之旅"也在此结束。

随后，我们返回柜台品酒。VS 级（very special，"极优"）干邑装在小型品酒杯中端上桌来，标有金色的"爱都"字样。干邑酒庄的调酒高手会选择不同年份、不同干邑葡萄园分区的酒，以制作出适合酒庄的特色之作。通常，同批酒中，年限或价格最低者品质往往最不均衡，但在爱都，年限低者品质依然较好。按照干邑的传统，同批酒还有 VSOP 级（very special old pale，"极优浅陈"）和 XO 级（extra old，"特陈"），分别需要至少 4 年、6 年的陈酿时间。介于两者之间的是一款拿破仑——"天堂"一游后，喝上一杯"拿破仑"真是再应景不过了。慷慨的东道主坚称，至少将酒庄顶级干邑中标号 6—11 的每款都浅尝一下，我们便略过了其他几款。6 号干邑的香气立刻将我们送入另一个世界，提供了前几款未能及的繁复口感。我们继续探索了同批酒中的其他选项，接下来是 8 号干邑，实际酒精含量为 47%，而非此前看到的 40%，可谓快感加倍。酒水价格不菲，但我们在试喝中展现了极大热情，因此，东道主也请我们浅尝了 11 号酒，其纯粹的味觉冲击让位于微妙的细节。我们体会到了前所未有的沉迷与餍足，离开时，我们每人选购了两瓶酒，酒庄则赠送了两个品酒杯。

1762 高迪埃（1762 Gautier）号称现存最古老的干邑，全世界仅有 3 瓶，2020 年 5 月，其中一瓶以 144525 美元的高价拍卖售出，可谓史无前例。这瓶干邑的瓶身和标签依然完好，制成于法国大革命前，但采用的生产工艺今人仍在使用，且仍是可饮用的佳品。今日的干邑行业最初在荷兰商人推动下问世，先于这瓶珍酒不过一个多世纪。L. M. 库伦（L.M.Cullen）曾称，"17 世纪，荷兰是烈酒的主要消费国、进口国与制造国，也是当时最富有的国家"（更多早期信息，见第 3 章）。荷兰人拥有当时最先进的蒸馏工业，致力于将廉价的多余葡萄酒转化为可赢利的白兰地；他们不仅在本国大量酿酒，也是当时的烈酒主要进口方。17 世纪，法国一半以上的白兰地出口至荷兰，荷兰人再将之远销波罗的海，亦供给日益增长的国内市场。与其他航海者一样，荷兰人发现将白兰地加入葡萄酒酒桶可防止在长途航行中变酸，还创造出了一种极好的新酒。白兰地蒸馏业能一路发展至地中海地区，都是荷兰的需求在背后驱动，但商人们并未在这些遥远的地方定居下来。是荷兰国内的饮用需求促进了行业的蓬勃发展与专业化，由此，高端干邑与雅文邑白兰地才在荷兰市场占据一席之地，仅次于意大利和德国的果渣白兰地与水果白兰地、来自殖民地的朗姆酒以及荷兰自产的杜松子酒。

与荷兰人不同，英国人在 17 — 18 世纪忙于与法国交战，因此制酒主要在国内完成。不过，18 世纪初，来自英属泽西岛的约翰·马爹利（John Martell）在法国创建了著名的干邑酒庄，一直活跃至今。马爹利早期将调和酒标为"Old Brandy"（老白兰地）、"J.&F. Martell"（J.&F. 马爹利）和"Cognac"（干邑）；马爹利的大部分产品流向英国，也有部分产品打入刚刚独立、羽翼未丰的美国市场。约翰的孙子弗雷德里克·马爹利（Frédéric Martell）是最早使用 VSOP 名称的人，他将该名称用于运往英国的产品。马爹利干邑曾在英国国王加冕及其他许多重要场合上被人们饮用，进一步加强了干邑与盎格鲁 – 撒克逊贵族间的紧密联系。1765 年，曾在路易十五军队中服役的爱尔兰官员理查德·轩尼诗（Richard Hennessy）以本人名字创办了一间干邑贸易公司。1794 年，他也将产品运往美洲销售，获皇室垂青，1817 年，威尔士亲王（日后的乔治四世国王）要求轩尼诗也生产 VSOP 级干邑。干邑与皇室、国家和上流社会存在长期联系，因此享有考究的高品质酒这一盛誉。

干邑在国际市场上的大流行使全球各地都在生产葡萄白兰

地。这些烈酒不可采用"干邑"的名字，但声望可与之一战。

131 其中，最不寻常的可能是埃里温白兰地公司（Yerevan Brandy Company）的产品。1940年前，该公司被称为舒斯托夫（Shustov）工厂，如今则与马爹利一样，也由法国保乐力加集团持有。1887年以来，该公司的白兰地以阿拉特（ArArAt）品牌名销售，由亚美尼亚的亚美尼亚山附近种植的葡萄酿造。20 世纪初，该公司成为沙俄宫廷的主要供酒商，并在 20 世纪 50 年代为苏联各地生产"亚美尼亚干邑"。如今，亚美尼亚白兰地仍被许多客户称为"干邑"，是亚美尼亚的主要出口产品之一，主要品牌有阿赫塔马尔（Akhtamar）、阿尼（Ani）和奈利（Nairi）。由于与俄罗斯贵族间的联系，亚美尼亚白兰地在苏联的知名度和成功度与西欧干邑白兰地不分伯仲。

所有主流干邑酒庄都以自己的"天堂"为傲，其中展示了调和酒的深度和广度。酒庄的名声与调酒大师的作品关联最紧密。比如，让·菲利欧（Jean Fillioux）家族 8 代一直负责轩尼诗干邑的陈酿与调和。调酒师对酒庄至关重要，酿造基酒的葡萄园对酒庄则未必如此。即便是轩尼诗、雷米·马丁和马爹利这样的大品牌，名下的葡萄园也不足以支撑大批量生产。多数公司不会购买葡萄来填补空缺，而是购买用于制造干邑的葡萄酒，或是像馥华诗和御鹿那样购买刚蒸馏好的干邑，然后进行调和。因此，尽管大酒庄密切监控着种植园与如今的酒商，生产过程却几乎未实现纵向一体化。

与多数烈酒不同，干邑和雅文邑则由白葡萄酒蒸馏而成。果渣白兰地与格拉巴酒等葡萄白兰地则通常由压榨后的残渣蒸馏而成，包括葡萄皮、葡萄籽和葡萄梗，通常带有刺鼻气味。所有葡萄白兰地均可大致看作水果白兰地，但荷兰"烧酒"（brandewyn，brandy 一词来源于此）精确复刻了干邑与雅文邑的生产工艺，毕竟三者均由且仅由葡萄酒蒸馏而成。

过去几十年间，干邑生产中的酿酒环节越来越受重视，进一步提高了终产品的精细度和复杂性。干邑只能在干邑地区制造，并有严格规定的子产区，如著名的大干邑产区、小香槟区（Petite Champagne）、边缘林区（Borderies）、优质林区（Fins Bois）及名气略小的普通林区（Bois Ordinaires，或称 Bois à Terroirs）。干邑的加斯科涅"亲戚"雅文邑有类似规定，共有三个产区，即传统的下雅文邑（Bas-Armagnac）、特纳雷兹（Ténarèze）和面积略小的上雅文邑（Haut-Armagnac）。独特的环境背景或说"风土"，决定了用于酿造白兰地的葡萄酒的质量。

起初，巴尔扎克（Balzac）和鸽笼白（Colombard）葡萄是干邑使用的主要葡萄品种。19 世纪，两者大致被酸味更重的白福儿葡萄酒（Folle Blanche）取代，后者制成的酒十分芳香，味道浓郁。19 世纪 70 年代，葡萄园遭受了影响恶劣的根瘤蚜虫害，人们将白福儿葡萄的顶端嫁接到美国砧木上，生成的产物却极易感染灰腐病。人们还尝试了杂交，又引发了可恶的灰霉病。因此，法国传统的葡萄品种仍在种植和使用，当今干邑采用的大多是原产意大利的特雷比亚诺葡萄，多以其法国名"白玉霓"（Ugni Blanc）为人所知。干邑与意大利北部相距甚远，干邑也是该葡萄生长区中最靠北的一个地区，因此，白玉霓比意大利产的更绿，也更酸。即便经历了干邑地区漫长却温和的夏季，白玉霓仍呈现较高的酸度。考虑到霜冻的风险，10月末是葡萄采摘的季节，而此时的白玉霓还未完全成熟。人们用机器轻柔地采摘葡萄，通过振动达到采摘目的，从而避免损坏枝条。葡萄藤的理想年龄在20—30岁，更高级的葡萄酒则需要60岁的葡萄藤产出的葡萄。在南部的雅文邑地区，杂交的巴科（Baco）葡萄成功挺过了根瘤蚜虫病，如今与鸽笼白、白福儿和白玉霓一同用于雅文邑的酿制。各类葡萄品种混合制成葡萄酒，再蒸馏成雅文邑酒，因此，比起干邑，雅文邑在香气和烈度方面更具多样性。

　　葡萄酒酿造过程现在已十分复杂，可放眼历史，制作干邑的葡萄酒酒精含量仅略高于8%。蒸馏过程最多将酒精浓度提升8倍，不超过规定上限，即72%，随后，桶酿又会降低酒精浓度。相比之下，雅文邑初始蒸馏出的酒精浓度较低，仅为52%。两者的基酒酸度都很高：酿造干邑通常需经苹果酸—乳酸发酵，在蒸馏前将刺激性更强的苹果酸转化为更柔和的乳酸。蒸馏过程通常在发酵完成六周后（或更早）启动。

　　17世纪末，在荷兰人的帮助下，干邑酒商掌握了用壶式蒸馏器二次蒸馏以去除大部分杂质的方法，在此过程中，烈酒需经过"半强度"（half-strength）阶段（雅文邑通常并无此中间阶段）。过去，干邑蒸馏器多为小农户所用，按其需求制成较小尺寸。如今光景已不同，初次蒸馏使用的蒸馏器可容纳14000升液体，尽管最多只装 12000 升。若要冠以"干邑"名号，法律规定二次蒸馏需处理 2500 升液体，需采用容积为 3000 升的蒸馏器。二次蒸馏的第二轮，起始干邑蒸馏量须减少至约 700 升，但另有 600 升左右可再蒸馏。人们通常不会品尝半成品来鉴定质量，通常认为决定干邑质量的主要化学反应发生于一次蒸馏，二次蒸馏仅起到简单的浓缩作用。基本蒸馏过程变化无穷，若能掌握这些变化，不亚于掌握一门艺术。除此之外，另有许多选择、传统与法律要求决定着干邑的特征。比如，法律规定蒸馏器只能外部加热，这就需要巨大的明火砖炉，由此还催生出了复杂而曲线优美的夏朗德铜制蒸馏器，专用于干邑生产，问世至今几乎从未改变。

与干邑不同，雅文邑大多采用"可移动式蒸馏器"，这是一种可移动装置，可被推进谷仓，供买不起蒸馏器的农民使用。该装置可完成单一的连续蒸馏工序。雅文邑地区有时也使用两次蒸馏法，但多数人更喜欢单次蒸馏带来的芳香。有人称，酒龄较低的雅文邑也许较为粗粝，但能比干邑陈酿得更好。归根结底，一切都取决于蒸馏师的技术。酿制雅文邑酒，酒厂可在不同的蒸馏器间选择并进行相应实验。制调和酒要等上整整 5 年才能出品。

馏出物装入法国橡木桶后，制酒过程中最漫长的工序就开始了，橡木桶将赋予酒水颜色和味道（见第 6 章）。干邑的酒桶必须来自法国中部的特朗赛或利穆赞森林，雅文邑的箍桶匠则采用当地自产的白橡木。造桶是一个独立行业，比如维卡尔（Vicard）不仅生产、销售全新的法国橡木桶，还向有意向者提供二手干邑

134

酒桶。笔者曾尝试用二手干邑酒桶陈酿荷兰杜松子酒（由海牙的 Van Kleef 生产），最终的效果很好，酒液颜色深沉，杜松子酒的口感更为细腻。高品质的雅文邑在销售时通常标注年份[1]（vintage year），而御鹿是仅有的几家定期提供标注年份酒的干邑酒庄之一。标注着 1953 年的御鹿酒被誉为最好的年份酒，标注 1964 年、1975 年和 1988 年的产品也广受赞誉。2002 年距今较近，但标注该年份的产品极好。爱都的"天堂"系列装在细颈大瓶中出售，均由 A.E. 多尔本人亲自精酿，精酿后不进行任何调和，因此，每瓶酒都标有一个年份。人们普遍认为任何年份都能制出优质干邑（差异在于，不同年份允许酿出的"优质干邑"数量不同），但对于干邑而言，调和就是王道。

通过桶酿方式，人们可对西班牙的赫雷斯白兰地（Brandy de Jerez）和桃乐丝白兰地（Brandy de Torres）等几种白兰地进行区分。根据法律规定，赫雷斯白兰地须在盛放过雪利酒的酒桶中陈酿至少 3 年。一些酒桶已是"年过半百"，但仍在使用。西班牙的白兰地酿造者还因使用索雷拉法（Solera）而闻名，通常用于陈酿加强型葡萄酒。索雷拉法将年限最长的酒桶中 1/4 的酒取出并装瓶，再取年限次长酒桶中的酒注入年限最长的酒桶，以此类推，直到年限最短的酒桶装满新蒸馏的白兰地。这种连续、独特且稳定的生产需要大量酒桶。标注 20 年的西班牙白兰地可能混有酒龄 40—50 年的白兰地，20 年仅为加权平均值。就干邑而言，其上标注的任何年份均代表其中最"年幼"的酒水成分。干邑调

---

[1] 此年份一般指造酒的葡萄采摘的年份。

配师在白兰地熟成后大展技艺，西班牙调配师则在陈酿过程中就进行调配。

西班牙白兰地主要产自安达卢西亚的赫雷斯，但也有部分产自加泰罗尼亚的佩内德斯，两地区的气候截然不同。安达卢西亚人使用阿依伦（Airén）和帕洛米诺（Palomino）葡萄，帕洛米诺葡萄也常用于雪利酒；而在佩内德斯，人们采用马卡贝奥（Macabeo）等葡萄品种（也用于生产起泡葡萄酒），也采用白玉霓葡萄（白玉霓也用于法国干邑等地）。安达卢西亚的白兰地多采用一次蒸馏工艺，但宾纳戴斯（Penedès）地区的主要生产商采用二次蒸馏工艺。与干邑和雅文邑一样，赫雷斯白兰地是欧洲仅有的三种受管制的白兰地之一，只在赫雷斯·德·拉·弗朗特拉、桑卢卡尔·德·巴拉梅达和圣玛丽亚港之间的"雪利酒三角"地区进行调和与陈酿。

南非白兰地的历史几乎与干邑一样悠久，在很大程度上归功于在南非的荷兰人，他们在早期烈酒贸易中占据了主导地位，大力推动了高品质干邑的发展。据称1672年，一名荷兰水手造出了世界上第一瓶荷兰"烧酒"，这是白兰地行业的开端。白兰地与干邑地区的葡萄酒不同，其糖度较高，将基酒中的酒精含量从10%提升至12%，而干邑的酒精含量仅为8%。据说白兰地的终产品也比干邑更具果香味。为保证酒的酸度，南非人采用广泛种植的白诗南葡萄（Chenin Blanc）和鸽笼白葡萄，迎合了干邑时而采用鸽笼白葡萄的传统。南非白兰地的蒸馏器也更大，且并无法律规定不得外部加热，因此使用蒸汽线圈。南非白兰地采用法国和美国橡木桶，与干邑一样采用二次蒸馏工艺。Oude Molen（荷兰语意为"老磨坊"）和 Van Ryn 等顶级品牌均属迪斯特尔集团（Distell），令酒客联想到此酒的荷兰起源。

任何葡萄酒制造国均能生产白兰地或蒸馏葡萄酒。秘鲁与智利出产皮斯科白兰地，采用当地葡萄品种蒸馏而成，较少在橡木桶中陈酿。当地的蒸馏工序由西班牙殖民者引入，旨在以此取代进口酒。如今，皮斯科白兰地被视作智利与秘鲁的国酒。希腊白兰地因迈塔克瑟（Metaxa）品牌而闻名，由游历四方的丝绸商人斯派洛斯·迈塔克瑟（Spyros Metaxa）创立于 1888 年。就技术层面上讲，该酒勉强可称作白兰地，将单独在橡木桶中陈酿的麝香葡萄酒与葡萄酒馏出物相调和，又添加了地中海植物精华。世界上一些地区模仿了干邑地区的酿造工艺，另一些地区则在名头上做起文章，为产品取类似"干邑"的名称。最出名的当数巴西的孔亚克酒（Conhaque），该名称曾在一场诉讼中幸存下来，被允许继续用此命名烈酒，前提是不得指代葡萄酒馏出物。类似的还有肯尼亚和坦桑尼亚生产的烈酒孔加奇（Konyagi），由糖蜜蒸馏而成；与孔亚克一样，孔加奇也不被上流社会青睐。

136　　按价值计算，干邑是法国最主要的酒精出口产品，超过了波尔多静态葡萄酒[1]（still wine）与香槟。相形之下，名为"marc"

1　静态葡萄酒指酒中不含二氧化碳气体。

的法国果渣白兰地虽广泛酿造，面向的却是国内市场。名为格拉巴的果渣白兰地一直垄断意大利烈酒市场，却从未涉足意大利的葡萄酒出口市场。荷兰和英国不生产葡萄酒，因此，威士忌、金酒与荷兰杜松子酒等本地谷物烈酒大行其道。两国的热带殖民地则与法国和西班牙一样，也采用甘蔗生产朗姆酒。当然了，只有南非或秘鲁等国的葡萄酒产区能生产葡萄白兰地。

16 世纪，荷兰人开始为白兰地等烈酒开拓市场，随后几个世纪，英国人也加入其中，每个烈酒产区都形成了独特优势，在国际市场竞争中生存下来。如今，用于出口的干邑份额可达其产量的 97.7%，美国一直是其最大的出口市场（2018 年共出口 8700万瓶），位列第二的则是小国新加坡（2700 万瓶），可谓出乎意料。在中国香港，干邑自 20 世纪 70 年代以来一直是婚宴首选，也是常见的高端礼品。在人类学家约瑟芬·斯马特（Josephine Smart）看来，香港本土人士饮酒较少，送酒的习惯使得香港成为干邑的最大消费地之一。总之，世界上社会经济和社会政治的变化以及干邑与（新兴）权贵的紧密联系，对白兰地特别是干邑产生了深远的影响。

与朗姆酒和金酒不同，欧洲大部分地区将白兰地视为餐后酒，但在俄罗斯通常与正餐同饮。英国人会制作白兰地黄油，并将白兰地倒在圣诞布丁上点燃，查尔斯·狄更斯（Charles Dickens）更是在《圣诞颂歌》中颂扬了这一传统。美国人则推崇白兰地鸡尾酒，著名的有 Brandy Alexander、Brandy Daisy、

Metropolitan、Vieux Carré、Sidecar 和 Between the Sheets，部分可能含朗姆酒与威士忌。白兰地在不同文化中的使用方式也许与白兰地的种类一样繁多。

　　不过，干邑美食烹饪法深受法国独特的传统影响。仅一道法国菜红酒烩鸡，就至少展示了白兰地（尤其是干邑白兰地）的四种烹饪用途。法式风格的禽类菜可用葡萄酒腌制，通常加入干邑。用烤箱或炉子炖煮菜肴也可加入干邑。厨师还可用干邑溶解鸡肉在平底锅中褐化后遗留的食物残渣，该过程称为收汁（deglazing）。干邑等白兰地最著名的用法为"火烧"（flambé），即将酒液倒入平底锅中加热，使酒精挥发，随后点燃。制作红酒烩鸡时，可在鸡入锅炖煮前先经"火烧"工序，以实现褐化效果。圣诞蛋糕表面也可浇上加热过的干邑并点燃；根据个人口味，橙香可丽饼（Crêpes Suzette）等法式菜肴可用不同的白兰地和利口酒来"火烧"。

　　大型干邑酒庄不会将其高贵的产品宣传为鸡肉菜肴的配料，也不会提及其治疗普通感冒的药用价值。干邑酒商则更为矜贵，自视其为现代奢侈品。在雷米·马丁最近的一则广告中，不同种族背景的男女身着时髦服饰，挥舞着盛满干邑的酒杯。轩尼诗的广告也以年轻时尚的女性为主角，或是出现在豪华轿车的后座，或是从豪华的酒店走出。早在 1968 年，轩尼诗就在广告中展示了一对正欲打网球的情侣，广告宣传语为"成功之味"（The taste of success）。馥华诗最近的广告中，桌子后方放置着拿破仑的肖像，桌上陈列着一瓶酒与半满的酒杯，烛光照亮了昏暗的家具（历史上，拿破仑确实曾将几桶干邑带往圣赫勒拿岛）。换言之，干邑具有国际化特质，深埋历史，尽享奢华。竞争者也对干邑的广告进行了模仿，阿拉拉特公司的宣传口号就是"时间创造，成为历史"（Created by time, becomes history）。而在1991年，赫雷斯白兰地公司展示了印有16世纪船只的图片，图片上标有"1522年胡安·塞巴斯蒂安·德·埃尔卡诺（Juan Sebastián de Elcano）成为第一个环游世界的人，而那时，白兰地酒已有600年的历史"，以此来宣扬其渴望打造的"中世纪遗老"身份。品尝白兰地时，球形短柄玻璃杯中涌动的是白兰地的悠久历史、自欧洲探险时期以来的国际魅力及白兰地生产国的自豪之情，每口都令人陶醉。

10

伏特加

伊恩·塔特索尔（Ian Tattersall）

　　伏特加以"中性烈酒"的身份著称，因此，品评不同种类的伏特加似乎并无意义。不过，不难发现市面上的伏特加多种多样，令人眼花缭乱，且每个瓶身的标签都彰显着特质。从冰柜中小心取出伏特加时，酒瓶上往往还裹着冰。我们很喜欢这一场景，便选择了一款来自冰岛的伏特加。这款伏特加由一家著名的苏格兰酒厂酿制，采用小麦和大麦麦芽浆制成，酒精体积百分比为40%，也许加入了一点中性烈酒。这款伏特加采用纯净冰川融水，由多孔熔岩过滤，过程中用地热能加热容积为3000升的卡特头铜制壶式蒸馏器，其与19世纪的金酒蒸馏器十分相似。蒸馏器的球形头装的并非植物精华，而是碾碎的熔岩；一旦凝结，酒液装瓶前还须经过更多次熔岩过滤。这款酒只蒸馏了一次，我们希望能从中品尝到谷物之味，也果然未令我们失望：伏特加的酒水绝对清澈，细长的酒体顺酒杯缓缓流下，散发着淡淡的薰衣草和阿尔卑斯香草香。入口后，唇内侧有刺痛感，酒液顺滑地来到味蕾前端，散发着优雅的大麦麦芽香和一丝香料味。只消两滴苦啤和一块冰，酒液的厚重感便显著加深，温和的烈酒变身为复杂难测的佳酿，可畅饮整晚。

伏特加隐晦的性质是市场营销的一大杀器，但其"身份"确实存在争议。美国财政部下属的酒精与烟草税收和贸易部曾对这一大受欢迎的烈酒做出定义，称其为"用木炭或其他材料进行蒸馏然后再处理的中性烈酒，以此保证成品无明显特征、香气、味道或颜色"。"中性烈酒"则指"用酒精纯度不低于190的材料生产的蒸馏烈酒，若装瓶，则装瓶后酒精纯度不低于80"。换言之（其无甚特色的酒精含量就先不说了），相关机构对伏特加的定义并非什么"算"伏特加，而是什么"不算"伏特加。也许，这种定义法也是无奈之举，毕竟各国以伏特加之名出售的烈酒不计其数，几乎可用任何可发酵的材料制成，包括各种谷物、甘蔗糖蜜、甜菜糖蜜、马铃薯以及苹果、葡萄等各类水果，一些酒商甚至还会使用牛奶。伏特加的共同点是均经过某种特定的工艺处理，通常是过滤或多次蒸馏，或两者兼而有之，工艺的目的在于尽量去除第一道过滤未能滤掉的杂质。理论上，按此法制出的酒的确应是"中性烈酒"，并无任何味觉上的特质，仅有酒精进入口腔组织后造成的温热感。然而，上述手法在实践中的效力绝非百分之百；历史上（甚至在水果伏特加流行之前），一些酒商与调酒师甚至不惜向伏特加中加入少量的蜂蜜、糖、甘油和柠檬酸等成分，以此来影响其口味或质地。目前，只有波兰法律禁止这种做法，但还有不少人称波兰伏特加内部也存在口味差异。

　　无论伏特加的独特"酒格"是通过巧妙的蒸馏还是聪明的宣传实现的，其最突出的特点之一，还是爱好者对喜爱品牌的极度忠诚。不可否认的是，至少部分伏特加不仅味道存在差异，口感亦有微妙差别。不过，伏特加标榜的中性特质吸引了大量鸡尾酒爱好者，后者希望酒水既有硬朗口感，又能充分展现其他风味。伏特加跻身国际市场的时间并不长，其通过这种双重魅力在营销上取得巨大成功：1976 年前后，伏特加超越威士忌，成为美国最畅销的烈酒，优势地位一直保持至今。

　　作为俄罗斯、波兰及周边地区的地方酒水，伏特加最终能跻身国际"一线"，道路不可谓不漫长。人们对其起源地多有争论，激烈程度不亚于格鲁吉亚人和亚美尼亚人的葡萄酒起源之争。若是对伏特加有真正全面的认识，便会知道俄罗斯人拥有最早的文字记载，在伏特加的"认祖"上占据了优势。早在 9 世纪，俄罗斯农民就开始生产烈酒，远早于蒸馏器问世：他们采用的是"冷冻蒸馏法"的一种变体，如今仍有少数酿酒师采用此法，生产出酒精体积百分比高达 67.5% 的"啤酒"。中世纪时，俄罗斯人在秋季发酵蜂蜜酒，再在冬季盛装于敞开的木桶中，置于室外，随后去掉桶内液体表面结的冰。应用该技术，可逐步去除酒液中的水分，增加残留液体中的酒精含量。当然了，这样制成的粗犷酒液是否称得上"伏特加"，另当别论。根据 1174 年的《维亚特卡纪事报》(Vyatka Chronicle)，莫斯科以东约 500 英里的偏远小镇科尔娜乌思科（Khylnovsk）有一家酿酒厂。西方对蒸馏酒的隐晦记载最早见于萨莱诺的《图例之钥》，仅比《维亚特卡纪事报》早了几十年，而蒸馏酒的知识是如何在历史早期渗透至俄罗斯东部边境地区的，人们无从得知。可以想象的是，中国应在其中发挥了作用；更可能的是，这些酒水是在早期方法基础上改良而成。在 1430 年的莫斯科，克里姆林宫丘多夫修道院的僧侣似已生产出与现代伏特加更相近的产品；遗憾的是，视伏特加为"魔鬼发明"的东正教在 17 世纪采取了抵制行动，试图删除所有关于伏特加的记录，其间与俄罗斯伏特加发展有关的早期文件大量被毁。

141

俄罗斯的蜂蜜酒存在一种酒精含量极高的衍生物，对该国令人厌恶的寒冬具有清晰可证的"疗效"，但起源地与制作方法不详。该酒疗效甚佳，被 14 世纪中叶的一位英国外交官称为俄罗斯的"国酒"。按照其人描述，蜂蜜酒似乎仍受冬季冰冻的影响（也许无法避免）；据记载，当今的葡萄酒酿造师仍采用鱼鳔提取物"鱼胶"来澄清蜂蜜酒。1505 年，俄罗斯出口了第一批蒸馏伏特加，对象国为瑞典。当时，瑞典人因其药用功效长期饮用，伏特加在瑞典大受欢迎。在俄罗斯本国，伏特加也是流行的补药，1533 年的《诺夫哥罗德编年史》（Novgorod Chronicles）将其描述为具有恢复功能的"生命之水"（zizhnennia voda）。16 世纪中叶，蒸馏器已普及，俄罗斯药剂师将伏特加称为"面包酒伏特加（小水）"，指代用谷物而非蜂蜜酒制成的烈酒。最终，人们为伏特加规定了相对标准化的市场顶级水准生产工序，对小麦和 / 或黑麦的麦芽浆先进行两次蒸馏，随后加入牛奶再进行蒸馏，最终加水稀释并加入调味剂，再经最后一次蒸馏过滤。

1474 年，沙皇伊凡三世建立了首个国家垄断伏特加企业。该举措背后有着财政动机，政府因此对酒精税产生依赖，并埋下了隐患。此后，俄罗斯官方对伏特加的态度在"道德"与"实用"之间摇摆不定。贵族进一步压迫农民和农奴，后者可通过饮酒消解生活的苦楚。该群体因此大范围酗酒，身体越来越虚弱，精神状态越来越不好，而正是他们的劳作使得农业经济得以运转。沙皇伊凡四世曾在 1552 年创建政府经营的酒馆（kabaks），最终，大量民众欠下了酒馆债务。伊凡四世（名声不佳）改革了贵族制度，酒馆最初为犒赏其新任支持者而建，方便向后者专供伏特加。谁知事态最终失控，17 世纪前后，每个村庄都会设置一个酒馆，服务各类阶层，且常是赊账消费。酒馆制度一直持续至 17 世纪中叶——当时，沙皇阿列克谢领导了货币改革，引发了严重的通货膨胀，1653 年一桶（12.3 升）伏特加售价不足 1 卢布，10

波兹南市以波兰伏特加的生产中心而闻名,但很快让位于克拉科夫,后者又将这一荣誉让予格但斯克。

从一开始,波兰各地的蒸馏师就在麦芽浆中添加各类药草,以此掩盖简陋的壶式蒸馏器未能滤去的粗糙酒类芳香物。不过,到了17世纪,蒸馏师显然开始积极追求成品的纯度,通常进行三次蒸馏工序,终产品的酒精体积百分比约为70%—80%,出售或饮用前还会注水稀释至50%左右。

1693年,克拉科夫蒸馏师雅各布·豪尔(Jakub Hauer)发表了相关说明,教授人们如何用黑麦而非传统的小麦制作伏特加。黑麦这一谷物很快成为波兰伏特加的标准原料,直到18世纪与19世纪之交马铃薯被引入,作为黑麦以外的原料选项。19世纪中叶,欧洲马铃薯病害很快引发严重后果,但即便如此,1850年仍有约7000家小型酒厂在奥匈帝国和俄国主导的波兰地区运营,对俄出口伏特加成为波兰的主要经济来源。19世纪70年代初,俄当局对自波兰进口的产品大幅征收消费税,这对波兰伏特加酒商而言无异于无妄之灾,最终却使伏特加的质量和效率得到提升。这些提升又因埃涅阿斯·科菲的双塔蒸馏技术进一步完善,与高辛烷值的透明波兰烈酒完美匹配。

彼得·阿瑟涅维奇·斯米尔诺夫(Pyotr Arsenievich Smirnov)是19世纪白手起家者的大富豪之一。他1831年出生于卡尤罗沃镇(Kayurovo)的一个农奴家庭,19世纪中叶前往莫斯科。他初来乍到,身无分文,投身酒类生意,通过一系列看似不可能的策略在烈酒消费蓬勃期发家，化身极为精明的企业家。1864 年俄国废除农奴制，斯米尔诺夫开始以自己的名字生产伏特加，并对西奥多·洛维兹的木炭过滤技术进行了改良。斯米尔诺夫生产的产品质量高，善用报纸广告宣传（据称他曾派人赴全国各地酒吧，点名购买其伏特加），战略性地向东正教会发起捐赠，其公司又在 1886 年被任命为沙俄宫廷的供应商，因此，斯米尔诺夫于 1898 年去世时，其伏特加产品已占据俄国市场头把交椅。斯米尔诺夫的继任者相互争斗，但在动荡的社会背景下仍或多或少继续蓬勃发展，直至 1914 年，沙皇尼古拉二世震惊于一战中军队士兵的醉相，因此颁布了一项禁酒令，斯米尔诺夫公司因此无业可做（图 10.1）。

图 10.1　彼得·斯米尔诺夫

俄国 1917 年革命后，斯米尔诺夫之子弗拉基米尔（Vladimir）被迫逃离莫斯科。1925 年弗拉基米尔已身在法国，很快开始在当地生产伏特加，以其名字的法文版"Smirnoff"为名销售。然而，法国人对干邑和雅文邑情有独钟，伏特加产业起步十分缓慢。最终，弗拉基米尔将其过滤技术和"Smirnoff"商标在美国的使用权出让给同样流落在外的俄国人鲁道夫·库内特（Rudolph Kunett，俄文名 né Kunettchenskiy）。1934 年也即美国禁酒令结束后的次年，鲁道夫在康涅狄格州成立了一家酿酒厂。可惜，美国人向来偏爱威士忌，鲁道夫的生意持续低迷。1939 年，鲁道夫将酒厂出售给经营烈酒及牛排酱生意的休伯莱恩（Heublein）公司。

二战前夕也许并非酒厂易手的最佳时机，"血腥玛丽"（Bloody Mary，20 世纪 20 年代在巴黎首次调制）常年大受欢迎，"莫斯科之骡"又于 1941 年在洛杉矶问世，酒厂生意仍相对平淡。可预见的是，酒厂在冷战初期的生意仍不温不火，但在 1950 年受到具有反叛精神的烈酒爱好者青睐。当时，爱国酒们扛着"打倒'莫斯科之骡'——我们不需要斯米尔诺夫伏特加"的大旗在纽约第五大道游行，酒厂的时来运转正是烈酒爱好者对此行为的回应。20 世纪 60 年代初，詹姆斯·邦德（James Bond）对推广伏特加做出了极大努力（观众应记得，邦德喜欢摇晃而非搅拌伏特加马提尼），但直到 20 世纪 70 年代美苏关系缓和、百事公司与苏联斯托利奇纳亚伏特加公司（Stolichnaya Vodka Company）达成易货贸易协议，伏特加的在美销量才借助百事公司的海量广告资源腾飞。

145

　　休伯莱恩公司曾以"斯米尔诺夫白威士忌——无嗅无味"为标语销售其伏特加；如今，它也跟风将新产品改头换面，大力宣传为极为清洁纯净的烈酒，且对嗅觉毫无刺激，宣传语为"它将令你叹为观止"（It will leave you breathless）。休伯莱恩公司的广告还暗示，其产品不含其他烈酒为增加风味添加的酒类芳香物，因此，饮酒者可无限量畅饮，无须担心宿醉。2010 年发表的一项研究报告似乎也证实了这一说法，称过量摄入任何酒都无法避免对一般表现和睡眠的影响，但经验丰富的饮酒者样本报告显示，波旁威士忌的宿醉程度要重于伏特加。

　　1967 年，两大饮料巨头双重进击，使伏特加得以赶超金酒，一跃成为美国人的首选调酒原料。1976 年，伏特加的销量超过了包括威士忌在内的所有蒸馏酒水，斯米尔诺夫伏特加很快成为全球销量领先的烈酒品牌。根据赫尔穆特·科尔（Helmut Kohl）和米哈伊尔·戈尔巴乔夫（Mikhail Gorbachev）1990 年达成的一项协议，苏联获准在东德驻军，费用由西德承担。苏联士兵首次持有了硬通货币，他们极度渴望购买美国制造的斯米尔诺夫伏特加。整个苏联市场似乎充满希望，若非苏联方面局势复杂，美国的斯米尔诺夫伏特加（俄国本土的 Smirnov 伏特加也再度崛起）也许今日已占据俄国市场的主导地位。

　　然而，苏联当时的情况极为复杂。首先，莫斯科政府历来在压制酒精与依赖酒精税支付政府开支之间摇摆不定。苏联官方立场为反对酗酒（图 10.2），但对税收的渴望通常占据上风。20 世纪 80 年代中期，苏联的经济衰退、政治僵化，人们生活水准下降，工人本能地喝伏特加买醉，克里姆林宫的首要举措是对工人积极施行强制戒酒，以此来救国。1985 年，总书记米哈伊尔·戈尔巴乔夫相应将酒精税提至极高水平，强制并严格执行近似于禁酒令的反酗酒法令。国民的预期寿命暂时上升，但最终引得公众不满升级，经济持续低迷，廉价的粗制非法烈酒大行其道。这种非法酒水经常毒害民众，但若不买酒，他们只能购买更危险的香水或鞋油以解压，税收也随之崩溃。

147

　　1991 年，权力从相对刻板的戈尔巴乔夫易手至好酒的鲍里斯·叶利钦（Boris Yeltsin），俄国废除了对伏特加生产的垄断。

图 10.2　苏联时期鼓励戒酒的海报。

不出所料，税收暴跌，更多非法劣酒涌入市场。20世纪90年代中叶，俄罗斯经济实现私有化，无情的机会主义者将伏特加当作工具，从倒霉的新任政府手中夺取昔日的国家财富，区区几瓶酒就能从不解世事的公民手中换取政府发放的代金券，而这代金券正是公民在经济中所占的份额。经过足足十余年与几场小危机，俄罗斯的酒精消耗量才终于下降到与欧洲平均值相近的水平，而这一局面是国家通过实施新的生产控制手段、（再次）增加税收、禁止广告宣传和严格限制供应实现的。这场运动的最终胜利大概与俄罗斯社会日益资产阶级化也大有关联，而如今，俄罗斯消耗的葡萄酒要比以往多得多。

148　　　与此同时，在欧美，伏特加继续在烈酒市场中保持有利地位，品牌倍增，果味伏特加也在20世纪80年代末流行起来。俄罗斯人对加味伏特加多有鄙夷，认为这是掩盖基酒缺陷的一种手段。俄罗斯人认为加味伏特加名不副实，因此，柠檬味的苏联红被贴上了"柠檬那亚"（Limonnaya）的标签。斯堪的纳维亚人也一度采用这种严格标准，长期以来，斯堪的纳维亚一直自产（主要是）葛缕子或莳萝口味的伏特加，称为"阿夸维特"（有aquavit、akvavit及akevitt三种拼法）。然而，在酒类平面广告大行其道的时期（当时电视广告被禁），这种纯粹主义无法持续下去。1986年，瑞典的绝对伏特加（由于广告宣传出色，当时已是美国市场领先的进口产品，也是首个公开宣称的"奢侈品"伏特加品牌）公司在美国发行了胡椒味的绝对伏特加（Absolut

Peppar）。这款新颖的酒水一经推出便大获成功，绝对伏特加公司大受鼓舞，并于两年后在美国市场推出了柠檬味的绝对伏特加（Absolut Citron），大都会鸡尾酒成为美国人的最爱后，绝对伏特加的利润也随之飙升。最终，绝对伏特加公司在美国共推出 17 种不同口味的伏特加，覆盖了葡萄柚、覆盆子到阿萨伊果（açai），可谓应有尽有。其他伏特加品牌纷纷涌入迅速饱和的市场，瑞典公司的伏特加销量略有回落，但加味伏特加仍占了在美伏特加销量的较大比例。

　　不过，与全球各地的伏特加一样，要想获得丰厚利润，还是要靠高端市场，很快，其他伏特加生产商（瑞典酒商也加入战局，大肆宣扬昂贵的马铃薯伏特加，称其具有诸多优点）纷纷效仿绝对伏特加，推出了高端和超高端产品。伏特加的基本要素是它的中性特质，因此，数量倍增的伏特加品牌商察觉到需要通过广告噱头和吸引眼球的包装来宣传这些更为昂贵的产品，而不仅仅宣传其固有的口感优势。喜欢用从融化的冰山中提取出的古水酿造的伏特加吗？那么，加拿大冰山伏特加公司（Iceberg Vodka Corporation）将为您提供服务。对用赫基默"钻石"床过滤的伏特加感兴趣吗？那么，水晶头公司（Crystal Head）有适合您的产品，用昂贵又闪闪发光的人头骨状酒瓶盛装伏特加。若喜欢更具诱惑力的苗条靓女状酒瓶，俄罗斯德罗斯（Deyros）公司的"达姆斯卡娅"（Damskaya）必能满足您需求。以上的伏特加不够俄罗斯风味？不妨来点卡拉什尼科夫（Kalashnikov）伏特加，酒瓶宛如同名的 AK-47 半自动步枪，酒精体积百分比为 42%，是军队的"标配度数"。或许，您更喜欢波兰的爵士伏特加？如您猜到的那样，爵士伏特加盛在喇叭状的玻璃酒瓶中。这样的例子还有很多，不过，这些归根结底还是伏特加。

说到这里，也许有人会有不同的意见。无调味的伏特加可能是中性烈酒，对精神和味蕾的作用自然不受包装方式影响，但会受制造方式的影响。我们今天熟知的伏特加最早是在壶式蒸馏器中制作，已沿用了数个世纪。然而，若说完美组合，那必定是伏特加与埃涅阿斯·科菲的双塔蒸馏器，这种组合在 19 世纪中叶开始普遍使用（见第 2 章）。总之，伏特加讲究纯度，塔式蒸馏器也如此。即使是效率最高的现代壶式蒸馏器，对酒精体积百分比为 10% 的麦芽浆进行一次蒸馏后，也只能得到酒精体积百分比为 35% 的烈酒，且含有酒商急欲去除的化学酒类芳香物。多次蒸馏可将酒精体积百分比提高至 80% 左右，此时，大量酒类芳香物已去除，但仍有为数不少遗留下来，还须过滤。相比之下，塔式蒸馏器可将酒精体积百分比提升至 96.5%。因此，所有现代工业伏特加（涵盖了几乎所有的畅销品牌）均由高大的连续蒸馏器制成，且借鉴了炼油技术。

事实上，伏特加的基酒很少由标签上的制造商生产。比起酒厂，如今的多数美国大型伏特加酒商更像是调配商：他们从芝加哥的阿彻·丹尼尔斯·米德兰公司（Archer Daniels Midland Company）或艾奥瓦州的马斯卡廷谷物加工公司（Grain Processing Corporation of Muscatine）等大宗生产商处大批购买纯度为 95 左右的中性谷物烈酒，随后对其进行过滤、稀释（通常用加工过的水）、装瓶、贴标并分销，还可能在此过程中添加微量调味剂（或更明目张胆地推出加味伏特加）。品牌间的差异主要体现在上述最后一个步骤上。根据 2010 年的一项研究，不同品牌间的差异由水与乙醇分子间氢键的细微差别造成；从逻辑上讲，口感差异可能与这些微量添加物有关。至于这种差异是否有意义，甚至是否能被消费者察觉，还要由消费者自己来判断。鉴于市面上多数中性谷物酒的来源相同，最廉价的工业伏特加也许才是最纯净的。

当然，业界还有精酿蒸馏师（craft distiller）。这些工匠用壶式蒸馏器制造伏特加，既可从零开始（将不同谷物进行调和），也可直接采用塔式蒸馏器造出烈酒。有人也许要问了：如果大型塔式蒸馏器就可制造出中性烈酒，且成本更低，制作也更容易，又何必大费周章？然而，精酿蒸馏师会强烈反驳，称制酒过程的方方面面均对终产品的质量至关重要，包括水（蒸馏用水和稀释用水，通常为井水或泉水，偶尔也用调节器中的水）、蒸馏所用的基酒（伏特加不对基酒进行限制，一些精酿蒸馏师仅采用牛奶的乳清，据称其可提供一种绵密口感）、一批的体量、蒸馏器的材质及过滤方式。也许，最重要的当数蒸馏师的专业技术，而这一因素恰恰无法估量。

只有消费者才能判断这些差异（如存在）是否配得起增加的成本。鸡尾酒爱好者也许大多认为不值，而那些喜饮不掺水的伏特加或在其中加入冰与柠檬皮的人，大概会觉得物有所值。当然，"精酿"也是一个规模问题，虽无正式定义，但多数自称"精酿"蒸馏师者均持有"蒸馏师"证书，要求每年至多生产750000 箱，且需有蒸馏的固定场所。即便如此，美国最大的"手工"伏特加生产商（据称该公司于 20 年前起家，当时仅有一人和一台小型蒸馏器）仍以工业烈酒为原料，每年装瓶成品近800万箱（仅次于斯米尔诺夫）。

那么，以中性著称的伏特加该何去何从？伏特加登上国际舞台的时间不久，本质上却是一种"国际化"酒水，只因并无当地风土痕迹（不过，原料的质量仍十分重要，对精酿产品而言更是如此）。即使是知识最为渊博的鉴赏家，也无法说出某杯伏特加的产地。在俄罗斯、波兰甚至斯堪的纳维亚半岛，伏特加都享有深厚的文化共鸣和社会纽带，但在多数其他地区则不然；然而，这种神秘的烈酒却牢牢扎根国际酒坛，且似乎势不可当。有观点认为鸡尾酒应能反映基酒的特征，但中性伏特加仍将维持其"调酒原料"的身份。经济形势较好时，消费者可能倾向于选择高档品牌；经济衰退时，市面上仍有足够灵活的产品供应，消费者可在不降低基本要求的前提下进行选择。不过，恐怕在经济周期的任何阶段，饮酒者都很难完全丧失对伏特加的喜爱，毕竟它不仅是适应性最强的烈酒，生产成本也最低。此外，伏特加长期以来标榜自身的"中性"，因此在很大程度上不受风潮变幻影响。"栗木桶陈酿"或"漫长海上航行"之类的标签，断不会成为伏特加的卖点。

不过，人类对新奇事物的渴求无处不在，酒厂及其广告商大概会继续推动各类创新之举，以期吸引消费者。创新举措中，全新或更为少见的原材料（已有仙人掌伏特加问世）、具有创意的过滤材料（未来，即便其被用于名人内衣，也不足为奇）和新口味是最显见的。谁知道未来还会发生什么呢？尽管如此，我们仍有理由相信，无论是在芬兰用冰雕刻的奇幻冰宫里、比弗利山庄时髦餐厅内冰冷的"伏特加酒盒"里，抑或是在自家舒适的客厅——无论在何地享用，伏特加的本质将保持不变。

11

龙舌兰酒（与梅斯卡尔酒）

伊格纳西奥·托雷斯－加西亚（Ignacio Torres-García）

阿美利加·密涅瓦·德尔加多·雷穆斯（América Minerva Delgado Lemus）

安吉丽卡·西布里安－贾拉米洛（Angélica Cibrián-Jaramillo）

约书亚·D. 恩格利哈特（Joshua D. Englehardt）

谢拉山谷（Siembra Valles）品牌的祖传白龙舌兰酒真正称得上独一无二。这款酒由两大家族联合手工打造，他们是位于哈利斯科州埃尔阿雷纳尔的卡斯卡胡因酒庄（Destilería Cascahuin）的罗萨莱斯（Rosales）家族以及位于米却肯州皮诺博尼托的唐马特奥德拉谢拉梅斯卡尔酒庄（Mezcal Don Mateo de la Sierra）的维埃拉（Vieyra）家族，其是龙舌兰酒的"回归初心"之作。这款酒以可持续采摘的蝙蝠授粉龙舌兰为原料，采用传统工艺制成：

龙舌兰茎要在土坑炉中烘烤近 5 天，用木槌手工压碎，然后在橡木桶中发酵。先在老式铜制蒸馏器中蒸馏，随后采用更古老的菲律宾式松木蒸馏器进行二次蒸馏，再到玻璃细颈大瓶中静置 6 个月，瓶口塞上玉米芯。通过这些祖传方法，人们制成了一种接近传统梅斯卡尔酒（Mezcal）的烈酒，梅斯卡尔酒正是所有龙舌兰酒的"祖先"。传统的坑焙烧法赋予龙舌兰酒明显的烟熏香，又有蜂蜜、柑橘和芹菜的香味作补充。这款龙舌兰酒口感柔滑，带有烤龙舌兰的甜味与泥土味，又有黑胡椒、橡木、松木、矿物与香料的复杂香味，尾调轻盈柔和。对于一款酒精纯度为 100 的烈酒而言，能做到这种程度实属令人惊讶。与其他酒精纯度为 100 的龙舌兰酒一样，这款龙舌兰最宜用卡巴利托杯或小酒杯啜饮。切莫"糟蹋"这款华丽的经典烈酒，用它调制玛格丽塔鸡尾酒。

无论是否含有酒精，少有饮料能像龙舌兰酒那般与原产国紧密相关。传说、神话与流行史均将龙舌兰酒视为墨西哥的象征，但其起源与历史存在争议。事实上，以多种龙舌兰［尤其是其变种"韦伯蓝龙舌兰"（A. tequilana Weber var. azul）］及其他本地多肉植物赤牙龙（A. salmiana）、猬丝兰（Dasylirion wheeleri）为原料的酒精饮料，其历史要远长于如今的墨西哥。

龙舌兰及其同属植物似乎是中美洲及阿利多美洲土著文化发展的关键因素，既是主食，也是制成仪式用酒的基本原料。考古证据表明，至少在过去 10000 年中，龙舌兰属植物十分重要，许多考古遗址中都发现了在坑炉中烘烤龙舌兰的证据，而这正是制作龙舌兰酒的第一步。在墨西哥中部，以纳瓦特尔语为语言的人

153

种将用土坑炉烘烤的龙舌兰甜食称为"mexcalli"（mezcal 一词由此而来）。陶瓷时期与农业时期到来前，这种甜食及类似食物也许与其他野生及可利用资源共同构成了人类饮食的大部分。后来，墨西加文化（通常称阿兹特克文化）中万神殿里的神就包括马亚韦尔女神（Mayahuel），代表赤龙牙和丰饶、生育力及滋养等。

154

偏巧，马亚韦尔女神也与布尔盖酒（pulque）有关：布尔盖酒是前西班牙时期的一种酒精饮料（龙舌兰酒的远亲），由发酵的赤龙牙汁液制成（据说是马亚韦尔女神的血液），在宗教节日仪式上饮用。关于布尔盖酒的起源，还有一个更具表现力的故事，与负鼠有关：负鼠将爪子钻入赤龙牙之心，提取发酵的汁液，也因此成为第一个"醉鬼"。无论如何，龙舌兰显然是古代中美洲最神圣、最重要的植物之一，在众多土著部落的神话、仪式、饮食方式及经济中占有重要地位。

一些学者认为，在欧洲人造访前，中美洲世界就已存在蒸馏技术，但这大概只是一种推测。更多人认为，龙舌兰酒是当地烹饪龙舌兰茎的传统与菲律宾、西班牙移民在殖民时期（1521—1810）引入的亚洲蒸馏法相结合的产物。当地人对龙舌兰的特性和做法有所了解，无疑对龙舌兰酒和梅斯卡尔酒的生产十分重要，毕竟，传统工艺可使龙舌兰积累丰富的可发酵糖分。确切时间尚存争议，但蒸馏技术最有可能是 1570—1600 年，由乘坐"马尼拉大帆船"（Manila Galleons）来到科利马的菲律宾移民引入墨西哥。除蒸馏器外，移民还带来了椰子树。事实上，墨西哥最早的蒸馏酒并非龙舌兰酒，而是传统的菲律宾椰子酒兰班诺（关于兰班诺，见第 2 章）。

　　同样在 16 世纪末，来自欧洲的西班牙移民带来了阿拉伯蒸馏器与外部冷凝蒸馏技术。西班牙人和菲律宾人的工具和技术在当时的西班牙殖民地，也即今日的墨西哥领土上广泛传播。传说，西班牙人带来的白兰地耗尽后，便对这些技术进行了改良，对龙舌兰的发酵汁液和煮熟的龙舌兰纤维进行蒸馏，生产出新大陆最早的本土酒，更恰当地说应是梅斯蒂索"混血酒"[1]（Mestizo）。某些技术在特定地区更为流行，比如，在瓦哈卡州、米却肯州和哈利斯科州发现的传统蒸馏器与菲律宾蒸馏器存在共同特征，也许要归功于人们将这种蒸馏文化从科利马的低洼地区扩展至墨西哥西部高原及太平洋沿岸附近。尽管如此，1621 年，《对新加利西亚的描述》（*Description of Nueva Galicia*）（新加利西亚即今天的哈利斯科州）称哈利斯科州同时存在菲律宾蒸馏器及阿拉伯蒸馏器，被称为现代龙舌兰酒生产的腹地。

　　龙舌兰酒最早可能产于 16 世纪，产地位于哈利斯科州的埃尔图（Altos）和阿马蒂特兰山谷（Valle de Amatitlán）地区，与龙舌兰酒同名的特基拉小镇（英文名也为 Tequila）即坐落在此。这些地区盛产火山土壤，从古至今一直是培育龙舌兰的绝佳之地。1600 年前后，阿尔塔米拉第二侯爵唐·佩德罗·桑切斯·德·塔格莱（Don Pedro Sánchez de Tagle）在其库西罗斯庄园（Hacienda Cuisillos，确切位置仍有争议）建造了第一家龙舌

155

1　梅斯蒂索是西班牙语（Mestizo）与葡萄牙语（Mestiço）中的词，曾于西班牙与葡萄牙帝国使用，指欧洲人与美洲原住民祖先混血而成的拉丁民族。

兰酒厂，其也被誉为"龙舌兰酒之父"。龙舌兰酒首次被"正式"提及是在 1616 年，指代的是"特基拉镇的梅斯卡尔酒"，表明制造龙舌兰酒已成为殖民当局的重要收入来源。须注意，几乎所有关于龙舌兰酒的早期记录指的都不是"龙舌兰酒"，而是"梅斯卡尔酒"。

在这一点上，必须先解决一个有争议的话题：龙舌兰酒和梅斯卡尔酒之间到底有无区别。有人坚称所有龙舌兰酒均为梅斯卡尔酒，也有人认为龙舌兰酒自成一类。在某种程度上，"龙舌兰酒是梅斯卡尔酒的一种"既正确，也错误：龙舌兰酒起初被称为梅斯卡尔酒，即"特基拉镇的梅斯卡尔酒"，从这个意义上来说，此观点正确。然而，"梅斯卡尔"的字面意思是"烧焦的赤龙牙"（来自纳瓦特尔语中的"mexcalli"一词，其中，"metl"意为赤龙牙，"izcalli"意为"用火烧的 / 煮的"），这一点如今已不适用于所有龙舌兰酒。诚然，龙舌兰酒"最初"确实被认定为（在技术层面上依然是）梅斯卡尔酒的一种，但现代生产工艺与传统方法已大相径庭，龙舌兰酒在今日已与初时全然不同。

以龙舌兰为原料的烈酒被统称为"梅斯卡尔酒"，目前在墨西哥 24 个州生产，采用约 54 种龙舌兰品种。每种烈酒都是其制造者文化身份、可用资源和特有技术诠释的独特代表。从所选的龙舌兰品种，烘烤和蒸馏用水的特质，木材类型，梅斯卡尔酒酿造群体在不同地理、政治和种族背景下各自或集体使用的各种现代和传统技能、技术来看，这些酒水显然促成了具有数百年历史、异常多样又复杂的当地食物网。

各类龙舌兰酒与梅斯卡尔酒的主要原料（发酵龙舌兰汁和水）、酒精含量与基本风味十分相似。除乙醇外，两者均由水和高级醇、甲醇、醛、酯和糠醛组成，梅斯卡尔酒中还含有蒸馏过程中使用的纤维。传统梅斯卡尔酒的酒精体积百分比从 45% 到 52% 不等，如今的龙舌兰酒则通常不到 45%。不同蒸馏过程会产生不同的风味与特性，最重要的影响因素当数当地的发酵微生物，包含其他酒类（如葡萄酒）发酵过程中常见的酵母和细菌。

梅斯卡尔酒和龙舌兰酒的主要区别在墨西哥官方标准（Norma Oficial Mexicana，NOM）中有所描述，这是一套适用于龙舌兰酒各生产环节的强制性法律规定。该规定称由蓝色龙舌兰制成的酒才能标为"龙舌兰酒"，梅斯卡尔酒则可由多达 40 种其他龙舌兰品种制成。从植物栽培到烹饪、发酵及蒸馏，两者的生产工艺也各不相同：龙舌兰酒的生产更加工业化，梅斯卡尔酒则更加传统。比如，生产龙舌兰酒时，龙舌兰茎通常在地上的蒸汽炉或高压釜中蒸煮，梅斯卡尔酒则大多在锥形的岩石坑炉中用木材烘烤。这些差异赋予了梅斯卡尔酒因烘烤龙舌兰而产生的更浓郁的烟熏味，而龙舌兰酒中烟熏味较轻，酒液更甜。另一区别在于龙舌兰酒（AO）和梅斯卡尔酒（AOM）不同的原产地名称：标有 AO，意味着按照规定此酒只能在墨西哥五个州（哈利斯科州、米却肯州、纳亚里特州、瓜纳华托州和塔毛利帕斯州）的某些城市生产，AOM 的范围则更广，允许在 12 个州生产。

龙舌兰酒和梅斯卡尔酒的区别似乎主要表现在语义上，其实，两者在生产过程中存在关键差异。此外，两者的技术、法律区别形成的较晚——AO 于 1974 年问世，NOM 的初版则可追溯至 1978 年（以更早的 1964 年法律为基础）。事实上，随着 19 世纪末对美出口规模的扩大，人们才开始用"龙舌兰酒"一词与梅斯卡尔酒加以区别。还须注意，AO 和 NOM 由势力强大的龙舌兰酒管理委员会（Tequila Regulatory Council，TRC）监管，主要目的是应对市场压力，维护"官方"大型龙舌兰酒生产商的经济和政治利益。比如，最初的 AO 仅允许在哈利斯科州生产龙舌兰酒，多数龙舌兰酒公司均在此州。从这个意义上讲，龙舌兰酒的历史本质上就与其前身梅斯卡尔酒相纠缠；此外，在发展过程中又交织着政治与经济因素，包括跨国公司近来对本土及梅斯蒂索知识的剥削利用——说是跨国公司，但其中部分（如 Cuervo）仍为家族所有。过去 400 多年间坚持生产龙舌兰酒的人群被这种逐利行为排除在外，亦因之受损。

许多人将龙舌兰酒看作现代墨西哥民族国家的象征，作为生活在龙舌兰酒及梅斯卡尔酒生产州的墨西哥人，笔者却认为梅斯卡尔酒更适合这一称谓，因其与当地的烹饪传统联系更紧密，亦是对墨西哥复杂历史更真实的提炼。此外，与龙舌兰酒相比，我们都更喜欢梅斯卡尔酒。事实上，梅斯卡尔酒是一种独特而复杂的烈酒，具有无限变幻的可能，值得单独一章的篇幅。不过，本章的剩余部分将主要关注龙舌兰酒，也即墨西哥的大使酒。

龙舌兰酒的生产包括 7 个基本步骤：收割、烹煮、切碎 / 捣

碎、发酵、蒸馏、陈酿与装瓶。龙舌兰一生只开一次花，开在生命终结之时，因此，龙舌兰种植者会避免龙舌兰过早开花，以免积累的糖分变成花朵、花蜜和种子。种植者意识到，收获成熟、富含糖分的龙舌兰茎头，理想时机通常在形成花序前，即种下龙舌兰后的 5—8 年。龙舌兰茎重量可达 100 公斤，用名为"coa"的专用工具采摘，运输到炉中进行第二道工序。据称，高地龙舌兰造出的酒更甜，花香味更浓，低地龙舌兰则更有泥土的味道。

烘烤龙舌兰的茎可将复杂的碳水化合物分解成易于发酵的小分子糖。传统的烹饪在坑炉中进行，用高密度的木柴烘烤龙舌兰茎，木柴取自与龙舌兰同产区的不同树种（柞树、椴树和槐树等）。传统工艺将每种树特有的香气渗透到龙舌兰的茎中，如同在豆蔻灌木炭上烤肉产生的烟熏味，进而赋予每批龙舌兰酒独特的感官特征。19 世纪末发展起来的大规模生产工艺工业化程度更高，龙舌兰茎在大型砖炉中用蒸汽烹制，通常使用燃料油来产生蒸汽。一般需在 140—200 华氏度（60—95 摄氏度）下烹饪 50—72 个小时，这种缓慢的烘烤软化了龙舌兰的纤维，防止龙舌兰的茎焦糖化。一些大型酒厂采用金属高压釜，可在 12—18 个小时内完成茎的烹煮。工业级的制备方法显著减弱了成品中的烟熏香气，而这种香气正是传统龙舌兰酒的重要成分。

烘烤工序完成后，将烤好的龙舌兰茎切丝或捣碎，用水冲洗，随后过滤以提取糖浆汁。传统上，捣碎或切碎过程通常用名为"塔合那"（tahona）的大石滚，多由驮畜拉动；此外，还可用木槌敲碎龙舌兰茎。现代酒厂大多采用机械化的碎物设备。随后，将龙舌兰汁从切碎的龙舌兰茎果肉纤维渣中分离、提取出来，放入大木桶或不锈钢大桶中发酵。发酵过程需要 1—7 天，这取决于环境温度及桶的尺寸、组成（宽度、材料、质地等）等影响温度一致性和风味的因素。

传统生产中，发酵过程是自发的（如兰比克啤酒），依赖当地天然野生微生物的多样性和丰富性，酵母（多为酿酒酵母）则为发酵过程提供主要驱动力。马蹄铁龙舌兰酒（Tequila Herradura）号称仍采用天然发酵工艺。不过，其他商业化的酒商会在发酵过程中添加生物工程酵母或精选酵母，保持风味均匀，确保不同批次的产品具备一致的感官特征，还可消除不需要的微生物。一些酒商在发酵过程中添加果肉纤维渣，终产品的龙舌兰风味会更浓郁。龙舌兰的糖分必须稀释到 15% 左右才可发酵，因此，水对发酵过程也至关重要。水中不能含氯，否则会杀死促进发酵过程的微生物，水的质量和来源也很关键。泉水和井水具有独特的矿物质，决定了酒水的芳香与风味特质，因此，许多生产商采用自有水源。

随后，人们对发酵产生的低度麦芽汁（mosto，也称 tepache、tuba）进行蒸馏。NOM 要求至少进行两次蒸馏：第一次的产物为未分类的普通版（ordinario），第二次的产物为白龙舌兰酒或银龙舌兰酒。第一次蒸馏约需 100 分钟，温度约在 200 华氏度（95 摄氏度），将低度麦芽汁的酒精体积百分比从 4%—5% 提升至 25%。第二次蒸馏持续 3—4 个小时，得到酒精体积百分比为 55% 的烈酒，随后用去离子水稀释至所需的酒精纯度（酒精纯度 76—80，或酒精体积百分比 38%—40%）。鲜少会进行第三次蒸馏，人们大多认为此举会使烈酒丧失龙舌兰的味道。所有龙舌兰酒都具有相似的酒精含量，但墨西哥销售的龙舌兰酒通常接近38%，出口类则为40%—50%。按照法律，龙舌兰酒的酒精纯度最高可达100，但这种情况并不常见，最低酒精体积百分比则为35%。如需对龙舌兰酒进行陈酿，一些蒸馏师会将馏出物的酒精纯度调整至更高，以补偿陈酿过程中的蒸发。传统的蒸馏方法各有不同，因当地技术和习俗而异。不过，工业化生产的龙舌兰酒一般采用阿拉伯壶式蒸馏器或菲律宾蒸馏器，但在过去几十年中，更大规模的生产已开始采用塔式蒸馏器，以此扩大产量。规模较小的龙舌兰酒厂仍采用分批蒸馏器，雏形为16世纪引进的墨西哥蒸馏器。麦芽汁经二次蒸馏就可合法称为"龙舌兰酒"，并具备可饮用状态。生产过程的第六步为陈酿，并非必需；最后一步为装瓶，具体情况因生产商而异。

NOM规定了5种合法的龙舌兰酒，分别为白/银龙舌兰酒（blanco/plata）、金龙舌兰酒（joven/oro）、微陈年龙舌兰酒（reposado）、陈年龙舌兰酒（añejo）和超陈年龙舌兰酒（extra añejo）。白龙舌兰酒为二次蒸馏产物，是最常见、最"原始"的龙舌兰酒。一些爱好者坚称白龙舌兰酒是最纯正的，比更"精致"的龙舌兰酒龙舌兰味道更强劲。金龙舌兰酒就是添加了色素与调味剂的白龙舌兰酒，如此一来，酒液看似陈酿酒，还可消除可能被发现的涩味。微陈年、陈年与超陈年龙舌兰酒均在木桶（通常由美国、法国或加拿大橡木制成）中陈酿。龙舌兰酒与陈酿木桶间存在相互作用，导致酒的各成分发生化学反应，并根据木材本身的特性产生新的化合物。这一过程可为龙舌兰酒注入更多微妙的味道，形成更醇厚、复杂的风味与香气，减弱酒精带来的刺激感。

160

微陈年龙舌兰酒在小木桶或容积最高为 2 万升的大木桶中陈酿 2—12 个月。墨西哥销售的所有龙舌兰酒中，超过 60% 为微陈年龙舌兰酒。陈年龙舌兰酒与近来新创的超陈年龙舌兰酒在由政府盖章的木桶中陈酿，木桶最大容积为 600 升（通常接近 200 升），两者的陈酿时间分别为至少 1 年、3 年，有时甚至长达 10 年。随着陈酿的推进，龙舌兰酒的颜色会越来越深，构成酒桶的木材也会不断赋予其独特的风味。理论上陈酿过程可持续数十年，但大多认为陈酿四五年后状态最佳。

NOM 承认的龙舌兰酒有两种基本类型，分别为 100% 龙舌兰酒和混合龙舌兰酒（mixto）。100% 龙舌兰酒的标签表明制酒的发酵过程中未添加糖，成品完全由蓝色韦伯龙舌兰制成。因此，100% 龙舌兰酒的任何细分品类都具有更多的龙舌兰原料、风味及更为浓郁的龙舌兰香气。根据法律规定，所有 100% 龙舌兰酒须在瓶身标注 NOM 标识，包括政府指定的酒厂编号。瓶身标签未标注"100% 龙舌兰酒"的则为混合龙舌兰酒。混合龙舌兰酒中最少含 51% 的龙舌兰糖，其他糖（如葡萄糖和玉米糖）构成剩余的 49%。混合龙舌兰酒可合法采用人工色素、甘油、糖基糖浆和橡木提取物，还可在墨西哥境外装瓶。混合龙舌兰酒从不标注"龙舌兰酒"，只是叫作龙舌兰酒罢了。混合龙舌兰酒最早产于 20 世纪 30 年代，成本低于纯龙舌兰酒。当前，市面上的混合龙舌兰酒品牌远多于 100% 龙舌兰酒，墨西哥以外更是如此，但多数鉴赏家认为，瓶身标签上的"100% 龙舌兰酒"代表更优的质量、风味与纯度，更少的添加剂和酒类芳香物——大量饮用劣质龙舌兰酒可导致严重宿醉，添加剂和酒类芳香物正是罪魁祸首。

根据龙舌兰酒管理委员会的数据，目前市面上共注册了 1400 多个龙舌兰酒品牌，由 150 多家酒厂制成。酒厂的数量要少于龙舌兰酒公司，部分原因是一些公司将厂房和设备出租给个体酒厂，后者不必支出大量资本即可进行生产。一些规模较大的酒庄也采用传统的生产方法限量生产，由此而生的产品更接近初代梅斯卡尔酒的"灵魂"。因此，当前市面上有各类龙舌兰酒品牌可供选择，可"征服"口味各异的酒客，更不用说数百种商业梅斯卡尔酒了。每位饮酒者均可从中品得源自墨西哥的龙舌兰酒精髓。

161

蒸馏技术传入墨西哥后，当地龙舌兰酒面临与葡萄酒和欧洲舶来酒的竞争。为此，殖民地当局在征税与禁售间摇摆不定。殖民地当局自 1608 年起对梅斯卡尔酒的生产征税，1742 年，新加利西亚政府禁止"梅斯卡尔酒"的生产、销售或"过量"饮用行为，并对相关行为处以罚款。1785 年，国王查尔斯二世下令全面禁止一切龙舌兰酒的生产，以进口西班牙酒。然而，这项禁令几乎未能阻碍梅斯卡尔酒的生产，反而起到了推动作用，梅斯卡尔酒的生产也成为反抗和地方身份的象征。10 年后，查尔斯三世去世，西班牙王室意识到梅斯卡尔酒的流行使征税更加有利可图，便采取了相反的策略。1795 年，国王查尔斯四世向何塞·玛丽亚·瓜达卢佩·德·库尔沃[1]（José María Guadalupe de Cuervo）颁发了首张官方生产许可证，允许后者"在特基拉地区生产梅斯卡尔酒"。自此，得益于北部采矿业的繁荣，龙舌兰酒在新西班牙以及王室的北部殖民地传播开来。最终，政府用梅斯卡尔酒的税收在 18 世纪末建造了瓜达拉哈拉大学。

墨西哥于 1821 年独立。在此之前，梅斯卡尔酒的生产规模一直相对较小，仅限于少数几家家庭酒馆和酒厂。独立后，墨西哥从西班牙进口的葡萄酒等酒水数量下降，梅斯卡尔酒则销量大增。19 世纪后半叶，新技术不断涌现，本地化生产扩展为大规模工厂，以满足日益增长的市场需求。生产的扩张不时被美墨战争（1846—1848）、改革战争（War of the Reform）及之后的法国干预（1857—1867）等内外冲突打断，不过，这些事件也将龙舌兰酒推介给新受众。1850 年前后，龙舌兰茎的首选烘烤方法由土坑炉变为地上砖炉。酒商花了 70 年才逐渐适应这种新方法，不过，这一变化标志着龙舌兰酒和梅斯卡尔酒的分道扬镳。

1870 年，哈利斯科州的几家大型生产商向墨西哥政府申请并获得许可，以小镇特基拉的名字正式命名其梅斯卡尔酒。1873 年，龙舌兰酒首次出口至美国，不过，最先完成对美出口的究竟是豪帅快活（Jose Cuervo）公司还是唐·塞诺比奥·索萨（Don Cenobio Sauza，据称其人最早提出蓝色韦伯龙舌兰最适合制龙舌

1　此人是上文"Cuervo"品牌的家族成员。

兰酒），坊间还存在争议。同年，税收记录将该地的梅斯卡尔酒及出口至英国、西班牙、法国和新格林纳达的梅斯卡尔等墨西哥烈酒称为"龙舌兰酒"，自此开启了龙舌兰酒到世界其他地区的"浪漫之旅"。1893 年，名为"特基拉地区的梅斯卡尔酒"（mezcal de Tequila）在芝加哥世界博览会上获奖，龙舌兰酒商和墨西哥政府最终一锤定音，将"梅斯卡尔酒"的字样从酒名中删去。

19 世纪末，龙舌兰酒的出口量稳步增长，哈利斯科州建成了大量"主流"酒厂和酒庄，包括凯米希恩（Los Camichines，1857）、西部酒厂（Destiladora de Occidente，19 世纪 60 年代）和圣马蒂亚斯（San Matias，1886）三大品牌。基础设施和技术的进一步完善（铁路网络、发电厂、压榨机和研磨设备快速扩张）均使龙舌兰酒需求量和产量增加，推动龙舌兰酒进入新的市场。19 世纪和 20 世纪之交，豪帅快活推出了瓶装（与桶装相区别）龙舌兰酒，龙舌兰酒产量继续增长。后来，墨西哥革命（1910—1920）与哈利斯科州爆发的基督派暴乱（1926—1929）等社会、政治动荡接连发生，但龙舌兰酒的涨势仍总体持续到 20 世纪上半叶。美国的禁酒令也推动了龙舌兰酒在边境以北地带的流行。

20 世纪 30 年代及随后几十年中，市场对龙舌兰酒的需求量增加，龙舌兰植物因之短缺，墨西哥政府被迫放宽生产管制，混合龙舌兰酒应运而生，在美国市场颇受欢迎。与此同时，墨西哥政府也针对龙舌兰酒的生产和税收出台了一系列相关法律，"高光之作"当数 1942 年的《工业产权法》（Industrial Property Law），为龙舌兰酒原产地的名称奠定了基础。1935—1942 年，以龙舌兰酒为原料的明星鸡尾酒"玛格丽塔"问世，起源年份与地点众说纷纭：有人说玛格丽塔于 1935 年或 1938 年问世，诞生地为蒂华纳郊外的一家酒吧，另有人称玛格丽塔是 1942 年发明于华雷斯城或得克萨斯州的埃尔帕索。二战期间，欧洲烈酒在墨西哥和美国成为稀缺资源，市场对龙舌兰酒的需求量一再增加。1940—1950 年，龙舌兰酒的产量增长了 110%，到 1955 年又翻了一番，刺激了外国投资与进一步商业化。该趋势一直持续至 20 世纪 60 年代，其间龙舌兰酒（特别是作为调酒用的中性酒）的受欢迎程度不断提升。

163

1974 年，墨西哥发表了《龙舌兰酒原产地保护宣言》（Declaration for the Protection of the Appellation of Origin Tequila），龙舌兰酒业进一步扩张。20 世纪八九十年代是"龙舌兰酒繁荣期"，政府加大了对行业的支持力度，借助外国投资及大型龙舌兰酒商与跨国公司的合作，龙舌兰酒行业真正实现了全球化；不过，市面上 60% 的龙舌兰酒仍由豪帅快活公司和索查（Sauza）酒庄生产。墨西哥作为旅游胜地的知名度不断提高，因此，龙舌兰酒品牌不断扩张又风格各异，不仅面向墨西哥，还将目光投向全世界。1994 年龙舌兰酒管理委员会成立，美国、加拿大和欧洲也在 20 世纪 90 年代立法承认龙舌兰酒作为墨西哥特有烈酒的地位（顺带一提，梅斯卡尔酒于 1995 年获得 AO 认证）。近年来，南非、日本和西班牙的酒厂试图在墨西哥以外生产"龙舌兰酒"，但并不标作龙舌兰酒。

多年来，美国一直是龙舌兰酒的最大消费国；然而，截止到 2000 年，墨西哥国内的销售量与消耗量几乎与出口持平（出口

8400 万升，国内消耗 7200 万升）。从 21 世纪初到 2019 年，龙舌兰酒的产量几乎翻了一番，从 1.82 亿升增至 3.52 亿升；出口量增长了近 1.5 倍，从 0.99 亿升增长至 2.47 亿升。根据龙舌兰酒管理委员会的数据，过去 20 年间，龙舌兰酒的产量增长了 9 倍，出口量增长了 12 倍。2019 年达成的一项贸易协议允许龙舌兰酒出口至中国，龙舌兰酒业仍势不可当。正如一位评论家所说，龙舌兰酒正一杯接一杯地占领全世界。

龙舌兰酒近年来在世界范围内大受欢迎，对其饮用文化产生了深远的影响。龙舌兰酒曾有"派对饮品"的称谓；如今，口味的变迁导致龙舌兰酒的调制和饮用也发生了改变。在某些方面，龙舌兰酒回归了更符合"传统墨西哥"的口味和享用观念。在原产国，从古老的龙舌兰本土种植传统到当代民族自豪感，龙舌兰酒根植于墨西哥文化的方方面面，且其消耗量与其标志性地位相称。墨西哥人通常喜欢不掺水的纯龙舌兰酒，装在小酒杯中小口啜饮，而非猛灌。墨西哥还流行一种名为"国旗"（bandera）的龙舌兰酒喝法，传统上是一杯龙舌兰酒配上几杯酸橙汁和辛辣的桑格里塔。酸橙汁和桑格里塔并非"酒后水"（chaser），而是起到清空味觉的作用，并与龙舌兰酒交替饮用。在我们看来，干下一杯龙舌兰酒就如同苏格兰人一口"闷"下一杯 18 年的单一麦芽威士忌。

事实上，龙舌兰酒的"暴躁"名声大部分归功于年轻人流行的"舔、灌、吸"的饮酒方式。像多数用龙舌兰酒调制的鸡尾酒

164

那样（包括著名的玛格丽塔鸡尾酒），饮用龙舌兰酒时，加盐与青柠据说可掩盖或减轻某些人口中的"涩"味，或者至少令这种痛苦快速消散。然而，涩味多是酒液质量不佳所致。不妨回想一下，此前出口的大多是低级别的混合龙舌兰酒，据估计，在美国销售的龙舌兰酒近 70% 为调制玛格丽塔（美国最受欢迎的鸡尾酒）所用的混合龙舌兰酒。因此，饮酒者无法避免低质龙舌兰酒的缺陷，正如一位评论家所说，劣质龙舌兰酒过于糟糕，连冰块都无法掩盖。

用龙舌兰酒调制的鸡尾酒有数百种之多，但在过去几十年间，饮酒客有幸品尝到 100%"优质"龙舌兰酒，龙舌兰酒在世界范围内愈加受到青睐。过去 20 年中，这一趋势最明显的表现是 100% 龙舌兰酒的生产量和出口量呈指数级增长。出于某些不愉快的原因，仍有人坚持饮用守护神波尔多陈年龙舌兰酒（Gran Patrón Burdeos añejo，售价约 500 美元一瓶），坦率地说，这种行为在多方面伤害了墨西哥人的感情，毕竟龙舌兰酒已跻身世界酒水之庙堂，应细品未稀释的纯正龙舌兰酒，体验其丰富、微妙且复杂的香气、风味与尾调。同样，新颖的鸡尾酒并未试图掩盖龙舌兰酒的口感，而是将其细微差别发挥至极致。这些进步提升了龙舌兰酒在鸡尾酒爱好者和发烧友中的流行程度，也使其饮用行为从根本上发生了改变。

龙舌兰酒的发展前景如其历史和原产地一样复杂。酒商们巧妙地将现代技术与远古知识相融合，赋予了龙舌兰酒真实而又近乎神话般的光环，促成了近年来的流行。龙舌兰酒与其原料植物龙舌兰以及与该植物的文化用途相关的本土传统都保持着密切的联系。此外，龙舌兰酒与其他梅斯卡尔酒的生产仍依赖传统酒商代代相传的经验和知识，是一种非物质文化遗产。过去一个世纪中，龙舌兰酒在全球的受欢迎程度呈戏剧性骤升，因此，我们正面临失去这一遗产的风险，龙舌兰产区及地貌的生物文化多样性也恐遭灭顶之灾。正因龙舌兰酒为全世界熟知并喜爱，其未来才处于风险之中。

随着时间的推移，龙舌兰酒在成分、生产工艺甚至酒精含量方面都发生了剧变，从根本上重组了龙舌兰酒的前身梅斯卡尔酒的化学成分，以至于人们几乎无法从龙舌兰酒中辨认出传统梅斯卡尔酒的特征。这些变化几乎均由市场推动：需求量增加导致生产量增加，市场却罔顾这种变化可能带来的后果。NOM、龙舌兰酒管理委员会和 AO 等为这些变化提供了背书，也提供了法律依据；然而，本质上讲，它们仅仅是利用这种标志性酒水的文化和历史完整性来实现商业目的。不妨想想，大型跨国公司如宾三得利（Beam Suntory，一家日本控股公司的美国子公司，也是索查品牌的持有者）生产、销售的龙舌兰酒，其所谓的"墨西哥资质"又有几分呢？

更糟糕的是，多数耗费大量体力与时间的手工生产方式正渐渐消失。一些小而美的酒厂问世，用传统工艺打造 100% 的优质龙舌兰酒，比如，祖父酒厂（Los Abuelos）采用古老的工具塔合那，也即一种大型火山石滚来碾碎煮熟的龙舌兰茎。然而，与大型商业酒厂相比，这些小酒厂的产量不值一提。此外，出于经济和税务原因，这些优质产品或许只能在墨西哥以外的地区销售，远离原产地，与龙舌兰酒文化传统的继承者相隔绝。龙舌兰酒堪称一门真正的墨西哥产业，又是墨西哥的标志，有人质疑，若墨西哥失去对大部分龙舌兰酒商的控制，龙舌兰酒还能存活几时？传统知识的传承者也许再也无法从其数百年的传统中受益。

　　论及遗传与生物多样性，龙舌兰酒的爆炸式"走红"从根本上改变了龙舌兰植物的培育环境。如上文所述，龙舌兰酒由约 54 种龙舌兰蒸馏而成，目前只有 4 种密集种植并用于大型产业（绝大多数是从野生龙舌兰中直接提取，或在传统农林系统中种植）。随着时间的推移，生产活动不断进行，人类又不断对甜度、大小等特定特征进行了人工选择，形成了自然界中不存在的特有驯化品种。至少有 10 种不同的龙舌兰曾用于酿造"特基拉镇的梅斯卡尔酒"，每个品种均有其特性，为酒液注入了独特的风味和香气。如今，蓝色韦伯龙舌兰的单种栽培占主导地位，龙舌兰产区的多数传统龙舌兰品种已消失。

　　龙舌兰酒魅力不断升级，引发了恶性循环：出于商业用途，人们越来越多地集中种植单一龙舌兰品种，导致培育龙舌兰的生态系统退化。此外，当前蓝色龙舌兰的工业化生产采用新兴的生物技术，借助基因克隆，仅使用两到三种植物及农用化学品就能种植数千公顷的蓝色龙舌兰。这些创新之举确实提高了行业产量，却损害了传统可持续的农业生态管理实践。作为消费者，我们为何要关心这个问题？若景观、生态系统和植物基因结构均同质化，龙舌兰酒本身也会呈现同质化特征，对其特殊风味和独特品质造成威胁，而正是这些特质推动了 100% 龙舌兰酒近年来的蓬勃发展。工业化的扩张也导致龙舌兰种植成本上升，龙舌兰的价格又相应提升，除了最大的生产商外，其余生产商都被挤出市场。迄今为止，多数用于梅斯卡尔酒的龙舌兰品种尚未被商业领域关注，但用传统方式生产的梅斯卡尔酒日益流行，也令人担忧。人们担心龙舌兰酒的故事会重演。

讽刺的是，对龙舌兰植物的大规模保护实际上加强了这种恶性循环。比如，龙舌兰酒的 AO 和 NOM 向来根据酒商意愿进行修改，而酒商将应对市场压力作为主要考量。人们对这些法律文件进行了修改，准许龙舌兰以集约化方式生产，将其培育范围扩大至历史上从未种植过龙舌兰的地区，并将新技术纳入传统工艺。

回顾其悠久历史，龙舌兰酒已从用传统知识与实践造就的产品变身为全球化商品，深刻改变了其产地的生物文化景观。龙舌兰、玉米、豆类和南瓜曾生长于占地面积数百万公顷的干燥季节性森林，这片野生地带生物多样性强，作物在野生生态系统的残余物质中间作[1]；如今，这片土地已沦为高度依赖农用化学品和生物工程的集约种植园，由此导致的结果就是污染、土壤退化和遗传多样性丧失。2006 年，联合国教科文组织宣布哈利斯科州的龙舌兰景观为"人类文化遗产"，在我们看来名不副实，相反，应是"蓝色沙漠"，是退化后仅剩蓝色龙舌兰和农业的地带，而这里曾是自然与文化繁荣共生的乐园。

167

1 　间作指在同一块田地上、同一个生长期内，分行或分带相间种植两种或以上作物的种植方式。

幸运的是，人们正尽力对抗这种生物文化退化，采取了一些措施来保护龙舌兰培育所需的生态系统。许多措施刚刚起步，因此有待时间证明。不过，事实证明龙舌兰酒商对市场的响应度极高，意味着消费者能成为保护烈酒传统完整性和烈酒生产所需文化及自然遗产的强大盟友。为继续享用高品质龙舌兰酒和梅斯卡尔酒，确保其千年传统和故土文化的可持续发展，龙舌兰酒爱好者必须知悉相关情况，从田间地头到装瓶的每个环节都要强调品质。毕竟，消费者才享有最后的发言权和杯中最后的那滴酒。干杯！

12

威士忌

大卫·耶茨（David Yeates） 蒂姆·达克特（Tim Duckett）

那是乡村秋日的一个午后，我们身处蒂姆的塔斯马尼亚酒厂
（Tim's Tasmanian Distillery），在皮椅上休息，畅想着酒厂中桶
强[1]佳酿那丰富而复杂的风味。这时，蒂姆称上好的威士忌尝起来
应像蜥脚恐龙。他解释道，上好的威士忌入口时细腻顺滑，如同
蜥脚恐龙小小的头颅与窄颈；然后，酒液在上腭层层铺开复杂的

1　桶强（cask-strength）指不加水稀释的原桶威士忌。

169 口感，如同雷龙巨大的身躯；尾调则如天鹅绒般柔软绵长，似大型盗龙的尾巴。然而，若是口感似霸王龙，那就不妙了，入口即辛辣刺鼻，尾调短暂粗暴。同样的，若威士忌的口感令人联想到剑龙背部倾斜的大背板和尾部扎人的角，未免过于粗糙，难以下咽。就这样，我们在蒂姆的酒厂"品"了一下午蜥脚恐龙。

最基础的威士忌是一种谷物蒸馏出的烈酒。制造威士忌时，人们从一种原始啤酒中提取活性成分，与约 1000 年前啤酒花尚未问世时的啤酒极为类似。与其他谷物烈酒不同，威士忌须在橡木桶中长期陈酿。木材中的化学成分润滑了原酒粗糙的口感，给酒增加了风味和色泽。冷藏技术问世前，人们可通过蒸馏谷物将上个夏季收成中的热量以液体形式无限期保存。今日的威士忌生产工序复杂，可以想象人们通过不断试错觅得"真经"，在必要、巧合和偶然情况下引入了木桶熟成这一工序。威士忌的名称也很复杂，为简单起见，除爱尔兰和美国威士忌之外，本章均使用"whisky"一词；欲了解"whisky"和"whiskey"两种拼法的来龙去脉，参见本书第 3 章。

威士忌为人类感官贡献了烈酒所能提供的最复杂的口感。威士忌的口感主要受谷物（如大麦、黑麦、玉米、小麦）、风土（包括地质、土壤、植被和小气候[1]）、制酒过程中各环节用水、干燥麦芽所用燃料、发酵所用酵母类型、蒸馏器形状、熟成木桶的

---

[1] 小气候（microclimate）指由下垫面结构和性质不同造成热量和水分收支差异，从而在小范围内形成一种与大气候特点不同的气候。

类型、熟成过程中的天气、熟成时间长短及转桶[1]类型等因素影响。一般来说，越是接近制酒过程终点的因素，对风味的影响越大。

苏格兰威士忌的前身大概是皮克特人及其祖先用大麦芽酿造的石楠味啤酒，酿造证据可追溯至公元前 2000 年以前。中世纪后期，蒸馏器可能从爱尔兰引入该地，爱尔兰修士是从欧洲大陆获取的蒸馏器。最初，修道院出于药用目的使用蒸馏器；很快，家家户户都培养起了将啤酒蒸馏为稳定酒精饮料的习惯。威士忌一词源自盖尔语词"uisge beatha"，意为"生命之水"。

1707 年的《联合法案》（Act of Union）将英格兰、苏格兰和威尔士合并为英国。位于伦敦的英国新政府向苏格兰生产的威士忌征收消费税，同时降低了针对英国金酒的税额。可预见的是，非法蒸馏在苏格兰蓬勃发展。1823 年出台的《消费法》（Excise Act）减少了针对威士忌的税额，其时恰逢工业革命曙光降临，企业家开始大规模建造合法酒厂。北方气候寒冷，木材在苏格兰十分珍贵，因此，人们将沼泽中植物的腐烂层，也即泥煤用作标准的家用及工业用取暖燃料。人们还通过燃烧泥煤干燥麦芽粒，赋予烈酒独特的烟熏风味。

19 世纪 30 年代，工业革命爆发（见第 2 章），爱尔兰工程师埃涅阿斯·科菲发明了更为先进的连续（或称塔式）蒸馏工艺。这种双塔蒸馏器通过高大的金属塔实现分馏目的，可连续操作，不似传统壶式蒸馏器，每次蒸馏后均须清理和休整。19 世纪

170

1　转桶（finishing cask）指将熟成完毕的威士忌换桶进行二次熟成。

60 年代，塔式蒸馏器得到普及，威士忌制造商开始将用廉价未发芽大麦生产的高度数威士忌与传统的苏格兰麦芽威士忌相混合。塔式蒸馏器产出的谷物威士忌口感平淡，中和了壶式蒸馏器产出的麦芽威士忌浓郁的烟熏和泥煤风味，终产品口感更为顺滑。19世纪 70 年代，欧洲葡萄酒和白兰地的供应因专门攻击葡萄根部的根瘤蚜虫害被扰乱，英国人接受变化，转向了苏格兰威士忌。自那时起，调和酒公司大量收购麦芽酒厂，也正因如此，当今市场由大销量品牌主导，将壶式蒸馏器酿造的风味麦芽威士忌与塔式蒸馏器酿造的味淡谷物威士忌相混合。

论及具有复杂香气与风味、悠久有趣的传统和地方特色的新型烈酒，威士忌必然是极具吸引力的佳选。苏格兰具有悠久的人文历史、海雾现象、孕育着水怪传说的深湖、复杂的地质、开满石楠的山坡、泥炭质荒地及海藻环绕的岛屿，共同造就了苏格兰威士忌的特性。其中，石楠具有特殊性：石楠是各类欧石楠属草本植物的统称，喜贫瘠的酸性土壤，还会向周边的水与空气分泌复杂的化学物质来驱逐昆虫。

威士忌的风味亦受苏格兰水道周遭各类岩石的影响。受大陆漂移影响，苏格兰的地质非常复杂。数亿年前，苏格兰曾是北美板块的一部分，但在一次巨大的地质碰撞过程中与欧洲板块相连接，与欧洲板块的分界线几乎位于哈德良长城之下。苏格兰最古老的岩石形成于 6 亿至 8 亿年前，由此导致供给艾拉岛酒厂的水源带有铁锈味。与此相反，高地地区有大量花岗岩，质地坚硬，

171

对水影响不大，因此该地区水质较软。斯佩河（River Spey）亦发源于高地花岗岩，但受其流域内大量石灰岩和砂岩的影响。

威士忌的制作工艺较为复杂，原料在不同阶段形成的混合物及用于发酵、蒸馏和熟成的容器均有专业词语表述，本书仅对制作过程进行精简介绍。无论在苏格兰还是世界其他地区，威士忌的制作工艺都有无穷变化。

大麦粒的主要成分为淀粉，是一种复合糖。为获得酿造威士忌所需的成分糖，也即麦芽糖，须将谷物浸泡在水中，使其在麦芽床上发芽。发芽约需 5 天，其间必须定期翻动谷物，确保发芽均匀。只有百富（Balvenie）和拉弗格等少数酒厂仍在自行生产麦芽。胚芽或新芽长到谷物长度的 2/3 时，淀粉会转化为麦芽糖。将湿润的大麦铺在窑中的栅格上，烘干至仅含 4% 的水分，发芽过程就停止了。在窑火中加入泥煤可赋予威士忌强烈的烟熏味。酒厂的宝塔式屋顶与苏格兰风格有些违和，窑火产生的蒸汽正是通过这个屋顶排出。

在苏格兰、澳大利亚、日本，有时在爱尔兰（美国、加拿大则非如此），泥煤可不同程度用于在窑火中干燥麦芽，赋予麦芽独特的烟熏味。艾拉岛的部分酒厂使用经泥煤大幅处理过的麦芽，其苯酚含量（烟熏的度量标准）高达百万分之五十，甚至更高，斯佩赛德地区的平均值为百万分之二到百万分之三。高度泥煤化的威士忌让人想起过去的威士忌，具有蜡烛和明火的真实味道，泥煤来源不同，产生的风味也不同。

　　100多年以前，苏格兰的低地和斯佩赛德地区转用燃烧过程更清洁的焦炭和煤炭，由此干燥出的麦芽没有烟熏味。不过，偏远的高地和岛上酒厂（如艾拉岛和奥克尼群岛上的酒厂）别无选择，只能继续使用当地的泥煤。泥煤是一种珍贵的不可再生能源，由低温下的植物在自然分解过程中缓慢产生，因此，一些酒厂想出了减少泥煤使用的方法，如在通常需18个小时的烟熏过程中，在普通火堆中撒入泥煤粉，产生烟熏过程所需的烟雾，或多次用泥煤烟雾熏麦芽，达到所需的烟熏程度。

　　干燥完毕的麦芽被碾成面粉，得到的粗糙粉末称为谷粉，在麦芽浆桶中与热水混合。根据酒厂和地区不同，通常在两三种不同温度下进行喷洒（Sparging，向谷物床喷洒热水以冲洗掉糖分）：第一次在65摄氏度下进行，第二次在80摄氏度下进行，第三次在95摄氏度或接近沸腾的温度下进行。随后，将麦芽捣碎三次，将生成的含糖溶液（麦芽汁）冷却并泵入名为发酵缸的大桶，再加入酵母。发酵过程将持续几天，其间酵母将糖分转化为酒精和二氧化碳。发酵缸通常被盖住，防止不需要的酵母菌株进入，并配有"刀片"状物，不断切碎发酵麦芽汁表面的泡沫。过去，发酵缸一直由俄勒冈松木制成，材质可抗真菌侵蚀；如今，不锈钢成为首选材料，尤其受新大陆威士忌酒厂欢迎。发酵产生的啤酒或酒醪，酒精体积百分比为8%或9%，可直接送入蒸馏器。

　　听上去虽超出认知范畴，但蒸馏过程确实是科学与艺术的复杂结合，连蒸馏器的形状都会对威士忌的风味产生影响。细长的蒸馏器能造出更柔和、纯净的烈酒（如格兰杰），短小、扁平的蒸馏器则能造出风味更浓郁的烈酒（如拉加维林）。蒸馏通常需4—8小时，至少重复两次，先在酒醪蒸馏器中进行，再在烈酒蒸馏器中完成。用酒醪蒸馏器蒸馏出的产品仍称为"低度葡萄酒"，酒精体积百分比为20%左右。烈酒蒸馏器每15—25年须要更换：蒸馏器内壁上的铜会被沸腾的烈酒浸透，壁厚减薄到只有四五毫米（图12.1）。

正如第2章所述，酒精饮料的蒸馏依赖啤酒或酒醪中不同成分的不同沸点。基于这种差异，人们可简便地仅采用加热法将酒精与水分离，但加热过程须多加小心。低度葡萄酒

173

图12.1 苏格兰拉加维林酒厂的一排壶式铜制蒸馏器。

加热到刚超过乙醇沸点时（78.8—79.4 摄氏度），名为"酒头"（head）的多余化学物质开始蒸发。酒头混合了乙醇、有毒的甲醇和丙酮、醛等多余化学物质，闻之似化学溶剂与卸甲油。

蒸馏的技巧在于去除酒头，并对在 82—94 摄氏度蒸发的化学物质进行处理，主要包括乙醇、部分水及苯酚和愈创木酚等能提升酒水风味的物质，也即蒸馏的"酒心"（heart）。最后，低度葡萄酒持续加热，温度超过 95 摄氏度时，"酒尾"（tail）开始沸腾。酒尾含有难闻且发苦的化合物，如杂醇油、丙醇、异丙醇和酯；这些物质无毒，但通常不应在终产品中出现（不过，艾拉岛泥煤麦芽威士忌等重口味威士忌会保留少部分来调味）。酒头和酒尾也合称酒尾（feint），它们通常被回收用于之后的蒸馏过程，以提取剩余的乙醇和可用的风味成分。

蒸馏的三个阶段（酒头、酒心和酒尾）中，每个阶段的产物都会流入下一阶段，因此，酒心过程的开端会有酒头留下的化合物，酒心过程的结尾也会有大量酒尾过程的早期产物加入。新制威士忌的风味由酒心、酒头的终产物与酒尾的早期产物相互平衡确定。蒸馏过程涉及数千种化合物，每种都可对最终风味起到增减作用。蒸馏的艺术在于知道何时停止和开启酒心过程，以便仅保留所需化合物而非其他物质。通常，酒头过程需要 30 分钟，酒心过程需要 3 小时，其余时间均为酒尾过程。水与乙醇会暂时融合（共沸），乙醇蒸馏可达的最大酒精体积百分比为 96.5%。新制威士忌通常用水稀释至酒精体积百分比 65%—75%，再转移至橡木桶中。

起初，橡木桶只是一种运输工具，但消费者很快意识到威士忌在橡木桶中存放时间越长，口感就越顺滑。以前的雪利酒桶（由西班牙西北部大西洋沿岸的夏栎制成）曾用于陈酿苏格兰威士忌。几十年来，雪利酒市场逐渐衰落，可用的橡木桶越来越少。此外，西班牙独裁者弗朗西斯科·佛朗哥（Francisco Franco）于 1975 年去世，之后，雪利酒不再以桶装而是以瓶装形式从西班牙出口。如今，苏格兰威士忌酒商大多使用美国波旁威士忌酒桶，由此，美国和苏格兰威士忌行业间形成了反馈循环。

美国的波旁威士忌桶采用当地的白橡木，根据法律，波旁威士忌酒商必须采用全新的炭化橡木桶来陈酿威士忌。木材加热 30 分钟至 200 摄氏度时，其间木材中的糖焦糖化，部分木质素转化为香兰素，另有其他变化发生（见第 6 章）。桶内的木炭层对去除新制的波旁威士忌的辣味成分至关重要，烈酒得以熟成。美国标准桶（American Standard Barrel，ASB）可容纳 200 升酒，初次使用后拆解成木条，用于制作容量略大的苏格兰"猪头桶"，容量提升至 250 升。在葡萄牙，人们用欧洲橡木制成大桶（称为 butt 或 pipe），容量为 500 升或 600 升，适于雪利酒和波特酒的熟成，后又用于苏格兰威士忌的熟成或转桶。

木桶占苏格兰威士忌生产成本的 10%—20%，因此非常珍贵，可重复使用 3—4 次（澳大利亚不允许重复使用，木桶使用一次后即报废）。橡木桶可在两次灌装间刮净并重新烘烤，以增强其为酒液注入的风味。全新的波旁酒桶在美国使用 2—4 年后可在苏格兰继续使用 30 年。在木桶中的前 5—8 年，苏格兰威士忌会在"减量熟化"（subtractive maturation）阶段去除原酒的辛辣口味，又在"加量熟化"（additive maturation）阶段吸收橡木、香兰素、太妃糖的特质。转桶阶段相对较短，许多酒厂会将接近成品的苏格兰威士忌放入曾容纳餐酒、波特酒或雪利酒的酒桶中，对成品的风味亦有很大影响。

法律规定，仓库或保税仓库中的酒桶必须逐个标明酒厂名称和蒸馏年份。此时，这些酒的税款尚未缴纳，距离售出时间也许还有 10 年之久，税务官须确保威士忌不在熟成过程中丢失。仓库的温度和湿度影响着威士忌在橡木桶中的熟成。受湾流影响，苏格兰群岛气候温和，高地夏季相对温暖，冬季寒冷多雪。桶装威士忌的酒精含量通常每年下降 0.2%—0.6%，威士忌液面每年在苏格兰下降 1%—2%，在澳大利亚为 4%—7%，在印度等较温暖的产区则高达 l2%。如前所述，这种损耗称为"天使的份额"，且与葡萄酒桶不同，威士忌酒桶不封顶。经过约 10 年，苏格兰木桶可能因蒸发损失五六十升酒液，约占容积的 20%，酒精体积百分比也会从 63.5% 降至约 58%。瓶装威士忌应通过加水保持至少 40% 的酒精体积百分比；不过，有时会以桶强装瓶，可达约 70%。

木桶陈酿对威士忌的风味和颜色有诸多影响，成品酒风味的 70% 由陈酿过程决定。木材会随季节、昼夜变化膨胀收缩，威士忌也会相应地渗透进木材。木桶所在空间中，部分空气可能进入酒桶。雪莉和波旁威士忌桶中曾盛放的酒液成分也会进入新酒中。若木桶经过炭化过程，威士忌将渗透一层木炭，后者进一步对酒液进行过滤，并从中提取硫黄味（闻之似火柴或橡胶）等刺激性成分。由于木桶内表面积不同，大桶中的威士忌须比小桶中的存放时间更长；欧洲橡木桶的孔往往比美国的多，因此氧化作用更强。

在此过程中，威士忌在橡木桶中多年的缓慢氧化是最为重要的反应之一。顶部空间中的氧气溶解至酒中，发生了一系列化学反应，增加了威士忌中愉悦风味的复杂性，特别是香味、果味和辛辣味。蒸馏器中遗留的微量铜是威士忌中发生的一系列化学反应的催化剂，将氧气转化为过氧化氢，侵蚀木材并释放出香草醛。威士忌的棕色来自可溶于酒精的木材成分，包括单宁。

部分酒厂在熟成后使用冷滤工艺，以防止加冰导致的残留蛋白质与其他元素"成霾"，从而使威士忌变得浑浊。不过，多数饮酒者无法分辨冷滤与未冷滤之间的区别，且无论如何都不应在威士忌中加冰。此外，过滤会去除脂肪酸等风味元素，这就完全是个人喜好了。

只有少数几家酒厂拥有自己的装瓶厂（如格兰菲迪、云顶、布赫拉迪），其他酒厂则将装有成品酒的木桶运往位于格拉斯哥、爱丁堡和珀斯的大型工厂。

苏格兰拥有约 100 家酒厂，其中 80%—90% 一年到头都在运营。苏格兰还有大量废弃、遗弃和拆除的酒厂，见证了苏格兰酒业的繁荣与萧条。

如同苏格兰的地理环境、民众的性格甚至苏格兰酒本身，威士忌的贴标异常复杂；不过，我们仍有简化"指南"可参考。苏格兰威士忌中可添加的成分只有烈酒、水和少量焦糖色素。

单一麦芽苏格兰威士忌（Single Malt Scotch）

由苏格兰单一酒厂生产的大麦芽制成，通常或多或少带有泥煤味。单一麦芽苏格兰威士忌可能由不同年份的威士忌混合而成，在壶式蒸馏器（2009 年，法律规定单一麦芽苏格兰威士忌不得使用塔式蒸馏器）中二次蒸馏制成。混合酒的年份可能不同，因此，酒瓶上提及的任何酒龄指混合酒中最"年轻"者。单一麦芽苏格兰威士忌在二手波旁威士忌桶或雪利桶中陈酿，为期至少 3 年。2003 年，家豪（Cardhu）单一麦芽威士忌将标签改为调和麦芽苏格兰威士忌（Blended Malt Scotch，或称 Vatted Malt Scotch）后，以纯麦芽威士忌的名义重新发布，引发了一场争议。

调和麦芽苏格兰威士忌（Blended Malt Scotch，或称 Vatted Malt Scotch）

由不同酒厂的麦芽混合制成。"调和麦芽"和"纯麦芽"与混合麦芽的含义相同。苏格兰威士忌协会（Scotch Whisky Association, SWA）提议将此酒称为"调和麦芽苏格兰威士忌"，引发了误解，因为"调和"一词表示将谷物和麦芽相混合的初始过程，而非将不同酒厂的麦芽苏格兰威士忌相混合。

苏格兰谷物威士忌（Scotch Grain Whisky）

以小麦或玉米为原料，加入少量未发芽和已发芽的大麦。该酒采用塔式蒸馏器制成，须在橡木桶中熟成至少 3 年。

调和苏格兰威士忌（Blended Scotch Whisky）

由谷物威士忌和麦芽威士忌调和而成。每种威士忌的比例各不相同，可包含来自不同酒厂的多种麦芽威士忌。通常由风味浓郁的岛屿或高地威士忌与低地中性威士忌调和而成。市面上出售的大量苏格兰威士忌由尊尼获加（Johnnie Walker）、帝王（Dewar）和芝华士（Chivas Regal）等品牌的威士忌调和而成。

爱尔兰威士忌（Irish Whiskey）

由麦芽威士忌和谷物威士忌调和而成。爱尔兰人一般不使用泥煤，或仅少量使用。爱尔兰威士忌共蒸馏 3 次，在塔式蒸馏器和壶式蒸馏器中进行，在二手波旁或雪利酒桶中陈酿至少 3 年。须注意，爱尔兰和美国对橡木桶陈酿的谷物酒采用特殊拼写，在 whisky 的"k"和"y"之间加"e"（见第 3 章）。著名的爱尔兰威士忌品牌包括布什米尔（Bushmills）、杜拉摩（Tullamore）和尊美醇（Jameson）。精品酒厂在苏格兰和爱尔兰大量涌现，其区别已不易分辨。

苏格兰威士忌协会为苏格兰酒商、调配商和其他涉及苏格兰威士忌生产活动的利益相关方提供支持，亦推动苏格兰威士忌生产规则的制定，管控其标签上可使用的地区名称。2019 年，苏格兰威士忌协会编制了最新版技术文件（Technical File），阐明了苏格兰威士忌和非苏格兰威士忌的验证条件。该文件还定义了苏格兰威士忌的五个不同地理区域（地理标志，或称 GI），效仿了世界各地优质葡萄酒产区的惯例。不同地区的产物在风味上存在差异，不过，通常无法仅凭味道将某威士忌与特定地区相联系。高地是产区中最大的一个，将艾拉岛以外的所有岛屿囊括在内。也有人将奥克尼岛、赫布里底群岛、斯卡岛（Skye）、马尔岛（Mull）、朱拉岛（Jura）和阿伦岛（Arran）（不包括自成一区的艾拉岛）等岛屿划入其所属的高地次区域。低地区域从苏格兰南端边境向北延伸至东海岸的泰河口（Tay Estuary）和西海岸的克莱德河口（Clyde Estuary）之间。此外，还有三个相对较小的地区，分别为：艾拉岛，该地麦芽酒具有浓郁的泥煤风味；琴泰岬半岛（Kintyre Peninsula）边上的坎贝尔城（Campbeltown），该地麦芽酒具有辛辣、咸味的特有地区风格；斯佩河河谷沿岸的斯佩赛德地区。

低地：该地区只有 3 家酒厂在运营，分别为格兰昆奇、欧肯特轩（唯一保留三次蒸馏的酒厂）以及磐火，制成的苏格兰威士忌易入口，清淡，带有青草香与草本香，酒体温和。

高地：许多酒厂（如格兰杰、达尔维尼和阿德莫尔）都位于这一广阔的地理区域，该地地形、地质和植被复杂。高地威士忌通常口感清淡，带有果香和辛辣味。

艾拉岛：该岛有 9 家酒厂（包括布赫拉迪、拉弗格和阿德贝哥），以独特的烟熏、药草味及泥煤味闻名。

斯佩赛德：该地区拥有众多酒厂（可能占苏格兰所有酒厂的 50%—65%），包括麦卡伦、格兰菲迪和格兰花格。该地制造的苏格兰威士忌口味复杂、甜美、醇厚。

坎贝尔城：与艾拉岛相似，该地区的威士忌亦带有烟熏特征。该地共有 3 家酒厂（格兰吉尔、格兰帝和云顶）。250
年前，该地威士忌酒业一度十分辉煌，1759 年就有不少于
32 家酒厂。

所有烈酒中，威士忌在全球最为普及，具有远超其他烈酒的
地域和风格多样性。事实上，苏格兰可能从爱尔兰引进了威士忌
蒸馏技术（不过，有关苏格兰蒸馏技术的记载可追溯至 1495 年，
远早于爱尔兰），美国的威士忌行业可能也起源于爱尔兰。所有
其他地区的威士忌均源自苏格兰的威士忌传统。

起初，爱尔兰修道院出于药用目的蒸馏威士忌；后来，爱尔
兰人在北海峡对岸的苏格兰修建修道院，保留了这一做法。有人
认为，最早的蒸馏产物可能是果酒而非谷物酒。大麦爱尔兰威士
忌首见于 16 世纪中期的历史记录，早期的爱尔兰威士忌可能添
加了葡萄干和茴香籽等药草来调味。据称，伊丽莎白女王一世非
常喜欢爱尔兰威士忌，其间桶装威士忌定期供往伦敦。1661 年起
征收的消费税催生了非法的爱尔兰威士忌行业（poitin，也即爱尔
兰私酿酒业），但仍有大型合法酒厂在都柏林及科克、高威等主
要商业中心运营。18 世纪末，爱尔兰共有 2000 家合法酒厂；在
英国统治下，爱尔兰威士忌出口至不断扩张的大英帝国各地。19
世纪末，爱尔兰共有 400 多个威士忌品牌出口至美国。

禁酒令在美国实施后，爱尔兰威士忌最大的市场衰退，大量
酒厂破产。大萧条与二战进一步对酒厂造成影响。1966 年，爱尔

兰仅剩三家酒厂（鲍尔斯、尊美醇与科克），合并为爱尔兰蒸馏者公司（Irish Distillers Company，IDC）。1972 年，北爱尔兰的布什米尔也加入爱尔兰蒸馏者公司；1975 年，布什米尔在科克郡的米德勒顿（Midleton）附近开设了一家大型酒厂，关闭了旗下在爱尔兰共和国的其他酒厂。与苏格兰威士忌相比，爱尔兰威士忌往往果香浓郁、口感清淡、泥煤味更少。

18 世纪早期，经济困顿与宗教动荡致使大量苏格兰人、爱尔兰人移民前往北美等地，带去了蒸馏烈酒的技术和专业知识。起初，前往美国的大量移民定居宾夕法尼亚州、马里兰州和西弗吉尼亚州。道路设施不佳，很难将农产品运往东海岸的主要市场，因此农民开始将多余谷物蒸馏成威士忌并在当地及酒桶能运至的最远处销售。宾夕法尼亚州主要酿造黑麦威士忌，更远的西部和南部则盛产玉米威士忌。

180

1784 年美国独立战争结束，第一批商业酒厂已在西弗吉尼亚州运营起来（当时属于肯塔基州）。1794 年，联邦政府对酒商征收消费税，宾夕法尼亚州西部的酒商激烈反抗，上演了威士忌叛乱：该事件影响巨大，一些收税员甚至被杀害（见第 3 章及第 20 章）。威士忌叛乱后，来自坎伯兰岬口的迁徙者在肯塔基州和田纳西州找到可用于种植玉米的良田和用石灰石过滤的软水，随后开始蒸馏。

"波旁"（bourbon）一词可能源于肯塔基州东部的一个县，是 19 世纪初威士忌的生产中心，讽刺的是，该地如今已干洄。也有人认为这个名字来源于新奥尔良的波旁街（Bourbon Street），是肯塔基州威士忌的主要消费地。无论词源如何，波旁威士忌生产商在炭化的美国新制橡木桶中陈酿，采用了"酸麦芽浆"（sour mash）技术。该技术旨在保持一致性，在发酵缸中加入上次发酵的少量产物，作为下次发酵的"启动剂"。19世纪40年代，波旁威士忌营销定位为具有特色的美国威士忌，在东部各州广泛生产，不过，当时法律对威士忌的唯一地理要求是必须在美国生产。起初，波旁威士忌通过壶式蒸馏器生产；如今，一些精酿酒厂正重拾这一工序，但多数仍在连续蒸馏器中生产。

19世纪末，美国各州县的禁酒运动愈演愈烈。1919—1933年，美国实行了全国禁酒令。此举扰乱了烈酒的生产与陈酿，严重损害了酒业。人们转向非法私酿酒与质量存疑的加拿大产品，威士忌的消费行为仍在继续，但美国人的口味发生了变化——毕竟，现有产品的口味和酒体都比之前要轻。20世纪末，肯塔基州仅有10家酒厂，田纳西州仅有2家（包括杰克丹尼）。

如今，美国波旁威士忌的原料配比中至少须含51%的玉米，且必须在美国生产，以酒精体积百分比低于80%的状态蒸馏，并在炭化的美国新制橡木（白栎）桶中陈酿至少2年。此外，不能向酒水中添加任何调味剂或着色剂，否则生成的就是"调和"威士忌。田纳西州与肯塔基州生产的威士忌几乎完全相同，但田纳西州用糖枫木炭过滤产品（称为"林肯郡工艺"），由此获得的酒液顺滑醇厚。与苏格兰威士忌相比，美国威士忌通常更甜，烟熏味更淡，泥煤味也更少。宾夕法尼亚州和马里兰州仍在生产黑麦威士忌（原料配比中黑麦含量至少为 51%），但该地威士忌更浓烈、硬朗，意味着受禁酒令影响更大，威士忌生产几乎完全停顿。这种黑麦威士忌具有干燥、辛辣的胡椒味，至少需在桶中陈酿 4 年才能软化。

19 世纪初，塔式蒸馏器获批用于快速生产大量中性酒，人们开始生产调和美国威士忌。酒厂将波旁威士忌和黑麦威士忌与中性烈酒混合，创造出独有的调和酒，并扩大了纯威士忌的供应量。调和酒必须含有至少 20% 的纯威士忌，与波旁威士忌相比，口味通常较平淡，即便如此，调和酒在二战后仍大卖。

玉米威士忌是一种未经陈酿的烈酒，被看作波旁威士忌的前身。内战时期，美国开始征收消费税，大部分玉米威士忌采用私酿方式生产，并一直保持至今。要制出合格的玉米威士忌，原料中必须含有至少 80% 的玉米，蒸馏后酒精体积百分比至少为 80%。玉米威士忌的特殊之处在于无须陈酿就能充分发挥风味潜力，不过，该酒有时也会在木桶中短暂存放。纯玉米威士忌在全新或二手的未炭化木桶中陈酿 2 年或更久。

与 19 世纪早期前往美国的爱尔兰移民不同，该时期迁移至加拿大的多为苏格兰人，因此，加拿大威士忌保留了苏格兰的拼写传统。加拿大早期的酒商多从开磨坊起家，19 世纪 30 年代起用多余的黑麦和小麦进行蒸馏。加拿大工业一直受边境以南政治和文化变迁的强烈影响。加拿大威士忌在美国销量巨大，又在内战期间进一步扩张；不过，日后的禁酒令致使加拿大的大量合法酒厂倒闭。禁酒令结束后，萎靡的加拿大威士忌业形成与美国威士忌截然不同的自有风格，后因美国和加拿大对"调和"威士忌的不同定义而大受影响。尽管贴标混乱，但加拿大威士忌一直在美国大受欢迎。事实上，从内战到 21 世纪初，加拿大威士忌在美国的销量要高于波旁威士忌。

在美国，调和威士忌须含至少 20% 的纯威士忌，其余内容可以是中性酒精、调味剂和焦糖。这也就意味着调和威士忌的市场声誉要次一等，通常价格也低于波旁威士忌。加拿大威士忌几乎总在混合物中使用具有突出特征的黑麦，增加了辛辣的胡椒味；不过，加拿大威士忌也使用较温和的玉米、小麦和大麦进行蒸馏。加拿大酒商与美国酒商的做法大相径庭，先将每种谷物分别酿成酒，再进行调和。通过该技术，加拿大酒商能在极大程度上控制成品威士忌的风味，并决定不同谷物烈酒的使用比例。加拿大甚至允许添加高达 9% 的另一种成品酒，如雪利酒。加拿大威士忌通常在二手橡木桶中陈酿至少 3 年，与苏格兰威士忌的陈酿方式基本相同。

日本威士忌起源于清酒商之子竹鹤政孝（Masataka Taketsuru），他曾于 1918 年访问苏格兰。竹鹤政孝在格拉斯哥大学学习了两年化学，并在苏格兰高地的哈索本（Hazelburn）和朗摩（Longmorn）酒厂工作过；1920 年，竹鹤政孝携苏格兰新娘和改变日本酒业的决心返回日本。20 世纪 20 年代，日本是苏格兰威士忌的主要消费市场。1923 年，鸟井信治郎在以纯净水闻名的京都山崎创办了威士忌酒厂"寿屋"（Kotobukiya），并聘请竹鹤政孝根据苏格兰配方生产大麦芽和谷物威士忌，部分产品甚至采用了苏格兰泥煤，在当地很受欢迎。后来，鸟井信治郎创办了三得利公司，竹鹤政孝则在 1934 年成立了余市（Nikka）酒厂。日本威士忌最初采用苏格兰配方，后来逐渐形成了自己的风格，注重口味的纯正。日本威士忌的熟成采用芳香型日本橡木蒙古栎（见第 6 章）。

澳大利亚拥有悠久的威士忌生产和消费历史。直到 20 世纪 30 年代晚期，澳大利亚一直是苏格兰最大的威士忌出口市场；1791 年，即首批移民抵达悉尼 3 年后，澳大利亚开始生产威士忌。19 世纪中叶至 20 世纪中叶，维多利亚州成为澳大利亚主要的威士忌生产州；19 世纪末，墨尔本开设的联邦酒厂（Federal Distilleries）年产约 400 万升威士忌。20 世纪初，部分苏格兰和英国制酒公司在澳大利亚成立了酒厂，旨在生产年限较短的廉价威士忌，与价格较高的进口苏格兰威士忌一较高下。20 世纪 60 年代，进口关税取消，当地酒厂生产的威士忌无法与突然降价但品质更高的苏格兰进口威士忌竞争，因而崩溃。

现代澳大利亚的精酿威士忌行业由澳大利亚南半部的小型酒厂组成，主要分布在从西澳大利亚州最西南部的莱恩伯纳斯（Limeburners）到昆士兰州东南部的格兰城堡（Castle Glen）。不过，澳大利亚的威士忌行业中心为塔斯马尼亚州的离岸市场。

据称，塔斯马尼亚的比尔·拉克（Bill Lark）和林·拉克

（Lyn Lark）在 20 世纪 90 年代开启了澳大利亚威士忌的当代大业，当时，两人游说政府将法定蒸馏器的最小容积从 2700 升降至工匠更易操作的容积。当前，澳大利亚酒商正处于广阔的实验阶段，采用各类谷物和当地的泥煤生产苏格兰和爱尔兰风格的威士忌，为麦芽制品增添了截然不同的调和风味。拉克与哈雷大道（Hellyers Road）等早期生产商最早从当地啤酒厂购买酒醪，如今，人们从塔斯马尼亚当地的一家麦芽厂购买发芽大麦。采用二手波旁酒桶和西班牙雪利酒桶进行陈酿，或从澳大利亚规模很大的加强型葡萄酒行业采购酒桶。事实上，用于威士忌熟成的加强型旧桶供不应求，只因威士忌比加强型葡萄酒更受欢迎。

塔斯马尼亚的威士忌行业目前正经历无与伦比的成功，在评论界的好评推动下，国内销售和出口蓬勃发展。塔斯马尼亚威士忌曾获诸多奖项，其中，苏利文湾法国橡木单桶陈酿威士忌（Sullivans Cove French Oak Single Cask）在 2014 年的世界威士忌奖评选（World Whiskies Awards）中被评为世界最佳单一麦芽威士忌。行业的成功使得人们不得不提前销售保税仓中陈酿的存货，却也是甜蜜的负担。

当地生产商确信，塔斯马尼亚的气候与其威士忌的高品质密不可分。当地气温的日变化、年变化与苏格兰截然不同。塔斯马尼亚比苏格兰更接近赤道，平均温度更高。不过，到了冬季，冷锋会从南极洲席卷而来，塔斯马尼亚州陷入极寒；而到了夏季，在高压系统带动下，闷热的空气会从大陆的沙漠吹过狭窄的巴斯海峡。塔斯马尼亚的夏季温度可高达 40 摄氏度，且 24 小时内的温度变化可达两位数。此地的气温变化比苏格兰的橡木桶屋中要

184

大得多，意味着橡木桶"呼吸"得更多，也更频繁。木桶受热膨胀时，威士忌会渗入木材深处，去除辛辣味，吸收橡木桶中的香草及之前酒液的柔滑味道，之前的酒液也许是波旁威士忌、雪利酒或波特酒。冷却后木桶收缩，酒液被木材"逼"出。因此，塔斯马尼亚酒桶中的酒在五六年内会软化，并尽可能大量吸收味道；同样的过程，苏格兰酒桶则需 10—18 年。

品尝苏格兰威士忌，最简单的方法即在室温下直接饮用，这也是酒厂推荐的饮用方法。然而，多数饮酒者通常不会如此，只因浓烈的味道和高酒精含量（至少 40% 的酒精体积百分比，桶强则更高）令人生畏。威士忌爱好者通常只加几滴水来"醒酒"，或者加入冰块和苏打水。不过，冰块会令味蕾迟钝，且会过分稀释烈酒，因此要注意添加量。威士忌是调制许多鸡尾酒的基酒，包括由波旁威士忌、柠檬汁、糖浆、苦味酒和蛋白调制成的威士忌酸鸡尾酒（Whiskey Sour），以及由黑麦威士忌、苦艾酒、苦味酒和樱桃调制成的曼哈顿鸡尾酒。古典鸡尾酒（Old Fashioned）由波旁威士忌、橙皮、方糖、苦味酒和少许苏打水调制而成。

鉴赏家采用各类专用玻璃杯品尝威士忌，不过，品酒杯最重要的特征当数酒液上方碗的形状与大小，因其可容纳并集中酒的香气。市面上常见的威士忌玻璃杯为大个的开口杯，较为沉重，实际不适用于此目的。在蒂姆的酒厂，我们通常用小葡萄酒杯品尝威士忌，适于品尝威士忌的酒杯形状大致类似。威士忌的气味对口感十分重要，毕竟，人类的大部分"味觉"都来自嗅觉（见

第 8 章）。嗅闻威士忌前，应检查其颜色、透明度和黏度。威士忌的颜色可暗示其年份（通常颜色越深年份越久）及使用的酒桶种类（苏格兰威士忌允许使用人造焦糖色素，因此可能误判）。酒精体积百分比低于 46% 时，可采用冷凝过滤提升其透明度。不过，未经过滤的贵重威士忌加水稀释后会变浑浊。最后，酒脚[1]越多，说明其酒精含量越高和 / 或年份越久。

185

啊，威士忌的香气！香气有多种来源，如使用的谷物种类、发芽过程、发酵和蒸馏过程，当然还有用于陈酿的木桶种类及木桶历史。鼻子靠近酒杯顶部，慢慢地、久久地嗅闻。莫像对待葡萄酒一般旋转酒杯，若是这么做了，新手身份就暴露了。可将手中酒杯放到几乎水平的位置（注意不要打翻），看看闻到的香气是否会发生改变，通常是会的。威士忌涵盖了从花香到果香、麦芽香、辛辣香、木香和烟熏香等各类香气。人类是高度视觉化的动物，嗅觉深埋于大脑（见第 8 章）。品尝威士忌时，人们总是试图进入思维高度集中的空间，让芳香的体验冲刷大脑深处，杜绝外部影响侵入。

描述威士忌的香气时，很难不采用某种简单的比喻和隐喻，如"相当辛辣，有草本香，底调为烟熏味和雪松味"。不过，若不用"橙色"这个词，也不在色板上指出橙色，该如何向别人解释橙色呢？人类大部分的感官沟通，均须习得此种惯例方能进行。威士忌也是如此，许多惯例来自与好友共品各类威士忌的经验。这里就用到蒂姆针对味觉的恐龙形状比喻了。威士忌入口是

1　酒脚指轻摇酒杯后，酒液在酒杯内壁形成的一层薄薄的液体膜。

否顺滑，优雅地流经舌面，随后平静地流至口腔后部？在这个过程中，威士忌的香气和味道是和谐地取悦了大脑，还是令大脑感到困惑？不必难为情，我们都知道自己喜欢什么。毕竟，威士忌是一款用于分享和交流的酒水，而与谁在何地分享才是品尝威士忌最重要的元素。您可在爱丁堡的地窖中用球状玻璃瓶品尝昂贵的苏格兰威士忌，也可在篝火旁用搪瓷杯和好朋友共饮。无论怎样饮用，您手中的都是世界上最好的威士忌。

13

金酒（与荷兰杜松子酒）

伊恩·塔特索尔（Ian Tattersall）

　　面前的酒瓶"捉住"了我们的视线。这酒瓶棱角分明，装
有用世上最独特、最具当地植被特色的植物调味的金酒，这种植
物就是南非西开普省的凡波斯（fynbos）。这款金酒以中性甘蔗
酒为基酒，通过蒸汽浸泡方式在用柴火加热的蒸馏器中制成。嗅
之，熟悉的松柏香迎面而来，随之被浓郁而完全陌生的花香充
盈。品之，花香占据了味蕾，亦有柑橘味、药草味和一丝甘草
味，融于出乎意料的绵密口感中。令人惊讶的是，加入少量柠檬

皮，各种感觉似乎被"压平"了一些。加些橙皮应更佳，不过，我们并不确定是否真的想要将金酒与任何物质相混合，但加一点奎宁水应是无妨。这款不寻常的金酒散发出微妙香气，对于能享受熟悉又充斥着异国情调的香味层次的品酒客来说，不失为一种理想的选择。

"母亲的毁灭"（Mother's Ruin）、"荷兰勇气"（Dutch Courage）、"婴儿的蹒跚"（Babyshambles）……这些都是金酒的绰号；可见，作为当今市面上最复杂的烈酒之一，金酒的名号并不总是那么"光辉"。不过，金酒如今被广泛定义为通过蒸馏谷物麦芽浆制成的烈酒，用杜松子和其他植物调味，似乎最初是作为患病公民的滋补品问世。据公元前 1550 年的埃及莎草纸记载，杜松子可治疗黄疸，而在 1 世纪，小普林尼推荐人们使用杜松子治疗从胃肠胀气到咳嗽等一系列疾病。佛兰德诗人雅各布·范·马尔兰特（Jacob van Maerlant）在配有插图的《自然之花》（*Der Naturen Bloeme*）（1269）中收录了已知最早用葡萄酒烹饪杜松子的食谱，显然用于医学目的。几个世纪后，《烧酒制法》（*Gebrande Wyn te Maken*）（1495 年前后）一书中出现了迄今首份将杜松子浸泡在蒸馏基酒中的说明，是现存伦敦大英图书馆中的荷兰医学手稿之一。

"Gebrande Wyn"（Gebrande 意为"烧焦的"）是英语中"白兰地"（brandy）一词的来源。1495 年的佚名配方称须将肉豆蔻、肉桂和小豆蔻等各类异国香料（当时这类材料成本极高）及鼠尾草和杜松子等常见的当地成分注入葡萄酒馏出物，这种特殊调制方式的产物就是金酒的前身。一个世纪后，荷兰将谷物而非葡萄确定为蒸馏烈酒的标准原料。这些烈酒包括以杜松子命名的荷兰杜松子酒。很快，荷兰杜松子酒更多用于娱乐，医疗用途渐渐式微。金酒在治疗瘟疫方面的效果不尽如人意，但用其调味的饮料却对鼓舞士气有奇效。自然，当局很快注意到这一有利可图的公共娱乐新来源，阿姆斯特丹市 1497 年即开始对烈酒征税。尽管烈酒成本增加了，一个世纪后，酒厂仍在荷兰遍地开花。

188

在低地国家，谷物酒很早就作为休闲饮料受到欢迎，主要原因是该地区正进入小冰河时期，该气候现象一直持续至 19 世纪。当地葡萄酒业本可与谷物酒业竞争，但当地气候太冷，无法种植葡萄，因此葡萄酒业永远无法真正发展起来。谷物烈酒的魅力很快传播至北海对岸的英国。大多数英国人饮用淡而无味的"小啤酒"（对麦芽浆进行第二道甚至第三道过滤制成），用以替代当地常被污染的净水，但英国人在战争期间发现了谷物烈酒的存在。在占 17 世纪上半叶大部分时间的可怕的三十年战争（Thirty Years' War）中，大批英国士兵在荷兰和欧洲别处的血腥战场上寻找名为"荷兰勇气"的烈酒；战后，许多幸存者将对该酒的热忱带回了英国。这款新酒首先兴盛于英格兰南部的港口城市；得益于其药用声誉，"荷兰勇气"很快得到伦敦等地饮酒者的喜爱。

英国人篡改了杜松子酒（genever）的荷兰语名称，由此产生了一代"金松子酒"（ginever）消费者；很快，人们又将之简称为"金酒"（gin）。该简称首次见于印刷品似是在 1714 年伯纳德·曼德维尔（Bernard Mandeville）的《蜜蜂的寓言；或者私人的恶德，公共的利益》（*The Fable of the Bees; or, Private Vices, Publick Benefits*）中。曼德维尔是一名荷兰裔道德家、哲学家，将金酒暗指为"被人厌恶的酒水"。考虑到日后之事，此言似是很有先见之明，不过，因对金酒的反对态度，曼德维尔成为时人眼中的"扫兴之人"。

曼德维尔写书的 25 年前，天主教国王詹姆斯二世逃往法国后，荷兰的奥兰治威廉王子（Dutch Prince William of Orange）与妻子玛丽（詹姆斯的新教女儿）登上英国王位。威廉带到伦敦的，不仅有其荷兰式的嗜酒习惯，还有对喜饮葡萄酒、白兰地的法国人的厌恶之情。一时间，荷兰杜松子酒跻身皇家首选饮品。1690 年，议会通过了《鼓励用玉米蒸馏白兰地及烈酒法案》（Act for Encouraging the Distilling of Brandy and Spirits from Corn），允许几乎所有在英人士酿酒。法国葡萄酒因封锁与重税受到抑制，因此，该法案旨在为法国葡萄酒提供更多替代品；与此同时，英国烈酒也须缴纳适度关税，为针对法国的敌对行动提供资金支持。饮用荷兰杜松子酒 / 金酒变身为彻头彻尾的爱国行为，也是新教徒应做之事。

随着政治、经济的发展，不难预料 17 世纪末，进口的与本地产的金酒成为英国的首选烈酒。麦芽味浓郁的荷兰杜松子酒通常为经济圈的上层人士所消费，而在低端市场，更干涩且通常更粗糙的本地产品更受青睐。金酒不仅可用当地的免税原料制成，还可用廉价的劣质原料制成，因此，这是一个消费偏好问题。最重要的是，有的大麦品质不足以酿制啤酒，却可成本较低地通过蒸馏制成谷物烈酒，再用杜松子（甚至松节油）调味，掩盖口感上的缺陷。1694 年的《吨位法案》（Tonnage Act）针对啤酒征收重税，因此，廉价的金酒也许并不总是味美的，但通常比啤酒便宜，至少能花小钱办"大事"。

尽管如此，金酒在当时并非完全不受管制。英国 1690 年通过了《蒸馏法案》（Distilling Act），然而在长达半个世纪内，英国蒸馏酒同业公会（Worshipful Company of Distillers）仍对以伦敦为中心半径 21 英里范围内的一次蒸馏享有垄断权。这意味着该公会控制着英国利润最丰厚的烈酒市场，向当地调配商提供基本的谷物馏出物，调配商又进行调味，形成终产品并分销。1702年威廉去世，玛丽嗜酒的姐妹安妮即位；奇怪的是，英国在这之后才解除了对谷物蒸馏的全面管制。玛丽政府收回了蒸馏酒同业公会的垄断权，很快放宽了最后的限制，允许所有人蒸馏用于销售的产品，只要公开张贴 10 天通知即可。一如往常，意外再次发生。蒸馏酒同业公会也许曾垄断行业，但保持了对基酒蒸馏的较高标准；蒸馏酒同业公会不再施行监管后，伦敦酒厂数量激增，产品质量也因此一落千丈。

尽管如此，18 世纪上半叶，金酒在英国仍蓬勃发展，特别是在拥挤的首都——那里到处是急于忘却烦恼的穷人。每个人都参与了蓬勃的金酒大业：据估计，除商业酒厂外，另有多达 1500家家庭酒厂为当地的金酒循环做出了贡献。因此，金酒商铺（酒吧及零售店）如雨后春笋般涌现，掀起了"金酒热潮"，从 1720年一直持续至 1751 年。

通常，政府对任何社会现象"宣战"都会导致糟糕后果，但英国政府试图取缔金酒热潮的做法无可指摘。时人消耗的金酒数量不明，但在今天看来仍然惊人。据估计，1700 年，英国人每年平均饮用 1.5 夸脱[1]金酒。1720 年，金酒热潮正式兴起，地方法官口中"下等人"的金酒消耗量翻了一番，达到了 3 夸脱；9 年后，这一数字增长至 6 夸脱左右；到 1743 年又上升至 10 夸脱。一年 10 夸脱（实际是估计范围的下限），平均到每月还不到 1 夸脱，听上去并不多（按饮酒人口计算，约每人每天 1 盎司[2]）；然而，不管实际消耗量多少，这些数字显然已足以令贫穷阶层真正失控。在该时期，一些酒厂开始在谷物基酒中添加硫酸。硫酸本身无法蒸馏，但能让馏出物增加二乙基醚的香气。由此产生的酒水更甜，也许更好喝，且据称致醉效果更强。

为遏制醉酒潮，政府采取了一系列愈加"歇斯底里"的手段。1729 年起，议会接连通过了几部旨在减少金酒消费、监管金酒商铺活动的《金酒法案》（Gin Acts）。在法案压迫下，酒厂被迫转入地下，零售商不得不在潮湿的后巷交易。1736 年出台的《第三金酒法案》（Third Gin Act）尤其严酷，面向零售商和消费者征收极高税额，引发了大型骚乱。为此，政府 1743 年再次降低烈酒税，而政府无力支付施行法案所依赖的线人的费用了。税额降低后，执法更加容易，金酒的消耗量也确实开始下降。但这还不够，1747 年，议会认为有必要重新修补法案，便适度提高了烈酒关税，降低了啤酒的税额，进而改变了两种酒水间的经济平衡。最终，1751 年的《第八金酒法案》（Eighth Gin Act）提高了当地生产烈酒的税额，也提高了获准销售烈酒场所的最低租金。

1　夸脱是一种容量单位，主要应用于英国、美国及爱尔兰。1 英制夸脱等于 1.1365 升，即 0.001136 立方米。

2　盎司是一种英美制重量单位，1 盎司等于 1/16 磅，合 28.3495 克。

看上去，似乎是租金而非其他因素扼杀了后街的酒商。

金酒热潮的最后一年，即 1751 年，威廉·霍加斯（William Hogarth）出版了两幅版画（图 13.1），成为金酒时代的永恒标志。霍加斯创作版画纯粹是为宣传针对烈酒的道德讨伐。两幅作品的背景均为伦敦的无产阶级地区，然而，《啤酒街》（*Beer Street*）中呈现的是衣着整洁的富有工人，正亨用英国传统平民爱喝的起泡啤酒，以作为辛勤劳动的嘉奖。在该场景中，唯一的"痛苦"景象是一家木板封住的当铺，因惧怕法警，贫穷的店主从门洞中接过了啤酒。"在这里，"霍加斯写道，"勤奋和快乐齐头并进。"

另一幅版画《金酒巷》（*Gin Lane*）则大为不同，展示了伦敦穷人对外国脏酒的极度沉迷。画中，衣衫不整的母亲双腿上长满了疮，丝毫不顾已翻过栏杆的孩子，孩子大概已死了。在她左侧，瘦骨嶙峋的士兵显然已奄奄一息，手里还抓着个篮子，装着一个空酒瓶和写着题为《莫再饮金酒》（*The Downfall of Mrs Gin*）的诗的本子。两人身后，因酒而狂的可怜人典当了最珍贵的财产，一个男人正与狗抢夺一块干骨头，孤女们在金酒桶四周徘徊，殡仪馆老板则在争吵的人群中辛勤工作。正如霍加斯所说，"为了让［金酒］出局，我们建议饮用［啤酒］这种提神酒"。作为典型的英国酒，啤酒被视为繁荣和社会秩序的代名词，而邪恶的荷兰烈酒则与贫困、暴力、疾病、饥饿和道德沦丧等所有可能的社会弊病相关联。

最终，1751 年的两项措施彻底终结了后街的金酒商铺，将生意留给了名声更佳的零售商。多种因素多管齐下，终于为金酒热潮画上了句号。当中最重要的因素，也许是庄稼屡次歉收抬高了

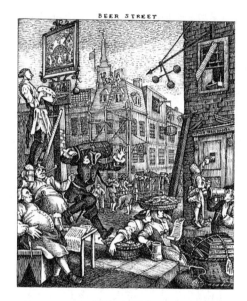

图 13.1 威廉·霍加斯 1751 年的版画作品《啤酒街》（上）和《金酒巷》（下）。

酿造金酒的谷物的价格，最终促使政府在 1757 年暂时禁止用国内谷物蒸馏造酒；直到 1760 年粮食丰收，该禁令才被取消。与此同时，经济衰退减少了金酒消费阶层的可支配收入，生产技术的进步又使得更"道德"的啤酒更具市场竞争力。综上，英国金酒走向终结。1794 年，伦敦仍活跃着约 40 家麦芽酒厂、调配厂及精馏厂。然而，此时的消费者变得更为挑剔，调配商转而采用苏格兰的谷物烈酒，如今，苏格兰仍是英国金酒的大规模生产中心。

传统的荷兰杜松子酒就是将小麦、黑麦、大麦依次加入麦芽浆中，制成的高度麦芽酒（见第 4 章）。将初次烹煮的麦芽浆冷却，随后进行发酵，通常采用烘焙酵母，由此生成了"低度酒"；再用壶式蒸馏器蒸馏（见第 12 章），通常须蒸馏三道，产生的酒精体积百分比最高 70% 左右；随后加入杜松子及其他植物成分并进一步蒸馏，以此对终产品进行精馏。该法于 18 世纪初传入英国，但如我们所知，金酒热潮时期，英国金酒的生产呈现"走捷径"和基本原料质量下降的趋势。18 世纪下半叶，考究的英国酒客再次选择了更为昂贵的荷兰酒，本地金酒则流向贫困的工人阶级。

至少在某种程度上，可断言两个因素共同导致了这一局面。第一个因素是金酒相对啤酒的价格。19 世纪 20 年代早期，议会决定再次大幅降低关税，以鼓励国内制造金酒；1825—1826 年，金酒产量翻了一番。金酒的价格再次低于啤酒，在金酒饮用地区激发了新的需求。金酒宫殿（Gin Palace）旨在与新获许可出售啤酒的公共酒馆竞争，为顾客提供奢华的氛围和廉价的酒水。1828 年，首座金酒宫殿在伦敦霍尔本（恰巧离圣吉尔斯贫民窟，即霍

加斯的《金酒巷》的背景不远）开业。金酒宫殿内部有明亮的煤
气灯照明，设有一个长条吧台、大量镜子、抛光的黄铜制品及桃
花心木镶板。此后，又有大量与此类似的精致酒馆出现。10年间，
仅伦敦就出现了约5000座金酒宫殿，座座都十分宏伟，但扮演
的角色与80年前灰暗的金酒店铺大致相同。最终，政府认识到
自己的错误，取消了啤酒税。对价格敏感的顾客重返酒馆；19世
纪中叶，金酒宫殿已逐渐从人们记忆中淡去。

上述种种，均是因为金酒在英国仍是一种无产阶级饮料，与
啤酒形成了竞争关系。不过，人们正努力改善金酒的口味和体
验。约1819年起，精馏俱乐部（Rectifiers' Club）定期举行会
议，推选更优的蒸馏方法，尤其注重提高金酒所需的基酒质量。
很快，这些目标就通过技术变革得以实现，金酒的生产方式彻底
改变。1828年，即首座金酒宫殿开业元年起，苏格兰法夫卡梅隆
桥酒厂（Cameron Bridge Grain Distillery）安装了第一台连续蒸馏
器，这一举措遭遇了技术和资金方面的困难，但仅仅两年后，埃
涅阿斯·科菲的双塔连续蒸馏器就取得了专利，并被酒厂广泛采
用。不过，在科菲的家乡爱尔兰，威士忌酒厂并未采用这一装
置。用连续蒸馏器生产的中性谷物酒酒精体积百分比约为96%，
是生产金酒的理想基酒。

这一技术飞跃在金酒历史上留下不可磨灭的印记。金酒制造
者终于可用植物成分打造理想风味，而不仅仅用其掩盖基酒的粗
糙特质，可谓史无前例。由此制成的金酒更轻盈、更复杂、更均

衡，并能更精准地呈现酒商想要的效果。很快，连续蒸馏技术成为金酒谷物基酒的"标配"，铜制蒸馏器仍用于精馏终产品。

自 19 世纪 30 年代起，连续蒸馏器为金酒酿造者提供了相对空白的画纸，后者可在此基础上尽情发挥，修炼为中性馏出物调味的艺术。馏出物的主要来源虽仍是谷物，但馏出物来源包罗万象，甜菜糖蜜、马铃薯甚至葡萄制成的中性烈酒均可使用，由此产生的每种烈酒几乎均为中性，但仍有各自的特点。同早期一样，从植物成分中提取风味的最常用方法仍为"浸泡和煮沸"，该方法通常将基酒的酒精体积百分比稀释至 50%，再将植物混合物浸泡其中。浸泡可于最终蒸馏几天前开始，也可在关闭壶式蒸馏器前加入植物成分。随后，如第 5 章所述，将混合液加热至高于乙醇沸点、低于水沸点的温度，使乙醇和所需的植物提取物蒸发并上升通过冷凝器，最终形成液体。为防混入杂质，蒸馏者通常会丢弃最先出现的"酒头"和最后出现的"酒尾"。不过，金酒的蒸馏原料为酒精含量较高的中性烈酒，因此不像威士忌，无须过分担心终产品中存在不需要的化合物。

直接浸泡的替代法为"蒸汽灌注"（vapor infusion）。应用该技术时，将植物成分置于容器中（在容器中分层放置），容器悬浮在锅中的谷物酒上方，如此，酒精中升起的热蒸汽须先经过容器方能进入冷凝器。支持浸泡法者称，蒸汽灌注法无法提取出植物中的所有芳香成分，蒸汽灌注法的拥趸则称灌注出的产品更轻盈，口感也更清新。有时，金酒酿造者还会尝试将浸泡法和蒸汽法完美结合，在浸泡部分植物成分的同时让蒸汽通过另一部分。事实上，各类组合都可尝试，既可将植物成分浸泡煮沸，也可单

194

独施行蒸汽法，随后再将各方法相组合。具体采用哪种方法须要权衡。一些人认为，将各方法相组合会使植物成分释放的分子间的关键相互作用消失，但也有人支持组合法，称如此保存的风味更"原汁原味"。仅限于小批量生产的真空蒸馏法也存在类似争议，该方法在真空中对植物成分进行浸泡和煮沸，使酒精在较低温度下蒸发。支持者们坚称，用此法创造的风味更鲜活。不过，金酒的生产过程存在诸多变数，因此，外界难以做出评判。

精酿酒厂与大型金酒生产商在工序上存在一大区别，即小酒厂倾向于使用"单次"法进行精馏，如此，每次新酿金酒时都可对配方进行调整，使其更精准；大型生产商则通常在灌注过程中增加植物成分相对于烈酒的比例，再加入更多烈酒，将终产物稀释至要求比例。这种"多次法"节约了宝贵的蒸馏时间，且据称可更精确地施行每种金酒的特定植物配比方案。当然了，精酿派并不同意这一说法。此外，"多次法"唯一的验证标准即是个人口感，可谓见仁见智。蒸馏过程完成后，制酒工作通常就告一段落了；然而，金酒的酿造和品尝复杂得令人惊讶。多数金酒会立即装瓶，仅有极少数会经过陈酿（见第 6 章）。观赏到的金酒颜色也许是陈酿的结果，但更有可能是植物成分在"作祟"。

人们认为基酒的纯度不存在问题，这样，品鉴金酒的关键就是植物成分，即赋予金酒风味的植物精华了。当前，金酒制造商共使用数百种植物成分，但唯一必不可少的成分是芳香辛辣的杜松梅。杜松梅是杜松子（Juniperus communis）的雌性种实，杜松子是一种针叶灌木或树木，广泛分布于北半球，不过，金酒采用的杜松子大多来自托斯卡纳或马其顿。每颗浆果含有数个相融合的鳞片，鳞片中含种子，种子中又含有大量各异的单萜烃分子（monoterpene hydrocarbon molecule，如 α- 蒎烯，是经典的"松树林"气味的来源），赋予杜松子一系列令人惊叹的芳香。杜松子香气很受烹饪界重视，应用范围也远不限于金酒，涵盖了从薰衣草、柑橘到石楠花、樟脑，再到松节油和树脂的各种香型。杜松子分子不仅赋予了金酒风味，还赋予其口感和持久度等难估量的维度。换言之，杜松子是金酒真正的支柱性元素。

现代金酒可能含有二三十种不同的植物成分，成分间相互组合，碰撞出令人愉悦的效果。除杜松子外，金酒制造商最中意的原料当数香菜籽，产自摩洛哥的最优。香菜籽含有芳樟醇（linalool），是由多种植物产生的萜烯醇（terpene alcohol），用途十分广泛。作为金酒的调味料，芳樟醇可释放出柑橘和柠檬草的芳香，基调为草本气息。若想让金酒有柑橘香，也可采用橙子、柠檬和葡萄柚（通常产自西班牙南部）果皮等更常见的原料，或采用东亚产的柚子等"舶来品"。金酒的另一大受欢迎草本原料为风干的白芷根，白芷（angelica）是胡萝卜的欧洲"远亲"，可为金酒注入木头、泥土的色调，甚至绿色的草本气息。白芷还可与其他植物混合，因此备受金酒商青睐。另一易与其他植物成分相结合的是托斯卡纳的苦鸢尾根，有香气，具备泥土特质。桂皮和肉桂都是热带树皮，可为金酒注入异国情调和极具特色的香气。

制造金酒的植物成分不胜枚举，但数目并非无穷。每种金酒都有其特有的植物成分组合。此外，金酒生产地渐渐向遥远地带

196

扩展，当地特有的植物成分也不断被挖掘尝试，本章开头介绍的南非因弗罗什经典（South African Inverroche Classic）就是一个佳例，这款金酒中的多数非传统植物成分，均选自酒厂周边独特而极具本土特色的凡波斯植物，共有一二十种。南非的金酒品牌"大象"（Indlovu）甚至将干象粪作为原材料，为产品注入"非洲丛林的质感与风味"。至于象粪能否称作"植物"，这既是一个哲学问题，又是一个分类学问题。

尽管古代就有了烧酒（gebrande wyn），但大量使用植物成分仍是最近才有的现象。在传统的荷兰杜松子酒时代，人们通常只使用少量不同的植物成分，整个 19 世纪几乎都是如此。然而，金酒仍不断发展，到 19 世纪末，金酒与世纪初的样子已截然不同。比如，19 世纪 30 年代，英国金酒宫殿的口味向"老汤姆"风格转变（老汤姆可能是 Boord 酒厂的首席蒸馏师），添加了蔗糖作为甜味剂。然而，人们渐渐感受到塔式蒸馏的益处，口味又随之改变，开始青睐不添加甜味剂的风格，当今市面上众多的伦敦干金酒（London Dry）就是绝佳代表。

在同期的美国，19 世纪中叶，进口的荷兰杜松子酒因时髦混合酒的问世一炮而红，混合酒的问世又得益于冰块供应量的增加和鸡尾酒调酒器的出现。不久后颁布的禁酒令也在美国激发了金酒热潮，包括浴缸金酒等。当时，任何金酒或烈酒都炙手可热。与此同时，为躲避禁酒令，一些美国人前往欧洲，将对鸡尾酒的喜爱也一并带至当地，为干马天尼散布起"福音"（见第 22 章）。随后，金酒的克星伏特加问世，也是金酒首个真正意义上的谷物烈酒竞争者。

🥃🥃🍸

20世纪50年代前，中性烈酒伏特加（见第10章）几乎可用任何原材料制成。伏特加是一种严格的地区性烈酒，仅限于俄国、波兰和邻近地区。然而，二战后伏特加在大西洋两岸大举营销，尤以新兴的大型酒业集团为甚。伏特加被大力宣传为比金酒更具可塑性的调酒原料，宣传也确实奏效了：20世纪60年代中期，伏特加的销量超过了竞争对手金酒，人们渐渐将后者视为陈旧老套之选。若想与伏特加抗衡，金酒就必须展现出"纯洁""干净"的形象，而这恰与金酒的特质背道而驰。

伏特加的这种宣传方式不过是巧妙的营销与包装，而非推出了可与金酒抗衡的有趣产品，因此，反噬是无可避免的。1986年，坐拥哥顿（Gordon）、添加利（Tanqueray）和孟买干金酒（Bombay Dry Gin）等尊贵品牌的国际酿酒集团（International Distillers and Vintners，IDV）推出了孟买蓝宝石金酒（Bombay Sapphire），这是一种透明的金酒，装在醒目的蓝色酒瓶中。随后，国际酿酒集团发起了声势浩大的营销活动，新品大获成功。不久后，国际酿酒集团将哥顿伦敦干金酒的酒精体积百分比从传统的40%降至37.5%，节省下的税收再用于市场营销，振兴了这一尊贵的品牌。

随着金酒销量上升，人们看到了其中的各种可能性。英国法律为蒸馏器设定了高标准的最小尺寸，从而有利于大型酒商；2008年，小型生产商大通酒厂（Chase）和希普史密斯（Sipsmith）成功挑战了这一限制。很快，啤酒制造商阿德纳姆斯（Adnams）说服议会推翻了一条不允许啤酒商参与蒸馏的法律。

归功于这些变化，英国酒厂从 2010 年的 23 家增加到 2019 年的 166 家，多数是制造金酒的小规模生产商，它们营销预算有限，以产品的质量与特色取胜。这一策略的成功令销售额飙升，也打开了全国酒馆与酒吧的市场，在这些场所，金汤力[1]不仅成为主要的混合饮料，亦有大量金酒与奎宁水品牌供挑选。税收成为主要的障碍，按照酒厂贸易组织的说法，英国酒业近来与未来可预期的关税上涨"将扼杀曾推动金酒复兴的新兴企业的发展"。

在大西洋彼岸甚至世界各地，形势大致相同。具有创新思维的酒商都在为金酒重新思考战略。一些美国酒商甚至对杜松子的角色提出疑问："新西方"（New Western）等品牌推出了杜松子含量较少的金酒"飞行"（Aviation），被老派酒客贬低为"苦艾 – 金酒"（ver-gins）。也许，这一描述更适合英国的希蒂力等无酒精"金酒"：这种酒完全不含杜松子成分，而是采用了其他据说可催生酒精的植物成分。缺少杜松子成分，意味着希蒂力的瓶装"三部曲"并非严格意义上"不含酒精的金酒"，但意图将希蒂力归入金酒家族。品尝它们后，我们十分怀念杜松子和酒精的口感，希蒂力产品显然尚未"发育"完全，当前最好还是用作调酒原料。

显然，当今金酒世界的底线，就是一切皆有可能。有的酒客不仅仅钟情酒精，而是希望能在鸡尾酒及基酒中看到精心调制的努力和独具风味的效果，这些人才是金酒真正的拥趸。也许年轻的酒客正大致上远离一切含酒精的饮料，但金酒具有独特的口感，预示着这一丰富、宜人的烈酒仍有光明未来。当然了，光明的未来也需要合理的税收政策支撑。

1　金汤力指用金酒和奎宁水调制成的饮品。

14

朗姆酒（与卡莎萨）

苏珊·帕金斯（Susan Perkins）米格尔·A.阿塞维多（Miguel A. Aceredo）

　　受疫情影响，我们无法在热带海滩相聚，只得登录笔记本电脑
在线"对饮"。我们两人各倒了一杯罗恩·德尔·巴里利托（Ron
del Barrilito），这是波多黎各最古老的朗姆酒。1880 年，第一瓶巴里
利托朗姆酒问世，并一直沿用了金光闪闪的标签。巴里利托酒厂由
佩德罗·费尔南德斯（Pedro Fernández）创立，他在法国留学期间习
得干邑等白兰地的蒸馏技艺。费尔南德斯酿制的酒口感顺滑、浓烈，
旋即名声大震，很快，他便开始销售用"小木桶"盛装的珍贵酒水

（也即巴里利托）。像世界闻名的朗姆可乐（Rum and Coke）那样，朗姆酒通常与调酒原料一起饮用，但巴里利托朗姆酒的制作方式更适于直接饮用或加冰饮用，以免其他元素"喧宾夺主"。倒入酒杯中，酒液呈深邃明亮的琥珀色。杯中酒闻起来香甜，似蜂蜜或焦糖，但入鼻即知酒精含量极高；不过，酒液口感顺滑而无参差，温暖触感缘喉而下，为炎炎夏夜补足了情趣。我们留意到，酒的甜味不仅来自甘蔗，还来自在雪利酒桶中的多年沉淀。对我们而言，这是一种"家"的味道：一个是出生地的故乡，另一个是加勒比地区，我们曾在数十年间从事田野工作的第二故乡。

精致的葡萄酒要用葡萄藤上明艳甘美的果实精心酿造，微妙的口感须平衡至"刚刚好"，陈酿则须做到完美。与之不同，朗姆酒是由真正意义上的"废料"制成的。人们对粗壮、多节而又野蛮的可用"野草"——甘蔗进行精炼，而朗姆酒是由甘蔗精炼后的残留物发酵而成的。甘蔗原产于澳大拉西亚（Australasia），属禾本科。禾本科包括多数重要的经济作物，其中部分可用于本书所述的一些烈酒。在禾本科中，甘蔗可称王。甘蔗是一种巨大的植物，每英亩产量高达 70 吨，是已知最高效的"光合作用机器"之一。甘蔗的平均年产量要高于其他任何农作物，全世界每年种植、收获的甘蔗近 20 亿吨，主要用于生产甜味食品和饮料所需的纯蔗糖。

收获的甘蔗大部分属于原产新几内亚岛的 *Saccharum officinarum* 品种。以南岛语为母语者将甘蔗带至北方和西方，并与当地品种大肆杂交。早在公元前 500 年，印度人已开始享用作为战利品的甘蔗。印度人将甘蔗糖浆制成结晶块，梵语称"khanda"，后来演变为阿拉伯语中的"qandi"，最终成为英语中的"candy"。除了制成食品外，公元前 2000 年前后的印度教典籍《吠陀经》(Vedas) 还描述了一种由甘蔗汁提炼的烈酒"gaudi"，12 世纪的梵文典籍《摩那娑罗经》(Mānasollāsa) 则提到名为"阿萨瓦"(asava) 的发酵甘蔗饮料。因此，印度可以说是最早的未经蒸馏的"朗姆酒"产地。

随着甘蔗继续向西传播，希腊人和波斯人也接触到这种"不用蜜蜂就能产蜜"的神奇植物。自 16 世纪起，蔗糖在欧洲大陆越来越受欢迎，人们渐渐习惯了在苦咖啡、茶和巧克力中加入蔗糖增加甜味。然而，蔗糖仍是一种极其珍贵的商品，这种高耸的植物只能在距欧洲很远的潮湿热带气候中生长。

由于生长地的限制，加那利群岛和亚速尔群岛等欧洲大陆以西的岛屿成为新的甘蔗种植中心。甘蔗种植十分辛苦，收割更是格外累人，因此，葡萄牙人将非洲奴隶带到岛屿上进行种植。马德拉富裕糖商的女婿克里斯托弗·哥伦布（Christopher Columbus）前往大安的列斯群岛进行考察，立即意识到在当地种植甘蔗具有诱人的可观前景。他当机立断，第二次航海时就将甘蔗带至加勒比地区。

与朗姆酒本身一样，"朗姆"(rum) 一词的起源也备受争议，且各路说法似乎都可信。一些人认为，"rum"源于拉丁语中"糖"的缩写，或是甘蔗的属名"Saccharum"。也有人认为，"rum"源自罗姆人[1]的词语"rom"，意为"好的"或"有效的"。

1　罗姆人（Romani）指吉卜赛人的自称。"吉卜赛人"是英国人的叫法。

不过，最流行的说法之一为"rum"起源于"rumbullion"和 /或 "rumbustion"：这两个词的确切含义不明，但在英国的德文郡，它们表示"大骚乱"。朗姆酒还被称为"rhum"、"夏纳的生命之水"（eau-de-de-vie de cannes）、甘蔗烈酒（aguardiente de caña），或是更具殖民地时期色彩的绰号"杀人恶魔"（Kill Devil）。

生产蔗糖的第一步是压榨甘蔗茎秆以提取甘蔗汁，然后过滤并蒸煮。获得蔗糖晶体后，剩下的废物就是糖蜜（平均每两磅糖约产一磅糖蜜）。起初，这种黏糊糊的物质没有多大价值，最好的出路就是喂牲畜，或者充当奴隶工的热量补给。也许出于偶然，一些倔强的酵母菌进入盛有糖蜜的木桶，在其中施展起气泡与酒精的魔法（见第3章）。朗姆酒及其文化由此诞生。

202 制成优质朗姆酒，关键成分不仅是糖蜜本身，还涉及其他废物或回收产品。其一是甘蔗渣，即从蒸馏器中刮下的上批产品留下的残渣；其二是水，有时是新鲜的水或过滤后的水，有时仅是煮糖后用来洗锅的水（加勒比海上的许多火山小岛淡水稀缺，必须循环使用）。糖蜜、甘蔗渣和水的组合称为"酒醪"，可敞开放置、任由周边环境中的热带酵母在其中"定居"，将蔗糖转化为乙醇，生成一种自然发酵的饮料：该饮料在波多黎各称"guacapo"或"guarapo"，在巴巴多斯称"grippo"。随后，酒醪被转移至蒸馏器中进行加热。与任何蒸馏过程一样，生成的蒸汽须冷凝后才能形成珍贵的酒精，而这在炎热缺水的岛屿上无疑极具挑战性。在巴巴多斯，人们用风车来驱动循环冷却水的水泵，但在许多地方，这一过程大多由奴隶完成。

长期以来，朗姆酒由壶式蒸馏器和塔式蒸馏器制成。生产朗姆酒最初使用壶式蒸馏法，这是一种单批次生产方法，通常使用铜锅进行煮沸和馏出物的收集。与其他酒的蒸馏过程一样，收集珍贵的朗姆酒需要耐心。由于挥发性酒精和丙酮的存在，最先出自蒸馏器的酒头难以下咽，且其中还含有甲醇，可能致命。将锅的温度升高，会得到下一阶段的馏出物，即含有所需风味与乙醇的朗姆酒酒心。最终，馏出物开始减少，口感也会减弱。有时，人们将酒尾回收并用于下一批酒，以达到节约酒精的目的。

塔式蒸馏法可实现近乎连续的生产模式，产品也更加稳定，浪费的能量亦大大减少。1830年，埃涅阿斯·科菲为塔式蒸馏工序申请了专利，涉及两个相连的塔式结构（见第2章）。最终，这种双塔蒸馏器演变为更复杂的三塔或多塔蒸馏器，造出内涵更丰富、更独特的朗姆酒。巴巴多斯也许是加勒比朗姆酒的发源地。像巴巴多斯一样，如今马提尼克岛和瓜德罗普岛等法属岛屿生产的"农业朗姆酒"（rhum agricole）用发酵甘蔗汁而非糖蜜制成。农业朗姆酒使用克里奥尔蒸馏器（Creole），是新旧大陆均认可的最优蒸馏器。克里奥尔蒸馏器由一个壶状锅和一个单塔冷凝器组成，锅的宽度与生成的烈酒的体积相对应。

朗姆酒的陈酿（如需要此步骤）通常在进口自肯塔基州或田纳西州的二手波旁酒桶中进行，桶中的单宁成分赋予成品酒金黄的色泽。有时，朗姆酒商会将木桶重新炭化，以增强木头的风味；烘烤后，木头中的化学物质会渗入新装入的朗姆酒，丰富其风味和颜色（见第6章）。木头本身的孔隙大小不同，对应的氧化作用程度和相应的芳香化合物也会不同。与威士忌一样，人们会将不同年份的朗姆酒相调和，生产出单一品牌的产品。拥有西班牙传统的岛屿有时会采用与雪利酒类似的索雷拉法，该方法将酒桶按桶龄成排叠放，未陈酿的烈酒置于最上一排。随着朗姆酒陈酿的进行，部分朗姆酒接连转移至下排酒桶，最上一排则接收新的朗姆酒。如此，制出的朗姆酒具有调和的特征。

　　与波旁等威士忌的规则不同，朗姆酒的生产规则如夏日海滩般宽松无束，因此令现代鉴赏家十分懊恼。就技术层面而言，朗姆酒应是从甘蔗中提取的酒，原材料可以是糖蜜、蔗糖浆或蔗汁，然而，即便这一基本要求有时也可放宽，比如肯塔基州就有一种高粱制的"朗姆酒"。朗姆酒的色泽甚至也不能有效判断酒龄。白朗姆酒可能曾在木桶中陈酿，但随后将颜色滤出；一些深色朗姆酒可能未经陈酿，但加入了色素。部分国家（并非所有国家）规定，调和酒的酒瓶上必须标注酒液中最"年轻"的成分；另一些国家的规定则不甚严格，允许生产商标注最"年长"的成分或是平均酒龄。仔细观察，会发现酒瓶上的数字有时与朗姆酒的年份毫无关联。不过，最令朗姆酒爱好者恼火的，当数对是否加糖的争论。您也许会认为，在甘蔗中提炼出的酒不需要再加糖了，然而，在朗姆酒中加糖的做法十分普遍，且往往不公开。朗姆酒商无须公布是否添加了糖，"较真"的酒客会自行测定或查阅可用数据。也许是为了吸引新一代拥趸，与伏特加酒商一样，朗姆酒商近来也尝试在酒中加入调味剂，不再拘泥于传统的椰子和香料，而是扩展到苹果、西瓜等水果。

目前，朗姆酒已在全球 30 多个国家成功生产，但其大本营和身份认同的中心仍是加勒比海。在大安的列斯群岛和小安的列斯群岛，对于表达两岛的"合体"身份与各自的独立身份，朗姆酒的作用更是不容忽视。从古巴到特立尼达，朗姆酒可谓无处不在，但各岛屿的饮酒习俗和风格大相径庭。"妈妈欢"（mamajuana）是多米尼加共和国的一种流行饮料，由朗姆酒、红葡萄酒、树根、树皮和药草混合制成，据称诞生于西班牙殖民该地区的早期，是泰诺人（Taino）的传统药茶与欧洲酒精结合的产物。欧洲开始生产酒精后，这种饮品便与朗姆酒一起饮用。许多人称该饮料有催情功效，且人们多年来尝试加入海龟肉等"洋料"（在今天被法律禁止），不断"推陈出新"。

牙买加人喜饮不稀释的朗姆酒，但也会在其中加入菠萝、橙子和酸橙等当地水果汁，就形成了传统的朗姆潘趣酒。每年圣诞节，波多黎各人会调制名为蛋酒（coquit）的节日甜饮，混合了椰子汁、朗姆酒、糖与香料，家家户户均有自己的"绝密"配方。潜水胜地小岛萨巴（Saba）盛产以朗姆酒为基础的"萨巴香料"（Saba Spice）：当地妇女将知名品牌的陈酿朗姆酒与肉豆蔻、肉桂等各类香料混合，调制出这种半是点心、半是酒水的餐后甜酒，通常装在用过的圆胖苏打水瓶中，当地商店有售。安的列斯群岛上有大量小酒馆，擅长用朗姆酒、水果和香料（可能还有其他原料）调制时髦的烈酒"拓荒者宾治"（Planter's Punch），多在架子上某个无标记的玻璃瓶中酿制并熟成。马提尼克等法属岛屿盛产"小潘趣酒"（ti punch），多用托盘呈上，托盘上有一瓶当地产的朗姆酒、一碗糖、一个玻璃杯、一片柠檬和一个勺子。酒客可根据当下的心情自行调整比例。在特立尼达岛，酒客大可豪饮一杯极烈的白朗姆酒，亮澄澄、火辣辣的苏格兰帽椒会"辣坏"你的嘴巴。

　　岛上的朗姆酒大多冠以"百加得"（Bacardí）之名，该词在当地也用于指代朗姆酒。殖民地时代，古巴主要在西班牙统治下，但在 1762 年被英国人短暂占领，英国统治时间不足 1 年，其间却引入了朗姆酒的生产方法，西班牙恢复对古巴统治后亦延续此方法。1830 年，年轻的加泰罗尼亚酒商法昆多·百加得·马索（Facundo Bacardí Massó）来到古巴繁华的都市圣地亚哥，在该地"嗅"到新式朗姆酒的商机。当时，殖民地的朗姆酒大多辛辣苦涩（人们戏称这是清洗设备不勤导致的），百加得则致力于创造一种口感更顺滑、轻盈的烈酒。为此，他针对生产工艺做出三大改变：不使用野生酵母进行发酵，转而寻找并培养特殊的酵母菌株，保证一致性；用木炭过滤朗姆酒以去除杂质（具体过滤过程为公司机密）；坚持用美国白橡木桶陈酿，令朗姆酒熟成。

　　美国禁酒令期间，朗姆酒行业蒸蒸日上，百加得公司的业务扩展至墨西哥和波多黎各，又在 1944 年登陆美国。古巴革命期间，菲德尔·卡斯特罗（Fidel Castro）攫取了古巴的资产，但在其他酒厂及资源的扶持下，家族企业百加得仍得以继续维持——事实上绝不限于"维持"。百加得大量收购其他酒水品牌，成为全球最大的私营烈酒制造商，总部位于波多黎各的卡塔尼奥。其朗姆酒产品十分丰富，包括白朗姆酒、黑朗姆酒、风味朗姆酒及特色朗姆酒（还有现已停产的爆炸性朗姆酒"百加得 151"，酒精体积百分比约为 70%，因易燃具有危险性，曾造成几起人身安全事故）。

朗姆酒的历史不及某些著名烈酒悠久，但具有深远的历史影响。朗姆酒被用作营养品、药品甚至货币，是人类生活中不可或缺的一部分。其历史与殖民主义和奴隶制相交，是智慧、独立、毅力与个性的体现。换言之，"朗姆酒的故事"就是"美洲的故事"。

朗姆酒的历史始于甘蔗烈酒卡莎萨。（与农业朗姆酒一样）卡莎萨由甘蔗汁而非糖蜜发酵而成，其也许是美洲最早大规模生产并对经济产生重大影响的酒精饮料。1526 年前，人们已在巴西的伯南布哥州建起甘蔗种植园。一些历史学家认为，第一瓶卡莎萨应在 1532 年前后产于圣文森特（São Vicente）。16 世纪，巴西是糖及其发酵衍生物最重要的产地，生产活动受控于荷兰殖民者。1817 年伯南布哥州起义期间，荷兰人被逐出巴西，在加勒比群岛定居下来。朗姆酒的故事随之流传到该地，但卡莎萨一直是巴西人的"最爱"，巴西人每年消耗的卡莎萨高达 10 亿余升。与朗姆酒一样，卡莎萨也分为白卡莎萨、黑卡莎萨及陈酿卡莎萨、非陈酿卡莎萨。卡莎萨多作为鸡尾酒凯匹林纳（Caipirinha）的必备原料为人熟知，凯匹林纳由卡莎萨、糖与酸橙汁混合制成。不过，当地人大多更喜欢纯饮卡莎萨，佐以传统食物 Feijoada[1]。

206

1　Feijoada 是巴西的"国菜"，主要食材包括豆子、烟熏肉干、猪尾、猪耳、香肠等，配菜常有米饭、甘蓝、柳橙等。

许多岛屿都自称是朗姆酒的发源地,不过,通常认为16世纪初被英国殖民的东加勒比岛国巴巴多斯更名正言顺。1637年,荷兰殖民者皮特·布劳尔(Pieter Blower)将在巴西习得的蒸馏知识带至巴巴多斯,后者很快成为加勒比海地区最重要的朗姆酒产地,将产量的15%出口至他国。巴巴多斯的邻国马提尼克为法属殖民地,也有类似的故事发生:葡萄牙人本杰明·达·科斯塔(Benjamin Da Costa)在巴西习得制糖技术,并于1644年在马提尼克建造糖厂。在北美大陆,法国人也曾试图在路易斯安那州种植甘蔗,但因该地冬季(相对)寒冷未能成功;不过,1794年,曼努埃尔·索利斯(Manuel Solís)与安东尼奥·门德斯(Antonio Méndez)利用古巴引进的品种在路易斯安那州种植成功了。无论谁是"第一人",公认的说法是17世纪末,加勒比海地区几乎所有的殖民地均从事糖的生产、销售与分销,朗姆酒因此而生。

糖与朗姆酒和奴隶制间存在联系,这一残酷事实不容忽视。糖、朗姆酒及殖民地的烟草、大麻、棉花等原料被运往欧洲港口。在欧洲,这些船只装上纺织品和枪支等成品,随后前往非洲西海岸换成奴隶。船只严重超载,大量奴隶踏上生死未卜的航行,幸运者最终抵达加勒比群岛,完成这一循环。许多奴隶被迫在甘蔗地劳作,填补因恶劣的工作条件、疾病或酷刑而死去的奴隶空缺。这一货物与人员的三步流动称为三角贸易。在朗姆酒的发展历程中,不幸丧生者不计其数,举例来说,牙买加解放时,该地黑人的数量是白人的20倍以上。

加勒比群岛上的人从事着朗姆酒的生产,人们通过船只将一桶桶糖蜜运往新英格兰各地的酒厂，朗姆酒的生产也随之北上。1664年，斯塔滕岛最早开启了朗姆酒的生产，很快，罗德岛、马萨诸塞州和宾夕法尼亚州也出现了几十家酒厂，为酒客与大众"粗制滥造"了一批苦朗姆酒。据估计，殖民地的男女老少甚至包括儿童，平均每人每年消耗朗姆酒4加仑之多，令人惊讶。

朗姆酒历史早期，盖伦[1]医学原理盛行——人类疾病被归结于冷热或干湿的失衡。因此，因寒冷潮湿天气着凉时，人们会饮用朗姆酒来补充热量。朗姆酒也可用于相反原理，成为治疗发烧（可能是热带岛屿和大陆殖民地常见的黄热病）的公认良药。此外，朗姆酒还与航海相关，但用途未必体面。朗姆酒比海水饮用起来更安全，还能提供热量，起到镇痛和鼓舞士气的作用，因此成为英国皇家海军的"官方用酒"。每名水兵每日享有1/8品脱的朗姆酒配给，通常一天分两次饮用。级别较高的军官通常饮用纯朗姆酒，普通水兵则大多饮用格罗格酒，即朗姆酒与水的混合物，条件允许还可加入橘汁（1747年，人们发现柑橘可治疗坏血病）。皇家海军的这一举措被称为"tot"，持续了300多年。该举措始于17世纪中叶，1756年被英国海军写入法典；1970年7月31日，英国海军在夏威夷的"法夫"（Fife）号上举行仪式，这是英国舰船最后一次提供朗姆酒，标志着海

1　盖伦指克劳迪亚斯·盖伦（Claudius Galenus，129—199），古罗马医学家，被看作仅次于希波克拉底的医学权威。

军朗姆酒配给制的终结。也许是因为海军舰艇装载的高科技装备与武器危险性极高，因此不允许船员在微醺状态下作业。

　　殖民地时期，大西洋特别是加勒比海地区，为载有奴隶、糖、朗姆酒、烟草等货物的贸易船只承担了"高速通路"的职能。船只上丰盛的货物引人犯罪，海盗与私掠船（政府雇用海盗，骚扰、掠夺外国贸易者的船）肆虐。朗姆酒本身被视为一种货币，海盗很乐于抢夺这一金色烈酒，还会在得手后饮上一两桶，为成功掠夺金银财宝庆祝一番。船长亨利·摩根（Hnery Morgan）、约翰·"卡里科·杰克"·拉克姆（John "Calico Jack" Rackham）与爱德华·蒂奇（Edward Teach，其人胡须又黑又长，以"黑胡子"的名号为人所知）是称霸加勒比海的恐怖势力。掠夺船只后，三人极少索命，只是恐吓后者交出财物，"不战而屈人之兵"；不过，这些劫掠者的冒险经历令人闻风丧胆，极具传奇性。几个世纪后，海盗故事成为完美的营销工具，将烈性朗姆酒标记为"危机"与"冒险"的产物，吸引着游轮休息室和海滨酒吧的顾客一探究竟。

　　殖民地进一步发展，朗姆酒也继续与欧洲君主获得的利润相交缠，成为美国独立运动的一部分。当时，小酒馆中常常迸发大量意见相左的争论，"无代表，不纳税"（taxation without representation）正成为一种战斗口号。朗姆酒无疑在这些争论中起到了重要的润滑剂作用。英国先是试图通过 1733 年《糖蜜法案》（Molasses Act）对向殖民地出口的糖蜜进行征税与控制，但极难执行。七年战争（Seven Years' War）后，英国政府再次聚焦筹资支持军队进而维护殖民地秩序的议题，于 1764 年出台了《食糖法案》（Sugar Act），对朗姆酒产地所在的新英格兰港口城市造成直接影响，遭到塞缪尔·亚当斯（Samuel Adams）等爱国人士奋起反对。《印花税法》（Stamp Act）是致使美国 13 个殖民地起义、宣战并走向独立的直接导火索，但朗姆酒对美国的诞生作用亦不容忽视。不久后美国独立，在第一届总统选举期间，以前的将军华盛顿向选民赠送朗姆酒以争取后者支持，庆祝选举胜利时更是用了一大桶他最爱的巴巴多斯朗姆酒。

　　朗姆酒对美国革命起到促进的作用，受欢迎度却在革命后几年骤降。作为糖的产地，加勒比海岛并未效仿大陆殖民地宣布独立，糖蜜的获取变得愈加困难，成本也更高昂。最终，朗姆酒被视为压迫者的特供。与此同时，新生的共和国向西部扩张，小麦、玉米等谷物更易获得，因此，威士忌逐渐走红，成为美国人的首选酒水。不过，朗姆酒并未绝迹，而是一次又一次重返舞台，每次"翻红"都与美洲的历史事件相交叠。

　　喜爱热带酒水者也许会将黛绮莉（Daiquiri）想象成 7–11 便利店中的机打饮料，实则不然，传统的黛绮莉是由古巴的哈瓦那人手工制作的。19 世纪与 20 世纪之交，在"小佛罗里达"（El Floridita）酒吧，调酒师康斯坦丁诺（Constantino）将朗姆酒、新鲜酸橙、糖和冰块调制成的简单酒水发挥到极致，他大力晃动着调酒器，将之倒入高脚杯再呈给酒客。这款美酒之所以流行起来，归功于两个因素。首先是禁酒令，1920 年，美国规定销售酒精为非法行为，"饥渴难耐"的南部美国人灵机一动，前往最近的外国停靠港古巴。哈瓦那人以无上的热情与鸡尾酒欢迎他们，献上了美味的白朗姆酒，在百加得和其他岛内朗姆酒商的优化下，白朗姆酒成为调酒师的"利器"。

黛绮莉走红的另一功臣是著名"酒客"海明威，他热爱古巴这座岛屿，享受当地的气候与捕鱼的消遣，更是邂逅了日后的第三任妻子，海明威也爱极了朗姆酒。海明威在古巴生活了数十年，不受书迷和寒冬影响，专心写作。不过，他并非整日整夜只埋头写作，在哈瓦那的多数日子里，几杯鸡尾酒就是他一日的终结（有时不止几杯：坊间传说，海明威曾在某夜喝下了16杯鸡尾酒）。海明威最喜饮"爸爸的渔船"（Papa Doble）鸡尾酒，意为双份朗姆酒，不加糖。

欧内斯特·雷蒙德·博蒙特–甘特（Ernest Raymond Beaumont-Gantt）来自新奥尔良，在太平洋航行数年后，于1933年返回美国，带回一大堆用于装饰的纪念品。禁酒令取消后，他用合法手段改名为唐·毕奇（Donn Beach），开办了自己在好莱坞的第一家餐馆"海滩寻宝人"（Don the Beach-comber），"tiki[1] bar"酒吧应运而生。酒吧采用藤制家具，陈列着绚丽的布料、木制面具、贝壳和其他波利尼西亚风格的装饰品，酒客置身其中，可暂时"脱身"至另一个世界。毕奇选定了朗姆酒，富有创意地调制出美味又斑斓的酒水，为之取了"眼镜蛇之牙"（Cobra's Fang）、"鲨鱼之牙"（Shark's

---

1　欲了解"tiki"一词，可参考提基文化（tiki culture），指简单浪漫而充满异域风情的岛屿生活文化。20世纪二三十年代，美国将这种文化引入了酒吧。

Tooth）和"僵尸"（Zombie）等颇为"凶狠"的异域名字。然而，毕奇的竞争对手维克商人（Trader Vic）的创始人维克多·伯杰隆（Victor Bergeron）却声称自己创造了提基文化的标志性饮品"迈泰"（mai tai），由两种不同的朗姆酒（一深一浅）、酸橙、库拉索利口酒、杏仁（最好用杏仁糖浆）和糖调制而成。两人为究竟是谁发明了这一配方争论不休，最终伯杰隆"胜出"。

刚够年龄获准进入酒吧者，通常会选择朗姆可乐这款简单酒水来"试水"，这款酒水也与美国历史存在渊源。二战期间，美国停止了国内的酒精生产（主要是金酒和威士忌），以便集中生产工业用乙醇。不过，加勒比海地区仍生产朗姆酒，很好地满足了士兵及后方支持者的需求。朗姆酒与另一美国"偶像"可口可乐混合的产物，就是真正意义上的爱国主义象征了。安德鲁姐妹（Andrews Sisters）将"朗姆酒与可口可乐"（Rum and Coca-Cola）这首充满厌女意味的小曲进行了改动，将之改编为关于朗姆可乐的和谐小调，一时间风靡街头巷尾，起到了推广朗姆可乐的作用。与此同时，朗姆可乐成为古巴独立运动的口号。如今，在烟雾缭绕的爵士俱乐部，"自由古巴"（Cuba Libre）仍是"标配"，只消点点头，吩咐两句，服务生就会送上几瓶当地的朗姆可乐和加冰的杯子，可自由调配以飨口腹之欲，现场的音乐又可进一步丰富酒客的感官体验。

这款强劲、灵活又富有冒险精神的烈酒，未来何去何从？过去 10 年中，朗姆酒从低廉的调酒原料攀升为名声在外的高端酒水，顶级酒商也为鉴赏家推出了昂贵的优选版本。眼下，朗姆酒正顺应 21 世纪的市场机遇；未来，我们期待更多创意变化，如加那利群岛的"朗米尔"（ronmiel）就在最后一次混合时加入了蜂蜜。不过，无论未来如何创新，不加水的纯黑朗姆酒仍将是优雅又广受欢迎的经典之选，原始配方 400 年来从未改变。

跨越国界：
其他烈酒、混合酒及未来展望

15

水果白兰地

帕斯卡利娜·乐普蒂尔（Pascaline Lepeltier）

伊恩·塔特索尔（Ian Tattersall）

面前的小瓶子貌不惊人，顶端是布盖和红缎带，贴着手写的 简单标签："Zibärtle Wildpflaume"（野生李子）。得知我们对水果白兰地感兴趣，德国友人花费数日才找到这件"礼物"。友人解释道，瓶中酒是用德国黑森林地区一种罕见的野生李子少量蒸馏而成，果核很大，果肉很薄，蒸馏起来很困难。他说："这款酒实在特别。"酒标上还写有"8年"的字样——我们很好奇其含义，毕竟酒液本身清澈无色。后来才知道，这8年中，至少部分年份曾在白蜡木桶中陈酿，这种木桶不会赋予酒液任何颜色、风味，但能让果香融入其中。回到家中，我们打开酒瓶，迫不及待地倒入杯中，迎接未知。旋转酒杯，一缕芳香在空气中升腾，满口都是李子的味道，又带有奇异的药草味。温暖柔和的尾调持续了数分钟。这种珍品，无论酿造出的数量几何，想必均需非凡技艺才能完成。

Eaux-de-vie[1] 是一个棘手的术语，内涵难以明确。它是"生命之水"的法语表述，多门语言均用"生命之水"来形容各种蒸馏酒。今天，英语国家将"eaux-de-vie"用作法文"eaux-de-vie de fruits"的缩写，理论上指任何由水果蒸馏出的酒，但在实践中用法更具体。不同地区的蒸馏酒喜用的水果不同：法国人喜欢梨，德国人中意樱桃，中欧地区的人则青睐西洋李子。不过，这一术语含义不明，似乎想指代什么水果都可以。在加勒比海地区（甚至是阿尔萨斯的一家酒厂，采用塔希提原料），人们也将番石榴、芒果和菠萝用作直接蒸馏对象。

不可否认，葡萄固然是水果的一种，但葡萄蒸馏酒通常被看作白兰地而非水果白兰地（关于白兰地，参见第9章）。一些更为传统的水果蒸馏酒也是如此，例如，法国的苹果白兰地（Calvados）尽管由苹果制成，但通常会在橡木桶中陈酿，因此仍被看作一种白兰地。本章将只讨论最狭义的水果白兰地，也即由非葡萄、非谷物物品直接蒸馏而成（而非用其调味）的清澈而不

1　本章中将 eaux-de-vie 统一译作"水果白兰地"。

加糖的烈酒；蒸馏的原材料通常是水果，但偶有坚果甚至根茎类蔬菜。本章亦会将讨论范围限定在法国和日耳曼的水果白兰地中心地带（关于其他地方的各类果酒，参见第 21 章）。

水果白兰地的生产范围极广，因此整体上也许可作为一类酒，与上文的"六大"烈酒并列考虑。不过，本章会将其与更细化的各类蒸馏酒一起进行讨论，毕竟水果白兰地的产量一向较少。除机场免税店外，绝大多数水果白兰地都由小型酒商制造，产品装在瓶中，瓶上贴着明显为手写的标签，十分矜贵。

多数水果白兰地采取小规模的手工制法，非常适合其本身的特性：若说有哪类蒸馏酒具有风土特征，那必然是水果白兰地。白兰地和威士忌依靠橡木桶陈酿来增强、深化风味，水果白兰地的酿造者则致力于简简单单地捕捉蒸馏原料的精髓；这些原料（主要是水果）具有浓郁的地方特质。每个地区、每片果园、每种当地水果都有独特的历史和特点，而一款水果白兰地"忠实"于其原产地（在地理与植物方面）特质的程度，几乎决定了其品质。不过，即便如此，仍有例外。阿尔萨斯是水果白兰地的腹地，也是其最大生产商所在地，生产过程受到严格监管，但并无法律规定制酒所用的水果必须在当地种植。这并不意味着水果品质不高，甚至缺乏风土条件。传统上，阿尔萨斯使用的黄香李（mirabelle，一种黄梅）来自地理位置邻近但气候更凉爽的洛林地区，由可信的生产商供应；梨子大多来自里昂附近的伊泽尔山谷（Isère Valley），同样由可信的种植者供应；杏来自地中海的朗格多克 – 鲁西荣地区（Languedoc-Roussillon）。不过，出于成本考虑，越来越多的水果进口自欧洲

215

其他国家，尤以波兰和匈牙利为甚。

水果蒸馏酒可追溯至欧洲蒸馏酒水的起源，在次大陆上，每个用水果制酒的地区都有独立的蒸馏史。当然，殖民地的衍生传统在很大程度上可追溯至它们各自的祖国。无论何地，人们均会将全熟的水果（最佳成熟度是关键）压碎、压榨并发酵。不过，水果并非在完全成熟后才采摘，人们通常会将梨子提早摘下，在地窖静置，直至达到理想的成熟度，否则必须在将要从树上掉下之际采摘。蒸馏过程通常使用铜制蒸馏器，对馏出物进行二道蒸馏（在酒精中浸渍过的水果无须二次蒸馏）。一次蒸馏将发酵水果酒醪的酒精体积百分比提高至 30% 左右，二次蒸馏提高至 65% 或 70% 左右，在此基础上，通常再用泉水稀释至 40%—45%。蒸馏完成后，将烈酒置于惰性不锈钢器皿、陶器或玻璃容器中（极少数情况下使用蜡木桶）。静置过程中，酒液会自然流失掉多余的酒精。

在法国东部的阿尔萨斯，水果白兰地的生产最为密集，诸位读者附近酒铺出售的水果白兰地多为该地制造。受邻国德国影响，该地很快形成了蒸馏本地（后来扩展至较远处）水果的传统，亦会对生产葡萄酒剩下的葡萄渣及能想象到的几乎所有可蒸馏物进行蒸馏，无论是花楸果、罕见的药草还是松树芽。蒸馏不仅是寻常人家的家务活，也是一门产业，阿尔萨斯的普通家庭一度年消耗超过 100 加仑的自产酒。

也许，正是这种令人瞠目结舌的饮酒量促使当局在 1953 年改变了规定，开始对蒸馏酒征收重税。已从事蒸馏业的家庭，可在以自己名义新获许可的家庭成员有生之年免税，该成员通常为家中年纪最小的，最好是新生儿。伊恩的姐姐清楚记得 20 世纪 70 年代曾在斯特拉斯堡度过一年，其间结识了当地的一个家庭：该家庭获得的许可，仅允许其在一年中两周内使用蒸馏器的某关键连接部件。在这短短的两周中，全家人齐上阵，夜以继日地蒸馏，将连接部件交还当局后，筋疲力尽，累倒在地。凭借对蒸馏的执着，阿尔萨斯人打造出具有传奇品质的珍品。

R.W. 小爱普（R. W. Apple Jr.）是《纽约时报》的作家、美食家，他曾引用斯特拉斯堡某著名餐厅侍酒师的评价，以此描述令他难忘的一款阿尔萨斯水果白兰地——"细腻与力量的结合"，这两种截然相反的特质"通常无法在同个酒杯中出现"。之所以会出现这种不寻常的组合，归功于优秀蒸馏师对水果精髓的捕捉，可为食客提供既清晰又厚重的质感，这就是最优的阿尔萨斯水果白兰地具备的特征。如果追求烈酒的纯净度而非丰富口感，那么这款酒将是最优选之一。

然而，并非所有的阿尔萨斯水果白兰地都采用相同的生产路径。多数水果白兰地须在铜制蒸馏器中进行二次蒸馏，但也有只需蒸馏一次的。早在 1913 年，规模最大的现代水果白兰地生产商 G.E. 马塞内茨（G.E. Massenez）就以野生覆盆子水果白兰地打动了瑞典女王，就此确立了市场主导地位。覆盆子含糖量低，蒸馏难度大，但欧仁·马塞内茨（Eugène Massenez）发现，可在蒸馏早期将覆盆子浸渍在葡萄酒制成的中性酒中，弥补不易蒸馏的缺陷。更重要的是，利用此法可提高初始酒精含量，只需蒸馏一次就可达到目的，还能保留更多产生各种风味的酒类芳香物。自此，马塞内茨公司彻底走上了新道路。顺带一提，据爱普所言，要制成一瓶 700 毫升的覆盆子酒（framboise），马塞内茨公司需耗费 18 磅野生覆盆子（目前主要产自罗马尼亚）。相比之下，10 磅糖分较多的黄香李即可达成同样目的，但若是酿制梨酒（poire）则需 30 磅梨子。爱普还称，若是想在瓶中再放一个整梨，则需在 30 磅外再单加一个梨子。这个胖梨子将在牢笼中结束其一生：梨子尚是细长花朵时，酒瓶就已挂在树上，花朵可在这款私人"温室"中盛放并长成果实。不过，尽管瓶中梨令人印象深刻，据称其对瓶中酒几乎不会产生影响。此外，这种梨子的选择十分挑剔。阿尔萨斯的首选品种是威廉姆斯（Williams），实际上就是人们熟知的巴特利特梨（Bartlett），最初在英国培育，如今也是美国酒商的最爱。

战后，曾经辉煌的水果白兰地被法国消费者冷落，被苏格兰威士忌取而代之。阿尔萨斯对传统怀有强烈的敬畏之心，因此延续了水果白兰地的生产（事实上，法国是该时期苏格兰威士忌的最大市场）。上莱茵的里博维莱（Ribeauville）和下莱茵的维莱（Villé）是阿尔萨斯地区的"灵魂"，均有西向的片岩和黏土斜坡，非常适合种植果树。出于同志情谊与自豪感，里博维莱和维莱的一批酒厂保留了制作水果白兰地的工艺，并且产品品质优越，同时开辟了创新之路。如今，凭借丰富的产品分类，梅特（Metté）、温霍尔茨（Windholtz）和霍尔（Holl）将水果白兰地这一品类重新定位为既时尚又新颖的产品，既可作为鸡尾酒的基酒，也可作为饮品单独饮用。梅特公司的产品包括令人印象深刻的芦笋蒸馏酒、一款畅销的姜酒、一款大蒜酒及另外85种水果白兰地。为达到必要的质量水平，这些公司更愿意使用传统的法国小型蒸馏器（alambics à repasse），而非更具现代性的德国塔式蒸馏器，不过，壶式蒸馏器必然涉及更密集的人力劳动。对于蒸馏后的陈酿过程，梅特公司也绝不糊弄：多数产品最少需要12个月的静置期，但对某些水果，如野生黑刺李制成的酒水而言，静置期可长达25年或30年。

作别阿尔萨斯前，我们必须向法国最古老的去核果酒官方称谓致敬（"原产地命名控制"，或称AOC，负责管理构成法国文化的食品或饮料的生产），即"樱桃酒"（Kirsch de Fougerolles）。2010年，该酒获得了AOC认证，此后以传统手工吹制的深色玻璃瓶"bô"售卖。著名的洛林黄香李酒产自邻近的洛林，直到2015年才获AOC认证；不过，黄香李酒在1953年获区域命名（AOR）认可，是同类酒中首个被认可的。据传说，黄香李树在15世纪由安茹的勒内（René of Anjou）从普罗旺斯带至洛林。自那时起，黄香李树便在该地茁壮成长，而众所周知，即便挑剔的阿尔萨斯人也更青睐洛林的黄香李。如今，阿尔萨斯的17家酒厂共蒸馏两种获批用于烈酒生产的黄香李品种，分别是个头更大、颜色更艳的南锡（Nancy）以及个头较小、口感更甜的梅斯（Metz）——后者只能在石灰岩土壤中生长，且按法律规定，必须用壶式蒸馏器蒸馏。

然而，水果白兰地远非法国东部所独有。法国各地都有蒸馏该酒的行为，不同地区的产品均可清晰展现当地的风土特色。不过，葡萄酒公司或与葡萄酒行业相关的酒厂，近来对该领域展现出了兴趣。比如，勃艮第因葡萄酒和水果甜酒而闻名（通常以高度烈酒制成，最著名的当数黑醋栗果酒——自1945年起，第戎的市长坎侬·基尔用此酒为清淡、明快的葡萄酒提味，直至他1968年去世），水果蒸馏酒的名声则要小一些。不过，著名的默尔索干白葡萄酒（Meursault）商让－马克·胡洛（Jean-Marc Roulot）继承了家族自1866年起的蒸馏传统，制出的覆盆子酒和梨酒（产自上博纳丘产区）令全世界的侍酒师为之着迷。在西南部的盖亚克镇，洛朗·卡索特斯（Laurent Cazottes）以重视对当地水果的甄选和种植而闻名；他的葡萄酒产品也受到业界关注。卡索特斯仅选择有机和具有生物动力的世代相传品种，大多在自家或朋友的果园中培育，提高了感官品质，营造出"风土"感：水果采摘后，他使用与生产"稻草"或"葡萄干"葡萄酒大致相同的技术，令水果在黏土床上干燥，浓缩香气并轻微氧化。处理梨子和绿葡萄时，通常人工去除果核、果柄和果皮，仅保留果肉。与阿尔萨斯精致的水果白兰地相反，卡索特斯的产品强劲且富有质感，获得世界认可，可以在全球多家时尚餐厅与酒吧看到这类酒，包括令人惊叹的"72–番茄"（72-tomato）。类似的例子不胜枚举。如今，法国的每个水果种植区都在回顾并重温地方传统，比如朗格多克地区的小谷物蒸馏酒厂（Distillerie du Petit Grain）就生产了也许是法国最好的杏子白兰地。在以永恒传统闻名的法国，这种具有惊人前瞻性和创意性的烈酒堪称一种灵感。

本章不再赘述邻国德国的情况，本书第 16 章将对该地的蒸馏传统进行介绍。我们仅需了解，德国人大量蒸馏水果，用于制造各种烈酒和甜酒，包括一些雅致的水果白兰地。德国果酒有时称"奥博斯特"，主要在南部蒸馏，主要酒商有黑森林地区的重量级生产商施拉德勒（Schladerer）和费德里塔斯（Fidelitas）等。再向东，奥地利是世界上最具创新精神的水果白兰地酒商的故乡。许多地区拥有活跃的家庭蒸馏传统，农民通常每年生产二三十升自酿酒供家庭饮用。汉斯·赖塞特鲍尔（Hans Reisetbauer）即是这种传统的代表。

汉斯·赖塞特鲍尔于 20 世纪 90 年代初崭露头角，他认为水果作为原材料可决定终产品 50% 的品质，因此，只要条件允许，他便坚持亲自种植水果。赖塞特鲍尔的产品大多为雅致的波雷·威廉姆斯[1]（Poire Williams）梨子白兰地，但也种植并蒸馏其他 8 种水果。近来，他还开发了一款橙子酒，不过该酒在橡木桶中陈酿 4 年，因此不属于本书中定义的"水果白兰地"。不过，赖塞特鲍尔酒庄的其他奇异产品仍可称为水果白兰地。作为主打产品，胡萝卜酒尽数捕捉了这不起眼蔬菜中的精华，须亲口品尝方能体会。酒庄的特色水果白兰地还包括姜酒和榛子酒，两者通常浸渍在烈酒中，很少直接蒸馏。

赖塞特鲍尔酒厂并非市面上唯一的选择。同样备受推崇的还有普克海特酒厂（Destillerie Purkhart）的"花杏"（Blume

---

1　波雷·威廉姆斯由发酵的威廉姆斯梨蒸馏而成，通常瓶中有一个完整的梨。——译者注

Marillen），这是一款产自奥地利瓦豪地区的杏子酒，以口感持

久著称。提洛尔区酒商罗切尔特（Rochelt）的水果白兰地盛装
在绿色的水晶玻璃酒瓶中出售，气质非凡，酒精体积百分比更是
高达 50%，尽管定价不菲但仍物有所值。罗切尔特不仅提供用
接骨木果、榲桲等制成的需要高超技艺的传统水果白兰地，也
推出了霍勒曼（Hollermandl）这种接骨木果与梨子的"非凡组
合"。阿尔卑斯地区的酒商还包括边境线一带位于瑞士的莫朗
（Morand），其旗下的西洋梨白兰地（Williamine）一直深受酒客
喜爱。同样位于瑞士的埃特·祖格（Etter Zuger）历史悠久，以
山地黑樱桃制成的樱桃白兰地备受推崇，与之地位相当的法斯宾
德（Fassbind）梅子白兰地用瑞士甜李子（Löhrpßümli）制作，同
样广受欢迎。

葡萄酒的生产冲出欧洲，走向美国，势不可当。美国各地
的精酿酒厂都在制造品质卓越的清澈果酒，但市场仍被两大品牌
主导。加利福尼亚州的圣·乔治公司（St. George Spirits）使用
小型铜制壶式蒸馏器制梨酒和苹果酒，并以"白兰地"之名宣
传，但应属水果白兰地的定义范畴（不过，圣·乔治的苹果酒为
橡木桶陈酿，与水果白兰地的定义不符）。俄勒冈州的清溪酒厂
（Clear Creek Distillery）推出了一系列味美的水果白兰地，通常
包括梨酒、樱桃酒、蓝李子酒和覆盆子酒（包括瓶中有一整个梨
子的梨酒），以及花旗松酒（Douglas fir），这是一种芳香型产品，
将春季采摘的松芽注入烈酒中，再加入新芽进行再蒸馏（酒液因
此呈浅绿色）。施行这项工艺与否，可能会决定这款产品能否称
为狭义上的水果白兰地，不过，该产品与阿尔萨斯的松芽白兰地

（eau-de-vie de bourgeons de sapin）很相似，阿尔萨斯仅有少数几家酒商制造这款酒。

对于水果白兰地应在何时饮用，人们观点不一。不过，在水果白兰地的多数产地，答案必然是"想喝就喝"。比如，无论一天中何时拜访酿酒的农夫，后者几乎必然会邀你品尝一杯。在更正式的场合，水果白兰地偶尔会作为开胃酒。传统上，水果白兰地应在正式的法餐过程中享用，以助食客在冗长的进食过程中不断"更新"食欲（这一传统称"Coup du milieu"或"trou normand"，各地叫法不同）。如今，水果白兰地更多作为餐后酒饮用——不过，也有许多人认为若是供应水果甜点，则应辅以与之相配的果酒。

水果白兰地的最佳饮用温度也存在争议，理论上应由每款酒的特点决定。"讲究人"喜欢将酒瓶冷藏于冰箱中。室温下，将酒倒入礼铎（Riedel）牌玻璃杯的"醇享"（Veritas）系列烟囱杯是醒酒的最佳环境，还可令酒液释放芳香。通常，水果白兰地最好在略低于室温时饮用，对于喜欢"反刍"的酒客，自然理想不过；然而，也有酒客更喜欢一杯稍冷的酒水，欣赏其在杯中升温。当然了，这时就需要一个"肚量"大的玻璃杯，方能让酒液的香气绕过叮当作响的冰块，从杯中升起。在我们看来，用小杯盛酒无异于剥夺酒客完整体验美酒的机会。不过，无论何时何地享用，以一杯水果白兰地结束一餐总是最佳的选择。

16
德国烈酒（与科恩酒）

本内德·谢尔沃特（Bernd Schierwater）

　　这款深绿色长方形酒瓶上，印的是德国19世纪著名"铁血宰相"奥托·冯·俾斯麦（Otto von Bismarck）的肖像：俾斯麦并非社会民主主义者，却推行了德国最早的社会法律。俾斯麦家族自1799年起就经营一家大型酒厂，因此，酒瓶标签上的俾斯麦大名似在向酒客承诺：这不仅是一款精制科恩酒，也是一次具有历史意义的尊贵王室体验。清澈的酒液果然没有令人失望，更教会我一个道理：好的事物具有传世能力，200年后仍可按相同的配方、同样的传统制作，为人们带来无穷的乐趣。这是一款经典的无色科恩酒，口感柔顺温和，细腻地融合了众多风味，清澈纯净到极致。举起酒杯欣赏酒液时，我竟只能想到一句"干杯！"

我的祖先是蒸馏清烈酒（schnapps）的专家，因此家族姓氏为"Schierwater"（谢尔沃特），即"清（酒）水"。严格意义上讲，祖先精制的清烈酒与科恩酒相同，也由谷物蒸馏而来，而其他烈酒则由植物蒸馏而来，特别是各类水果。在德国，这种水果蒸馏酒不仅称为 Schnäpse，还可称奥博斯特，虽与科恩酒大不相同，但看上去都很清澈。如想进一步了解奥博斯特，可考虑前往奥地利南蒂罗尔州的小镇斯坦兹（Stanz），参加一年一度的"斯坦兹燃烧节"（Stanz Brennt）。斯坦兹镇很小，仅有650位居民，却有50多家酒厂，生产各异的奥博斯特酒。

在德国，"Schnapps"一词大多不仅用来指代清科恩酒，还用于指代从奥博斯特、伏特加、干邑到威士忌的任意酒水。通过词义的含混，不难看出现代社会追求速度、多样性和浮于表面的无常，因此，酿制过程长、配料简单、品质优良的清科恩酒逐渐式微。如今，色彩斑斓而梦幻的人工产品销路更佳，富含传统气息的科恩酒却恰恰相反：科恩酒清澈直接，500年间几乎未曾改变。科恩酒的酒精体积百分比不低于32%（酒精纯度为64），仅由黑麦、小麦、荞麦、大麦和燕麦等规定谷物制成，不含任何添加剂。如今，黑麦、小麦是使用最多的谷物，大麦用于生产麦芽，荞麦和燕麦则极少用于蒸馏。根据法律规定，科恩酒及其更时髦的"姊妹"双倍科恩酒（Doppelkorn）只在德国、奥地利和比利时的一个小型德语区生产。

科恩酒的蒸馏史由来已久。不过，对科恩酒的首次记载出现在 1507 年图林根（Turingia）自由州诺德豪森市（Nordhausen）发布的一份税收文件中。不到 40 年，针对科恩酒的首个禁酒令就于 1545 年实施。显然，该禁令是应啤酒商的要求执行的，后者与科恩酒商竞争作为原材料的谷物，造成大麦成本价过高。不过，科恩酒对德国社会十分重要，不容压制，因此，禁酒令未能持续太久。1574 年，科恩酒再次成为重要的经济贡献者。三十年战争时期（1618—1648），科恩酒经历了短暂的衰退，在随后 300 年间社会、经济地位不断提高，但也遇到一些"绊脚石"。18 世纪中叶，另一清烈酒"Klaren"开始采用成本更低的马铃薯，因此，德国于 1789 年颁布了首部针对科恩酒的《纯净法》（Reinheitsgebot），诺德豪森的市政官员宣布，科恩酒应至少含 2/3 的黑麦，大麦含量不得超过 1/3。当时，帝国宰相奥托·冯·俾斯麦的父亲是最著名的科恩酒商之一，家族经营着一家酒厂。"俾斯麦亲王"（Fürst Bismarck）科恩酒是我的心头好，不过酒瓶已从昔日的透明色变为绿色。廉价的马铃薯不断侵占蒸馏酒市场，因此，1909 年，德国宣布对科恩酒实施更大范围的纯净法。

第一次世界大战期间，铜、黄铜和青铜等贵重金属因战时需要被收缴，除为军队提供科恩酒的少数酒厂外，其余酒厂全部关闭。1924 年，科恩酒短暂地卷土重来，又在 1936 年被纳粹所禁。1954 年，德意志联邦共和国终结了这一禁令，复兴的大幕再次拉开。迅即开启生产，科恩酒重获欢迎。20 世纪 60 年代，一些酒商在科恩酒中加入苹果汁，制成了苹果利口酒（Apfelkorn）——这款酒在"花之力"[1]（Flower Power）时代意外"走红"，但多数饮酒者仍忠于传统的科恩酒。

　　婚宴和周年庆等特殊场合大多提供一种特殊的双倍科恩酒。普通的科恩酒仅蒸馏 1 次，双倍科恩酒则最多蒸馏 7 次，酒精体积百分比高达 38%（酒精纯度为 76），普通科恩酒的酒精体积百分比则为 32%（酒精纯度为 64）。因此，双倍科恩酒是一种清澈的"上等"酒。爷爷迎接长孙时，会打开一瓶双倍科恩酒庆贺。双倍科恩酒中，更尊贵者须在木桶中熟成，酒精体积百分比约为 85%（酒精纯度为 170），用水稀释至（通常）38% 才能饮用。水质很重要，通常采用无矿物质的泉水。采用融化冰川水的则称"冰科恩酒"（Eiskorn）。水质、过滤和蒸馏的次数在很大程度上决定了双倍科恩酒的口感。与普通科恩酒一样，双倍科恩酒也不得使用任何添加剂。遗憾的是，高品质和高纯度的概念似乎正失去影响力，科恩酒和双倍科恩酒在德国市场上的份额也有所下降。名字怪异、成分不明、使用人工色素的花哨饮料更受欢迎。不过，越来越多的鸡尾酒开始将科恩酒用作原料。

225

1　"花之力"指 20 世纪六七十年代初年轻人信奉爱与和平的反战文化取向。

午餐后饮用烈酒是否有助于消化？是的。不仅仅午餐，早餐、晚餐后饮用亦有助于消化。烈酒能促使胃酸分泌并刺激蛋白质消化酶。20世纪70年代前，德国的任何一家好餐馆或家庭酒吧总能找到科恩酒、双倍科恩酒如施泰因海卡（Steinhäger）。施泰因海卡是施泰因哈根市生产的一种双倍科恩酒，用石头瓶装出售（Stein意为石头）。在我的故乡，人们总会在周年派对上畅饮施泰因海卡。玩牌时，定少不了科恩酒、双倍科恩酒如施泰因海卡来助兴，工地的工人也必配着这些酒水吞下碎肉卷。早餐饮科恩酒可使身体进入工作状态，晚餐饮科恩酒则有助于睡眠。如今，形势发生了变化：巴西人的施泰因海卡饮用量已超过德国人两倍。

不过，一些传统仍得以延续。基督升天日[1]（也称 Vatertag，父亲节）那天，父亲与准父亲们拉着满载啤酒和谷物烈酒的手推车，穿行于公园和树林间；他们走得又久又远，通过饮用科恩酒获得了许多力量。这种庆祝父亲节的"奇特"方式可追溯至中世纪，当时，工人们被允许参与宗教游行来庆祝夏至。1517年，马丁·路德（Martin Luther）发起宗教改革，庆祝仪式随后发生变化，祈祷仪式被啤酒、烈酒所取代，未婚女性也参与其中（妻子须留在家中照顾孩子）。如今，某些地区举办商业性的绅士父亲节派对，有装饰精美的马车，有时甚至不提供科恩酒。2008年，

1　"基督升天日"意在纪念耶稣基督复活40日后的升天。

德国联邦家庭部部长乌尔苏拉·冯德莱恩（Ursula von der Leyen）呼吁在父亲节这天禁酒。这一倡议无法实行，他显然并未意识到，父亲节没有科恩酒就如感恩节没有火鸡。

如今，德国约有800家科恩酒厂，生产几千种不同的科恩酒。下面推荐一些笔者最喜爱的双倍科恩酒厂和科恩酒。

226

北方庄园（Echter Nordhäuser）。这家位于诺德豪森的传统酒厂很早便开始生产科恩酒，产品也许是科恩酒中名气最大的。酒厂仅使用黑麦作为谷物原料，必要时用德国橡木桶陈酿。

百人城（Berentzen）。位于哈塞吕内的百人城是最大的科恩酒厂，仅使用小麦，在橡木桶中陈酿至少12个月。其产品酒精体积百分比均为38.5%，除0.7升的标准瓶外，还提供"加量"版的3升装双倍科恩酒。

俾斯麦亲王（Fürst Bismarck）。酒名取自科恩酒爱好者帝国宰相奥托·冯·俾斯麦的继任者。原料为温和的小麦和浓郁的黑麦。

霍夫·埃林豪森（Hof Ehringhausen）。该酒厂仅采用小麦，用橡木桶陈酿，产品酒精体积百分比为42%。也出售0.2升和0.5升装的小瓶双倍科恩酒。

哈登贝格（Hardenberg）。位于内尔滕–哈登贝格的哈登贝格酒厂以"婚礼小麦"（Hochzeitsweizen）闻名，这是一种精酿的双倍科恩酒，最初作为贵族卡尔–汉斯·冯·哈登贝格伯爵（Carl-Hans Graf von Hardenberg）女儿的结婚礼物被酿造。

奥斯霍尔施泰纳（Ostholsteiner）。1824 年以来，这款清型双倍科恩酒一直在吕特延堡蒸馏。该酒以小麦为原料，经 9 次过滤，用提取自冰川正面冰碛中的特殊水稀释。

柏林蒸馏者（Berliner Brandstifter）。该酒厂 2009 年以来生产的每瓶小麦双倍科恩酒均为手工装瓶并手写标签。

施瓦茨和施利齐特（Schwarze & Schlichte）。350 多年前，这家酒厂就已致力于科恩酒的生产，其旗舰产品弗里德里希·法斯科恩（Friedrichs Fasskorn）在曾用于陈酿干邑、威士忌或雪利酒的橡木桶中熟成。在橡木桶中熟成两年后，双倍科恩酒的风味和色泽愈加突出。

克洛斯滕布伦纳修道院（Klosterbrennerei Wöltingerode）。1682 年，为支付火灾后重建的费用，克洛斯滕布伦纳修道院被迫蒸馏并出售科恩酒。其独有的埃德尔科恩酒（Edelkorn）仅采用修道院水井的手舀泉水，敬献给修道院的著名教务长约翰内斯·瓦彭施蒂克（Johannes Wapensticker）。

沃内克谷物酿酒厂（Kornbrennerei Warnecke）。这家位于布雷登贝克（Bredenbeck）的酒厂提供参观服务，向游客展示由谷物酿成科恩酒的过程。

双倍科恩酒的生产工艺与威士忌大致相同，不过，这种独特的烈酒具有更强烈的专属个性。德国和奥地利以外也存在类似产品，但双倍科恩酒的名字受到保护，其他产品不得使用。每种原料、每个生产步骤、木桶（有时用陶桶）陈酿过程中的每个小时都对烈酒的口感十分重要，饮用方法更是如此。有人喜欢在室温下饮用科恩酒，有人则喜欢冰镇饮用。畅饮或啜饮，感受到的烈酒风味与香气会有所不同。不过，无论偏好如何，均应用 0.02 升或 0.04 升（0.7 盎司或 1.4 盎司）的小杯饮用。科恩酒比伏特加更具风味，因此代替后者成为许多德国鸡尾酒的原料。事实上，简单的科恩酒、高贵的双倍科恩酒均是各类软饮的好搭档；不过，由于笔者的姓氏是 Schierwater，且习惯不掺水饮科恩酒，我不曾品尝这种珍贵的烈酒与其他饮料混合的产物。此外，双倍科恩酒可保存数十年甚至更久——不过，即使"家藏万罐"，恐怕忍不住馋虫，不久也就饮尽了。

17

白　酒

马克·诺雷尔（Mark Norell）

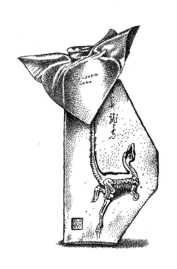

　　　　白酒在中国无处不在，因此诞生了大量"珍藏版"白酒。珍品白酒的交易市场十分活跃，其中不仅有收藏家，亦有"造假者"，"造假者"将烈酒装入十分罕见的容器中，他们知道这瓶酒大概率不会"入腹"，而是会被置于玻璃柜或架子上，成为荣耀的象征。互联网上的白酒交易十分活跃，一些空瓶的售价高达数百美元。图中的纪念酒瓶来自中国东北的辽宁省，当地有大量白酒厂。20世纪90年代，辽宁也成为最早发现带羽毛的恐龙化石的地区。1999 年前后，辽宁中部的小城北票就该地区异常丰富、科学价值重大的化石召开了一场早期会议，我在会议上见到了这个酒瓶。酒瓶上的恐龙是人们发现的第一只有羽毛的恐龙，这是一种约两英尺长的小型恐龙，被命名为"中华龙鸟属"（Sinosauroperyx），酒瓶上却写着"中国恐龙鸟酒"。瓶中的白酒为大米酿造，我曾在某个狂欢的庆祝长夜饮下，记忆中酒的味道有些模糊，但令人愉悦。

你听说过白酒吗？于我而言，这名字勾起我对中国最美好也最糟糕的回忆。我最严重的几次宿醉都是因为喝了白酒。白酒宿醉的后果十分严重，据称会导致眼部血管破裂，还会持续打嗝一周。尽管如此，白酒仍在中国备受喜爱。白酒是中国的国酒，贫民富贾皆能享用。中国人口众多，自古以来就有在节庆、社交场合饮酒的传统，且中国文化、宗教对酒精少有规定，因此，白酒是世界上最受欢迎的烈酒。在全球范围内，白酒的消耗量比威士忌、金酒、龙舌兰和伏特加的总和还要多。白酒也可能是最昂贵的酒，2011 年，中国的一瓶白酒拍出了相当于 150 万美元的天价。

西方的词语不足以描述白酒的诸多风味。谈及白酒，我首先想到的词是"浓烈"、"和暖"与"时髦"；事实上，形容白酒时，西方人采用的比喻多多少少带有贬义。白酒字面意思大致为"白色的酒"，十分笼统，但该词词义并不单一。与威士忌一样，白酒是许多不同地区不同风格蒸馏酒的统称。白酒的不同品种被称为"香型"，大致对应西方词中的"风格"或"风味"。最轻盈且最符合西方人口味的是"米香型"，主要产自中国东南地区。

与其他多数白酒不同，米香型白酒主要由大米制成，口感细腻，嗅闻时有一股米香。另一轻型白酒为"清香型"，在中国北方非常流行，用大麦和豌豆发酵的高粱蒸馏而成（稍后详述）。最受工人欢迎的是清香型二锅头，装在绿色小瓶中出售，在中国随处可见。在机场，安检设施前的垃圾桶里堆满了口袋大小的空瓶，是饮酒壮胆的游客留下的痕迹。

南方的白酒是最正宗的传统白酒。南方白酒的香型为浓香和酱香。酱香型白酒很难酿造，需经几个蒸馏、发酵阶段方能制成，胆小之人断不敢尝试。我曾在一本中国航空杂志上看到过这样的描述，"不建议新手饮用""只适合真正的酒客"。酱香型白酒主要产自四川省和贵州省，这两个地区因口重、嗜辣而闻名；在这些地区，浓烈、辛辣的白酒被看作吃所有辣菜时不可或缺的元素。事实上，"刺鼻"远不足以形容酱香型白酒与浓香型白酒。一位美国同事形容品尝一杯浓香型白酒的感受就像"从足球运动员的袜子挤出混有汽油的呕吐物"。尽管如此，在中国，浓香型和酱香型白酒仍出品了一些上乘之作，五粮液（浓香型）和茅台（酱香型）等品牌堪称中国酒水界的劳斯莱斯。当代茅台的售价高达数千美元，收藏酒则超百万美元。

与许多其他蒸馏酒一样，白酒通过谷物发酵生成。对多数谷物烈酒而言，将谷物转化为可饮用的酒精需两个步骤，即将混合谷物与水相结合，随后加热实现糖化，也即先让淀粉转化为糖，再进行发酵。相较之下，白酒生产只需一个步骤，即将一块以谷物为基础的微生物培养物（称为曲，或"霉饼"）与蒸后的谷物相混合。曲包含糖化所需的全部酶、酵母以及发酵所需的其他微生物。根据所需的风味与工厂的季节温度，谷物和曲的混合物发酵可达 3 个月。

高粱是酿造白酒最常用的谷物，但有时也使用小麦等。在中国北方凉爽的温带地区，清香型白酒几乎全部由高粱酿造，通常在埋于地下的大陶瓷缸中发酵，以保持恒定低温。在南方，米香型、浓香型和酱香型白酒几乎完全由高粱酿造，在黏土或石质底部的窖池中发酵。根据地区不同，窖池四周排列着石头、黏土，偶尔也有砖块；窖池赋予了白酒独特的风土。

产品发酵后再蒸馏，蒸馏多在看似特大蔬菜蒸笼（现在多由不锈钢制成）的装置中进行，酒精纯度可达 140。装瓶前，馏出物稀释至 105 左右的市场酒精纯度，但最烈的酒可能并不稀释。与多数烈酒一样，水会淡化酒的味道，释放大量挥发性物质。几乎所有的白酒均由调酒大师以类似混合苏格兰威士忌的调酒方式调配而成，每个调酒师（与标签）均有自己独特的风格和爱好。蒸馏后的白酒通常在大型陶瓷、石灰石或不锈钢容器中陈酿至少1 年。酱香型白酒须陈酿 3 年以上。

历史上，诸事起源都很模糊，白酒等多数酒类亦如此。古人有云：周朝时（前 1046—前 256），名为杜康者将高粱种子储存在空心树的洞中，后来被雨淋湿；回到空心树四周时，杜康嗅到一种奇特的香味，受此驱动制出了更多美酒。当时蒸馏技术尚未问世，不过，据称此酒为中国古代以高粱为原料的酒水奠定了基础。

考古证据显示，早在汉代（前202—220），中国人就已开始蒸馏烈酒：该朝代遗留的砖块表面清晰刻有似是蒸馏的场景。此外，上海博物馆还存有几件该时期的青铜"蒸馏器"，但其确切功能尚有争议。通常认为，现代风格的白酒最早出现在唐朝（618—906）：唐朝诗人白居易与雍陶兴致勃勃地描绘了饮用白酒的场景。然而，直到元朝（1279—1368）和明朝（1368—1644），中国才引入了更先进的中东蒸馏技术，白酒制造呈现其现代形式，中国传统蒸馏器因之转变为适应大规模生产方式的形态。在明朝，白酒还被纳入了《本草纲目》。

当今，连泥煤味最浓烈的苏格兰威士忌和最苦涩的阿马罗酒都已打入世界顶级鸡尾酒酒吧，白酒的产量和消耗量如此，却未能在国际市场上赢得追随者，实属奇怪。中国游客与移民在全球活动，（至少在部分地区）白酒的出镜率越来越高，白酒制造商却仍未找到打入西方市场的方法。若干年前，纽瓦克机场的一间登机前酒吧入驻了少量品牌的白酒。随着中国影响力的不断扩大，人们痴迷于一切中国事物，纽约、旧金山和洛杉矶均开设了"白酒"主题酒吧。纽约有一间名为Lumos的酒吧，提供各种档次的白酒及各种以白酒为主题的鸡尾酒。酒吧的一位宣传人员将白酒的香味宣传为"性爱的味道"；这家酒吧现已不在运营，显然，这种"性爱"并不具备纽约人喜欢的那种包罗万象、内涵丰富的特性。不过，美国城市的唐人街仍常见白酒的身影。

中国有数千种白酒品牌。其中一些大型企业的产品打入了国际市场，比如五粮液和茅台（茅台酒的总部设在茅台镇，产品为鼎鼎大名的同名酒"茅台"）；有些则是小型地方酒厂或从事私酿工作的家庭作坊。我将向各位随机列举几款产品。于贵州茅台酒而言，一瓶375毫升的高档贵州茅台售价约350美元，令人望而却步，其高端产品售价则可达数千美元。最高档的五粮液价格高达3500美元。当前，市场上出现了一些新式白酒，如产自俄勒冈州的米香型白酒Vinn，面向美国市场，是我品尝过的口感最顺滑的白酒之一。明河酒是泸州老窖生产的一款浓香型白酒，该酒厂的部分发酵池可追溯至1573年；目前，明河酒正进军国际市场。水井坊也是一家历史悠久的白酒企业，在四川成都拥有一家具有600年历史的酒厂。其产品属浓香型，先经5年陈酿，再与"酒龄"40年以上的老酒进行勾兑。水井坊甚至还有一些"古董"酒种，部分存放于酒厂的地下室。我家中的架子上就陈列着一瓶（友人馈赠），名为"道光"，1845年产自锦州的一家酒厂，为50毫升瓶装。这瓶酒装于展示匣中，内有一本书和一张DVD，介绍了酒的"考古"遗址。这瓶酒尚未开封，且等我临终时再一醉方休。近年来，市场上甚至推出了手工白酒品牌，以迎合大批涌现的新兴中产阶级。于穷人而言，红星二锅头总是最优之选，100毫升的瓶装价格低至1.5美元。

白酒既适于正式场合，也可私人小酌。白酒具有极强的社交属性，也考验身体素质。无论是高雅的水晶雕花玻璃瓶白酒，还是绿色小瓶二锅头，我都品尝过。在正式晚宴上，稀有的珍藏酒瓶置于圆桌中央，下方垫有白色的桌布。在非正式场合，白酒多是友人间的畅饮之选。我的一位工作压力较大的朋友，过去每周都会在北京三环路转悠几个晚上，喝上半升白酒。通过控制车速，他能在 42 分 49 秒内听完平克·弗洛伊德（Pink Floyd）的《月之暗面》[1]（*Dark Side of the Moon*）（作为中国的首都，北京的交通十分拥堵，政府也对酒后驾车施行严厉打击，因此，这种行径已不可能复现）。

在中国，醉酒并不失面子，因此，白酒常被大饮特饮。事实上，无论东道主的身份是什么，是一介村夫还是身价数十亿美元的实业家，宾客拒酒都必被视作一种侮辱。只有东道主放下酒杯，宾客才能停止饮酒。不过，白酒多佐餐饮用，我曾在高档餐厅多次见人一番豪饮后被搀扶而出。我的一位美国同事在一次狂饮后，人们只得用行李车将他送回酒店房间。有些酒店甚至提供配有医护人员、可静脉输液的房间，帮助客人快速从醉酒状态中恢复。

在中国，每逢节庆与商务活动，白酒通常都是不可或缺的元素。宴会用餐更是有一套饮酒的程序和礼节。其中，部分礼节取决于饮酒的时间、地点、原因与对象。中国的饮酒之道不同于日本茶道，但也有自己的一套礼仪。中国儒家传统为饮酒规定了几条通用的规矩，中国饮酒文化亦有三大原则，即酒品、酒量和酒

1　《月之暗面》是英国摇滚乐队平克·弗洛伊德 1973 年发行的一张专辑。

胆。座位的顺序依东道主而定，还须看是否有主宾：东道主与地位最高的宾客在桌子的上首落座，面向门口。以上首为中心，向左向右的宾客地位逐渐降低，背对门落座者地位最低，通常承担跑腿职能（买烟、结账或安排车）。男人比女人喝酒要"凶"，但也有不少"女中豪杰"。酒上桌后，东道主或指定人员对酒进行检查，倒入陶罐或玻璃罐中（玻璃罐较少用）。白酒多在室温下不掺水饮用，通常由服务员持酒壶，为各人倒入透明的小玻璃杯（约15毫升）中。正如龙舌兰酒以"shot"（杯）为单位、苏格兰威士忌以"dram"（杯）为单位，小玻璃杯就是白酒的度量单位。不过，必要时，任何玻璃杯都可用于饮白酒。

在亚洲，敬酒关乎"面子"。与西方文化不同，第一杯酒通常由东道主来敬，对客人莅临表示感谢。东道主举杯之前，宾客不得先饮酒。用右手握杯，可用左手掌托住杯底，以示对东道主的尊重。按照习俗，应将杯中酒全部饮下，饮毕后呼"干杯"（也可翻转酒杯，证明杯中已滴酒不剩）。之后的饮酒礼仪就非常严苛了，甚至具有风险。东道主先敬一二杯酒，随后单个宾客开始敬酒，可向身旁位于左或右的人敬酒，也可向桌上任意人敬酒。比较礼貌的做法是起身走到餐桌的另一侧，如此便可向多人敬酒。通常，人们不需要任何铺垫，就会将酒杯"满上"，随后一饮而尽。饮酒的过程可能十分冗长，在东道主（或东道主之一）停止饮酒，壶中酒饮毕后，宾客方能离场。

白酒文化在中国十分盛行。在中国居住的30多年中，我曾参与学术研究并游历大好河山，白酒给我留下了许多难忘的记忆。一次，辽宁省的一位政府官员叫来一名身材魁梧的东北妇

235 女，后者带来一个篮子，活像是无政府主义者揣了一堆老式炸弹：事实上，这些是年代极为久远的白酒瓶，据说要早于中国的解放战争。这些酒瓶是密封的，只能用锤子和螺丝刀凿孔。那是一个冬天，我们在没有窗户、烟雾缭绕的房间吃了一顿饭，房间内荧光灯在闪烁。我们团队到访该地，当地专门设宴招待。天色已晚，当天欢乐的场景已在我记忆中变得模糊。宴毕，难受的体验到达了顶点。次日早上，我感到只有喝啤酒才能缓解，工作人员小虎热心地买回一瓶啤酒，瓶盖一拧，我便匆忙灌下——瞬间我便尝出这是白酒口味的啤酒。后来发生的事一言难尽。

如今，中国人追求更为西化的饮食与生活方式，在上海、广州和北京等大城市，昂贵的葡萄酒与微酿啤酒随处可见。人们致力于提升健康水平，政府也大力提倡杜绝吐痰、吸烟和过度饮食等行为。另外，中国有着深厚的社交饮酒习俗与宴请礼节，中国人日益提高的生活水平也对此起到推进作用。大宴宾客与携伴出游是当代中国文化的重要组成部分，白酒则是这一切的中心。

18

格拉巴酒

米歇尔·菲诺（Michele Fino）

米歇尔·丰特弗朗西斯科（Michele Fontefrancesco）

过去，在多数意大利人眼中，格拉巴酒与"地点"关系不大，却与"人"息息相关。格拉巴酒常出现在烟雾缭绕的房间和好友打牌作乐的夜晚，口味浓烈，口感粗糙，酒精含量极高，令人眩晕。格拉巴酒由产地不同的各类葡萄渣蒸馏而成，因此难以言明其成分。这些观点曾是正确的，如今却不再适用。如今，具有纪念意义的格拉巴酒盛装于时尚的瓶子里，瓶身标签描述了由特定的某种精选葡萄制成的酒渣，由历史悠久的著名公司种植和蒸馏。酒体独特的颜色令人联想到琥珀或夏日的稻草，其是橡木桶中陈酿数个季节的产物。酒体的气味圆润，有花香和香料的气息，酒精体积百分比高达 40%，但每次入口皆令人愉悦。如今，格拉巴酒向酒客讲述着著名风土的新故事，阐述了巴罗洛与巴巴莱斯克（Barbaresco）等卓越葡萄酒中果渣的来龙去脉，为之增添了声望。换言之，格拉巴酒已成为探索意大利葡萄栽培景观与独特香味的途径。图中正是这样的两瓶酒，可谓珍品中的珍品。

凡喝过格拉巴酒者，都会记得第一次品尝此酒的情景：先是一阵果香，随后，浓烈的风味带着香味与高浓度酒精扑面而来，瞬间"点燃"喉咙。主流格拉巴酒的酒精体积百分比一般在 35%—40%，但绝不仅限于此，私人酿造的产品酒精含量更高。作为意大利北部的经典蒸馏酒，至少从 15 世纪起，格拉巴酒就已在意大利北部持续生产。在当地，格拉巴酒已成为社会生活中的基本元素、食物补充及今日所谓"传统农村循环经济"的重要组成部分（本章稍后将详述）。如今，意大利全境都能喝到格拉巴酒，意大利中部、南部也有许多优秀的格拉巴酒商，于他们而言，格拉巴酒的制造与其说是一种传统，不如说是一种高品质的生产和销售。

"格拉巴"（grappa）一词证明了格拉巴酒的起源及其复杂的历史：意大利在 19 世纪实现统一；在此之前，意大利内部存在政治差异，格拉巴酒的历史因此更加复杂。20 世纪初，"grappa"一词才正式被纳入意大利语，1905 年被收入词典。此前，该词只在意大利东北部地区使用，其他地区的格拉巴酒则采用其他名称。于威内托人而言，格拉巴酒的意大利语词为"graspa"或"grapa"；在西北部的皮埃蒙特，则是"branda"；对撒丁岛居民而言，则是"fil'e ferru"。

格拉巴酒通过碾碎葡萄并蒸馏葡萄渣制成，葡萄渣由葡萄皮和葡萄籽组成，还可能有葡萄梗等其他残渣。蒸馏意在通过蒸汽法（通过加热葡萄渣产生蒸汽，或在蒸馏器外部产生蒸汽，并送入蒸馏器中）提取出所需化合物（如水、乙醇、有益的酸及珍贵的微量酒精）。通过去除"酒头"和"酒尾"，不需要的化合物被剔除，包括浓缩出甲醇的初始馏分及含有大部分难闻芳香化合物的最终馏分。通过向馏出物加水确定最终的酒精含量。从葡萄渣这一步开始，格拉巴酒就不同于干邑等白兰地葡萄酒。格拉巴也不同于葡萄白兰地（著名格拉巴酒制造商诺妮酒庄 1988 年在意大利发明的新型烈酒），后者由尚未分离的葡萄酒与葡萄渣蒸馏而成（图 18.1）。

长久以来，格拉巴酒大多由农民用简易蒸馏器制成。当时的压榨强度更高于现在；压榨流程完成后，葡萄渣留在压榨机中或被掩埋起来，直到冬天的第一场雪降临。冬天，农民拥有大量空闲时间，人们将雪用作蒸馏过程中酒精蒸汽冷凝所需的冷却介质。归功于这种实用的方法，数代自制葡萄酒的农民能从已榨至极致的酒渣中"掏走"最后一滴酒精。这种酒极易受原材料氧化的影响，易沾染上醋味及其他不愉快的气味；不过，在农民们看来，终产品的质量无须担心。因此，国产格拉巴酒通常无任何精炼过程，全然是一种蒸馏产物，通常具有刺激性的感官体验。饮格拉巴酒被看作男子气概的证明。

图 18.1 巴罗洛最古老的格拉巴酒厂"蒙塔纳罗"与其采用的铜制蒸馏器。

除家用格拉巴酒厂外，自 18 世纪起，商业格拉巴酒厂不断涌现，数量也不断增加。如今，专业生产的格拉巴酒与自制的截然不同，口感更优，酒精含量通常更低。此外，当今市场既有面向大众市场的主流格拉巴酒，也有更优质的精品格拉巴酒。主流格拉巴酒以未经挑选的葡萄渣为原料，由连续蒸馏器制成；蒸馏物经物理处理以降低粗糙程度，且陈酿并不总是充分完成。与此相反，优质精品格拉巴酒通常采用知名葡萄酒商的单一品种葡萄渣，由技艺精湛的蒸馏大师新鲜蒸馏，小心保留葡萄品种甚至风土的复杂性，为饮用者带来极佳体验。生产方法大为不同，格拉巴酒的价格也千差万别。在意大利，主流格拉巴酒并不注明葡萄品种或产地，每瓶售价不到 10 欧元；优质格拉巴酒需考虑陈酿、酒厂声誉、葡萄渣产地及提供葡萄渣的葡萄酒原产地名称等因素，因此成本较高，每升售价可轻松超过 80 欧元。

2008 年 2 月 13 日起，"grappa"一词不再仅是一种葡萄渣蒸馏酒的传统名称，也是欧盟官方的地理标志保护（Protected Geographical Indication，PGI）。这也就意味着，该词此后仅能用于指代意大利的一种葡萄渣蒸馏产品。奇怪的是，2008 年之前，意大利已为许多地区的格拉巴酒申请并获得了欧盟的地理标志保护：伦巴第、皮埃蒙特、弗留利、威内托、特伦托、上阿迪杰和西西里自 1989 年起均受此保护（瓦莱达奥斯塔格拉巴酒的 PGI 目前处于"申请"状态，一旦获批，意大利北部将被确立为专制格拉巴酒的地区性 PGI）。

几个地区的格拉巴酒及与巴罗洛、马萨拉等指定原产地葡萄酒相关的格拉巴酒先获得欧盟保护，此后，格拉巴酒才在意大利范围内获得保护。这是为何？答案藏在千里之外。2000 年前后，欧盟和南非共和国之间的一项国际贸易与合作协议允许用"grappa"这一术语广泛指代在南非生产并大范围销售的蒸馏酒。意大利先动用外交渠道，又借助 PGI 机制，致力于将该词词义限制于意大利本土生产的产品。事实上，作为整个贸易与合作条约的批准条件，意大利要求南非生产商停止使用"grappa"一词，改用通用的"grape marc spirit"（葡萄果渣酒）。目前，这一事项尚未得到解决，南非酒商仍沿用"grappa"之名，但不可在销往欧洲的产品上使用。

欧洲其他的 PGI 或受保护的原产地名称（PDO，Protected Designation of Origin）产品，均由欧盟委员会批准的规格决定其制造方式。当前的 PGI 规定于 2016 年生效，近来又随 2019 年 1 月 18 日发布的意大利部长法令（Italian Ministerial Decree）而更新。该法令允许用任何意大利原产地名称和地理标志保护的果渣制造格拉巴酒，规定了可使用的生产技术及糖和焦糖的添加量（糖为每升 20 克，焦糖为体积的 2%，但仅用于陈酿的格拉巴酒）；该法令还对加水稀释与陈酿标签做出了规定。

关于"grappa"这一名称，当代颇有争议。因此，有必要对其含义进行了解。事实上，该词最早可能起源于德国，源于德语词"grap"：这是一个古老的术语，用于指代采摘葡萄的钩子——由此可联想到英语中的"grapple"（抓）一词。可以想象，格拉巴酒的尖锐口感与钩子般的力量间存在联系，其浓烈的味道甚至可与坎卜斯（Krampus）的邪恶工具作比：坎卜斯是圣诞老人在中欧的对立人物，在圣诞节期间走家串户，对坏孩子施以惩罚。"Grappa"一词的现代用法植根于格拉巴酒在意大利的起源地，也即意大利北部的波河河谷。我们今天所知的"grappa"源自伦巴第和威尼斯方言，在当地，这种酒水被称为"grapa"：这一术语源自"grapus"（在拉丁语中意为葡萄）或"graspo"（在意大利语中意为葡萄串的梗，包括木质部分，但不包括葡萄本身）。制酒过程中，一串葡萄经过处理，葡萄梗保留

241

下来，并与葡萄渣一并蒸馏成酒。

格拉巴酒的历史在一定程度上被神话了。大量酒厂及意大利国家格拉巴酒研究所（Italian National Grappa Institute）将格拉巴酒溯源至古代，更确切地说，是托勒密埃及（Ptolematic Egypt）晚期。然而，更稳妥地讲，格拉巴酒的起源应在中世纪晚期，当时蒸馏技术从阿拉伯世界传入意大利（见第 2 章与第 3 章）。蒸馏最初是一种炼金术活动，服务于制药目的；直到文艺复兴时期，格拉巴酒才作为一种娱乐性酒水声名鹊起。葡萄渣蒸馏文化迅速在意大利北部各地扎根，格拉巴酒的地方性名称一时间大增。作为最古老的格拉巴酒厂之一，纳尔迪尼酒厂（Nardini Distillery）始于 18 世纪，位于巴萨诺·德尔·格拉帕（Bassano del Grappa，靠近维琴察，位于威内托大区）：它是仍在营业的酒厂中历史最悠久的，仍由同一家族运营。

早期商业酒厂开始从事生产的同时，蒸馏也在意大利北部的农村地区传播开来。事实上，这种家庭式无执照的农家产物足以衡量格拉巴酒的成功。在可栽培葡萄的地方，至少在 20 世纪上半叶前，葡萄酒制造在农村的家庭经济中发挥着重要作用，每个农场都会种植少量葡萄，满足家庭的葡萄酒需求。在此情况下，酿造格拉巴酒是完成农村家庭"循环经济"的重要步骤。也就是说，这一步骤有助于最大化利用各个农场的农产品与副产品，几乎可将浪费降至零。人们对制葡萄酒的遗留物进行蒸馏，以此生产格拉巴酒，将其用作可饮用的酒水，食品保鲜剂，食材，治疗咳嗽、消化不良与头痛的常用药，以及处理割伤等伤口的防腐剂。

⌣⌣🍷

　　格拉巴酒的重要性首先见于普通民众的生活。意大利的资产阶级与贵族之家藏有大量昂贵的威士忌、干邑和罗索利酒（rosoli，将鲜花与水果浸泡于酒精中制成的甜酒），大多为舶来品。不过，廉价的格拉巴酒占领了工人和农民的市场。格拉巴酒还具有一定的私密性。意大利施行着严格的管控，不过，自19世纪起，小型酒厂在乡村地带广泛传播，有时也能打入城市中心。这些小型酒厂由酒厂主人手工制酒，酒厂主多为当地的铁匠，打造蒸馏所需的设备不过是小事一桩。酒厂只需很少的材料即可完成整个生产周期，一张桌子和几平方米空间，能装下蒸馏器、锅炉和冷凝器足矣。如此，足以制出几瓶酒供亲友享用。这些家庭作坊大多小心"隐身"于地窖或阁楼，以躲过警察与邻里的耳目。几十年来，格拉巴酒就是意大利的本土私酿酒，关于意大利乡村的口述历史充斥着夜间秘密蒸馏的故事，强化了这种烈酒隐秘、叛逆和危险的名声。在多数人看来，格拉巴酒的危险性在于无证蒸馏时当场被抓的风险。即便在今日，意大利仍对非法蒸馏行径施行最低7500欧元的罚款和最高6年的监禁。此外，家庭蒸馏通常通风不充分，可能导致严重的酒精中毒，且去除甲醇"酒头"的方法并不规范，可能为饮用者带来严重后果。

　　自制的格拉巴酒通常十分粗犷，"爷们味儿"十足，这主要是因为采用的分馏方法不精确，且步骤上有所削减，因此，酒尾中残留了馏出物的一些"尾巴"。酒尾通常对身体无害，但确实有挥之不去的苦、酸或油味，使得蒸馏物难以入口，因此，饮用粗制格拉巴酒甚至成为一种"男子气概"的仪式性考验。成年人也多在酒馆和酒吧（这些场所多为男性光顾，特别是晚上）饮用格拉巴酒，将其用作葡萄酒的廉价替代品。漫漫长夜，男人们在打牌和聊天时首选格拉巴酒相陪；后来，格拉巴酒常用作咖啡的添加剂，为热饮增添了酒精成分，令人精神焕发，在早晨或丰盛的晚餐结束时饮用更佳。

格拉巴酒首先是一种令人愉悦的酒水。无论在家中还是酒吧，它一直是亲友共享的对象，伴着面包、奶酪和香肠一同下肚。这种欢愉也与部队的战友情谊相关，特别是一战后，格拉巴酒在军队中流行起来。战争期间，前线穿过传统的格拉巴酒产区，军人极易获得这种急切渴望的蒸馏酒。格拉巴酒正式成为士兵每日补给的重要组成部分，特别是驻扎在寒冷的阿尔卑斯山地带的士兵。战争结束后，军队保留了饮用格拉巴酒的习惯，尤其能在冬季保持体温。因此，对于一战老兵特别是曾在阿尔卑斯山服役者而言，格拉巴酒象征着在战壕中艰难度日的战友情。对下一代人而言，从青年到成年的转变不再由兵役实现，而是由格拉巴酒"代劳"。

格拉巴酒在军队中盛行，也借助军队走向意大利北部以外的地区：意大利其他地区的入伍者得遇此酒并口口相传。1900年前建成的20家酒厂均位于意大利北部（6家在皮埃蒙特，6家在威内托，6家在弗留利－威尼斯朱利亚，1家在伦巴第，1家在特伦蒂诺－上阿迪杰），如今仍在运营。第一次世界大战后，艾

243

米利亚－罗马涅大区、托斯卡纳大区和拉齐奥大区开设了大型酒厂，以满足该地日益增长的蒸馏酒需求。如今，格拉巴酒的消费主体集中在意大利内，出口量不大，主要集中在邻近的欧洲地区，不过，近年出口至美国的瓶装格拉巴酒一直在增长。德国承接了意大利格拉巴酒出口的绝大部分（86%），包括散装和瓶装。

格拉巴酒起到了枢纽的作用，将农场、酒馆、战壕与军营聚拢到同一关系网络中。它将农村与城市联系在一起。历史上，格拉巴酒被描述为一种廉价、简单、男性化的饮品。然而，这种刻板印象正在改变。过去几十年间，人们采用了更精细的蒸馏技术，格拉巴酒不再那么辛辣，而是有所软化。最新一代的格拉巴酒为悠长的发展史掀开了新的一页，向更喜柔滑口感的女性、年轻人与考究的酒客张开了双臂。

格拉巴酒在发展，但近年来其销量有所下降。过去，意大利人每餐结束时都以格拉巴酒或添加格拉巴酒的咖啡收尾，如今，这一习俗几乎消失殆尽：格拉巴酒口味浓烈，酒精含量高，在现代驾驶规定下容易发生事故。因此，消费者如今用餐时仍饮用葡萄酒或啤酒，尽量不饮用格拉巴酒。2008—2018 年（已是生产数据可查的最新年份），格拉巴酒产量急剧下降，从每年约 3000 万升降至 2120 万升。

格拉巴酒的产量在减少，其芳香品质却在不断提高，因此，格拉巴酒不断推陈出新，愈加精致，亦成为调酒师的最爱。这些改变都标志着格拉巴酒生涯的新篇章。从早期彰显阳刚之气的粗犷农夫酒水到战时军人的史诗级酒水与民族精神象征，再到如今新颖美食的原料，格拉巴酒已成为日益受全球各地时尚调酒师喜爱的精致"宠儿"。

19

果渣酒（与皮斯科酒）

塞尔吉奥·奥尔莫西加（Sergio Almécija）

　　我来自西班牙。在我的家乡，父亲常常光顾一家名为 A Rúa 的酒吧。每次我前去看望他，都会到这家酒吧大吃一顿。酒吧的老板佩佩来自加利西亚，总在我们享用完海鲜大餐后端上自制的餐后酒。我们知道这是好料，装在冰镇的旧塑料水瓶中，是老板自己罐装的。至于瓶子里装的到底是什么，我只能说无知是福。老板仅透露，这酒是从他家乡的某人那儿得来的。当然，这是原汁原味的（白色）果渣酒（Orujo），透明无色，香气扑鼻，干爽

稠密，苦中带甜，令人心中为之一暖。于我而言，果渣酒也是一 246
种筛选朋友的方式：若是某人不知餐后来上一杯果渣酒的益处，
怕是永远不能成为我的密友。

　　正如葡萄牙的巴卡榭拉（bagaceira）、法国的果渣白兰地
（marc）、意大利的格拉巴酒、希腊的齐普罗酒（tsipouro）或保
加利亚的拉基亚酒（rakija）一样，西班牙也有代表自己国家的烈
酒，即果渣烧酒（aguardiente de orujo），或简称为果渣酒、烧酒
（aguardiente）甚至甘蔗酒（caña）。像果渣白兰地、格拉巴酒等
一样，果渣酒是一种果渣白兰地，由酿葡萄酒剩余的固体残渣蒸
馏而成。该酒最早为透明质地，酒精体积百分比为50%。在阿斯
图里亚斯、坎塔布里亚、卡斯蒂利亚-莱昂等西班牙西北部地区，
特别是加利西亚（阿尔巴利诺葡萄酒的产地），蒸馏果渣酒一直
是葡萄种植者日常生活中的一部分。这个美丽的地区拥有"自相
矛盾"的特质：沿海地区海岸线崎岖不平，岩壁锋利；内陆地区
郁郁葱葱，田园牧歌，是凯尔特人和其他罗马帝国前的人类最早
定居之地。

　　至少从16世纪起，上述地区的居民就开始蒸馏果渣酒，不
过，对果渣酒蒸馏器的描述最早见于17世纪：当时，西班牙耶
稣会士米格尔·奥古斯蒂（Miguel Agustí）描述了邻国法国如何
蒸馏果渣白兰地。这一知识在不同修道院与宗教团体的炼金术士
间迅速传开，并沿圣地亚哥朝圣之路（Camino de Santiago）迅速
传播开来，可以推断该时期果渣酒的蒸馏也在当地得以推广。在
加利西亚，果渣酒可用于酿造不同种类的酒水，还是烹饪的常用

原料，可制作梨和苹果酱。果渣酒还可用于治疗头痛、牙痛、咳嗽等病症。此外，果渣酒显然还具有帮助奶牛下奶的功效，用其摩擦奶牛的相关部位即可。饮果渣酒是工人、水手的日常习惯，在开工前更是必不可少。常言道，"滴酒暖腹，愈强渐勇"。

果渣酒可在生产当年饮用，也可先经过陈酿再饮用。在加利西亚，果渣酒由巴加佐（bagazo），即生产葡萄酒遗留下来的潮湿果皮、果梗和籽制成，巴加佐的质量对终产品的质量至关重要。收获时节的葡萄渣量要大于蒸馏量，因此，多余的巴加佐通常会封存在密闭容器中，上限为五个月，容器容量通常在200—1000公斤。

在加利西亚，按照传统，蒸馏器内的锅炉可用木柴或煤气直接加热。蒸馏过程一般也分为两个阶段：先将葡萄渣中的挥发性成分转化为蒸汽，再将蒸汽冷凝为酒头、酒心和酒尾。分离出的酒头比例取决于巴加佐的质量，当离开冷却系统的蒸馏物酒精体积百分比达到45%—50%时，通常停止蒸馏。酒尾会被直接扔掉。为保证果渣酒的最佳质量，应对馏出物的温度加以控制（离开冷却系统时应保持在18—20摄氏度）。在加利西亚，果渣酒通常只蒸馏一次。原始馏出物比市场上销售的产品酒精含量更高；通过添加无色、无味和相对无盐的水（盐会沉淀，使果渣酒变得浑浊）降低酒精体积百分比。这种水很难从自然界直接获得，因此，如今的酒厂多使用软化水。

生产果渣酒的最后步骤是稳定、过滤和陈酿。若在酒精稀释后直接将果渣酒冷藏，较重的分子将从溶液中分离出来，果渣酒会因此变得浑浊。为避免这种情况，果渣酒需在 –20 — 2 摄氏度逐渐稳定几分钟到几小时。最终，通过过滤来去除果渣酒悬浮液中的所有颗粒，获得标志性的结晶光泽。如需要，可在夏栎桶中陈酿，橡木桶的质量将极大影响酒水的最终特性。

基础的果渣烧酒是生产其他烈酒的原料，其中，最受欢迎的当数每升含糖量不超过 100 克的药草烧酒（aguardiente de hierbas）和每升含糖量至少 100 克的药草利口酒（licor de hierbas）。每种烈酒在生产过程中至少使用三种不同的药草。任何人类可食用的植物都可用于制酒，但传统配方一般由薄荷、甘菊、路易莎草、迷迭香、牛至、百里香、芫荽叶和肉桂构成。在蒸馏过程中，烈酒中可能加入药草浸泡，或后期再浸渍。咖啡利口酒（licor de café）是一种用咖啡豆替代药草的变体。在加利西亚的部分地区，人们还会在葡萄酒尚有甜味时使用果渣酒中止发酵过程（有甜味意即糖分尚未完全转化为酒精），类似于干邑地区生产广受欢迎的夏朗德皮诺酒（Pineau des Charentes）时采用的工艺。

最受欢迎的果渣酒衍生物之一为火焰酒（queimada），或称"火焰潘趣"。关于火焰酒有一种调酒仪式，大多认为起源于异教徒时代：在仪式中，人们在红酒中加入糖、橙皮、柠檬皮、咖啡豆与果渣酒，然后用大勺搅拌并加热生成的混合物。各成分添加的比例依火力而定。点燃果渣酒与糖的混合物，将其搅拌并放至碗中，再对着特有的蓝色火苗吟唱咒语，就构成了仪式的重要组成部分，目的是吓走恶灵。据一些编年史记载，该仪式是由铁器时代（前 1300 — 前 700 年前后）占领加利西亚及周边地区的凯尔特人发起的。有人称这种"古老的仪式"仅能追溯至 20 世纪 50 年代，但不得不承认，在伊比利亚漫长的历史中，曾在其上居住的大量凯尔特人、罗马人与阿拉伯人留下了各类传统，均曾对这一神奇的配方产生影响。

秘鲁和智利的皮斯科酒（Pisco）值得特别关注，毕竟，有时皮斯科酒也被看作西班牙果渣酒的变种。然而，尽管秘鲁人开始蒸馏皮斯科酒的时间大致与西班牙的果渣酒相同，这两种酒的本质却截然不同。皮斯科酒通过直接蒸馏发酵后的葡萄汁制成，而非蒸馏压榨葡萄后产生的固体残渣。因此，皮斯科酒与干邑和雅文邑相似，但通常无须在木桶中长期陈酿。

征服者来到新大陆，也将灾难带至这片土地。不过，他们也带来了牛、橄榄油和葡萄等物资。起初，葡萄酒从欧洲运到新大陆，由于十分稀缺，只在教堂举行圣礼时使用。不过，人们很快便建起葡萄园。根据秘鲁历史学家洛伦佐·韦尔塔斯（Lorenzo Huertas）的说法，皮斯科酒的生产可能要早于 16 世纪末。起初，皮斯科酒可能主要用于葡萄酒的加强（防止醋酸菌发挥作用），而非直接饮用；而后，皮斯科酒成为秘鲁人身份象征的重要元素。使用的葡萄汁经发酵、蒸馏，储存在黏土罐中；罐子本身也称"皮斯科"，通常用作交换媒介。

皮斯科酒的名字来自秘鲁的港口城市皮斯科，这里也是皮斯科酒最重要的集散地。皮斯科市由阿尔瓦罗·德·庞塞（Álvaro De Ponce）建于 1572 年，原名圣玛丽亚·马格达莱纳（Santa

María Magdalena），后以所在的皮斯科山谷命名。"皮斯科"一名最早可能起源于克丘亚语中的"鸟"一词，因此，该词词源可追溯至前西班牙时期。

说回西班牙。果渣酒的生产与销售具有高度传统的特性，因此，加利西亚当前生产的果渣酒总量很难估计。19世纪末，人们认为果渣酒含有可能致命的有毒成分，生产因此被禁。数年后，加利西亚的部分地区恢复了蒸馏果渣酒的合法性。自1911年起，一些城市颁发了果渣酒蒸馏许可证，但存在一定限制（如限制蒸馏装置关键部件的获取途径，因此，只能进行特定方式的蒸馏）。1927年，根据名为"酒精蒸馏特殊方案"（Régimen Especial de Destilación de Aguardientes）的法律，许可证制度扩展至加利西亚的其他地区。根据该法律西班牙制定了一套税收制度，规定了果渣酒的销售地点，并允许使用常用的传统移动式蒸馏器。上述举措大大助了了果渣酒蒸馏业的发展。

1985年，"酒精蒸馏特殊方案"被更为严格的规定所取代，要求在固定的酒厂内进行果渣酒的蒸馏，活动式蒸馏器因此销声匿迹，传统蒸馏器也大受影响。不难想象，果渣酒的私酿行径因此增加。最近的一次法律修订于2012年，继续坚持要求使用永久性固定设施，并强制使用传统方法（如传统蒸馏器与直接加热），并要求在容量小于500升的橡木桶中陈酿至少1年（或在容量为500—1000升的大桶中陈酿至少2年）。现行法律的关注点在于生产一种既可安全饮用又具备高标准质量（如精致的酒体

250 颜色）的烈酒。不过世间诸事，结果往往出乎意料，该法律也推动了"传统"果渣酒的小规模生产，其产地只能通过贴在灌装塑料瓶上的标签纸猜测。

若有幸来到西班牙品尝上好的餐后酒，觅得一款出色且合法的果渣酒并非难事。鲁瓦维耶（Ruavieja）是西班牙大受欢迎的果渣酒品牌，在当地的每家超市和几乎每家酒吧、餐馆都能找到。这款果渣酒价格不高但十分精美，且拥有各类风格，如经典款、药草款、咖啡款甚至奶油款。传统的果渣烧酒（Aguardiente de Orujo Ruavieja）装在特色黏土瓶中，即便从冰箱中取出放在桌上（或在旅途中），瓶子的材质也能保持酒体的凉爽。阿弗拉多果渣烧酒（El Afilador Aguardiente de Orujo）也是西班牙的经典果渣酒。阿弗拉多公司（El Afilador）1943 年开始销售瓶装果渣酒（西班牙首家），为烈酒爱好者提供干净、清澈、明亮、温暖的传统果渣酒。

若是希望找到一款更具创新性的果渣酒，马·德·弗雷德斯（Mar de Frades）是个不错的选择。除传统果渣酒外，该品牌还独创了一种特殊的"原味"果渣酒，将本地的药草与水果（如黄香李）浸泡其中。该酒口感绵密，酒体呈黄铜 – 琥珀色，适合具有探索精神的酒客。这款果渣酒独特又美味，在全球范围内有售。也许，在您家附近的酒水专卖店就能买到。

20

月光威士忌（私酿酒）

罗布·德萨勒（Rob DeSalle）

为了一品这款酒，我们不得不穿上围兜工作服。当年，伊恩
在田纳西州的姻辛格兰维尔大叔也是这样做的——那时的他体贴而
富有魅力，齿间总叼着玉米棒子制成的烟斗，号称他酿的酒"喝多
了要命，少喝却能治百病"。许多年过去了，我们今天要品尝的烈
酒"藏匿"于闪闪发光的红色金属罐中，与松节油罐极为相似。标
签上写着"月光威士忌"（Moonshine Whiskey），承诺麦芽浆的原料
为 100% 的玉米（庄园自种），采用传统的铜制蒸馏器。扭开金属

盖，小心地倒出一杯清澈的酒液：酒的香气极为含蓄，伴有玉米的甜味。我们小心翼翼地品尝了一口，惊叹于其顺滑且并不常见的灼烧感，余味又相当悠长。这款烈酒略有些单调，但相当精致。品尝后，我们不禁好奇，要是在新木桶中陈酿几年，这酒水又该是何种口感；不过，未陈酿的酒已是口感极佳，并不令人觉得遗憾。一时间，我们身上的工作服显得有些多余了。

月光、麦芽浆酒、山露（Mountain dew）、私酿酒、家酿酒、私酿威士忌、白威士忌、卓普（choop）、闪亮（shiney）……这些都是私酿酒的美国化名称，与世界各地的数百种叫法相比，无非是小巫见大巫。其中，"moonshine"的词源本就错综复杂：该词的首次记载见于 13 世纪，字面意思为"月亮之光"，而该词指代酒的首次使用以传说的形式流传下来。

这一传说源起于 18 世纪末的英国，像世界其他地区一样，酒是当时英国政府的重要收入来源。烈酒进口受海关管制，威尔特郡的乡村显然成为藏匿违禁酒，尤其是水果白兰地的理想场所。具体说来，池塘正是藏匿非法酒的好地方：当地人先将藏酒的小桶置于水下，事后再用长耙打捞起来。某个月夜，打捞酒桶的乡里人被海关人员当场撞破，辩称是在打捞月亮照射到池塘表面的"奶酪"。来自城里的海关人员不明所以，只认为该地的农民头脑有些迟钝；于是，像传说中那样，这些酒就这样留存了下来。从那时起，"捞月者"这个外号用于指代威尔特郡那些用耙子打捞藏在池塘里的白兰地酒桶的人。后来，威尔特郡的后人跨过大西洋，又催生了"moonshine"一词，用于指代任何非法生

产的烈酒。该词主要用于美国的阿巴拉契亚和欧扎克地区，且非
常贴切——毕竟，偷运私酒需在夜间进行。

关于"moonshine"一词的来源，坊间的另一个版本就没那
么浪漫了，指夜间另有一份工作的人。对拥有合法雇佣工作的人
而言，该词最终演变为"moonlighter"，而在阿巴拉契亚山脉，
该词的最初形式得以保留，指代那些制造私酒、供酒贩子在半夜
转移的人。1920—1933 年，即禁酒令期间，酒精生产与消费在
美国被禁，"moonshine"一词正式成为美语词。

最终，"moonshine"成为国际通用的英语词，指代任何清澈
且未陈酿的非法威士忌（包括爱尔兰或苏格兰版威士忌）。事实
上，几乎每个国家都有自己的私酿酒，只是名称不同罢了。本章
主要关注私酿酒在美国的发展情况，私酿酒的制造和消费既反映
了人们对税收政策和联邦政府的漠视，也是人们与亲朋好友在家
中共享美酒意愿的表达。

在美国，私酿酒的历史可追溯至美国独立战争的开端。1789
年，美国宪法获批，新的联邦政府获得征税权。正如亚历山
大·汉密尔顿（Alexander Hamilton）所言，进口税本就高得离
谱，因此没有进一步征收的空间。而战争开支极大，仅中央政府
就负债 7900 万美元，在当时几乎是天文数字，政府不得不想办
法筹资。因此，解决债务问题成为新联邦政府的当务之急。1791
年，美国首次开辟了一个新税种，即威士忌税（Whiskey Tax），
一些戒酒派领导人称其为"罪恶税"。当时，制造威士忌可不仅

是无所事事者打发业余时间的消遣，对烈酒征税更是一步险棋。许多农民面临歉收，因此转而制作玉米麦芽浆并进行蒸馏；如此，从私酿酒中获得的利润要高于直接出售原材料。这些人绝不愿被征税官夺去这部分收入。

1791 年底，威士忌税法案准备施行。但是该法案激怒了美国西部的居民，他们认为这项针对他们的税收是不公平的。这些西部人（实际居住在宾夕法尼亚州西部）是烈酒的主要生产者和消费者，通常依靠制酒维持生计。之后两年，他们抗议并抱团反对威士忌税法案；1794 年，这种愤怒的情绪升级为大规模叛乱。宾夕法尼亚西部的民众向匹兹堡进发，引发了今日所称的"威士忌叛乱"。经历了一场大战（Battle of Bower Hill，鲍尔山战役）、接连不断的暴动（不满税收法案的民众再次向匹兹堡进发）与一次叛国会议（在当今威士忌角召开）后，叛乱者占得上风。

可想而知，痛恨税收法案的西部民众惹怒了美国第一任总统乔治·华盛顿，后者召集了 13000 名士兵镇压暴动。暴动者寡不敌众，最终向联邦政府投降。1794 年底，作为首次挑战美国中央政府权威的举动，威士忌叛乱被彻底平息。1802 年，托马斯·杰斐逊撤销了威士忌税法案：此举暂时减轻了税收对民众造成的负担，但威士忌仍受消费税和管制的影响。1812—1816 年，美国政府恢复了威士忌税，以此为 1812 年战争（War of 1812）的费用买单，又在 1862 年再次恢复以支撑南北战争的消耗。南北战争后，威士忌税法案再未被废除，意味着私酿酒从业人士除看家本领外，还须习得躲避法律的"技能"。

在美国，烈酒一直是禁酒运动打击的对象，最严厉的一次禁酒运动出现在1920年，私酿酒成为多地烈酒的主要来源。1920—1933年，禁酒令被废除，私酿酒迎来了最大规模的一次扩张。人们对私酿酒的需求极为强烈，以至于一些人走上歧路，开始制作成本更低、品质更不可靠的产品，并大肆注水。到了1933年，人们对非法烈酒的需求大减，私酿酒的行情大跌，此后声名狼藉，一直持续至今。

私酿酒在20世纪丧失了光彩，禁酒令却催生了今人珍视的私酿酒文化与魅力。与私酿酒商不同，私酒贩子（bootlegger）是另一类传奇人物。私酒贩子是私酿酒商产品的非法分销商，因将违禁品藏在马靴（boot）中得名。私酒贩子与征税官之间多有斗争，大多发生在美国的阿巴拉契亚地区，是私酿酒传说的重要内容。

南北战争后的重建大大打击了非法蒸馏业。在山民看来，造酒不过是他们谋生的手艺，却被征税官单独针对，因此负面情绪很重，对政府嗤之以鼻。最终，连不从事酿酒的山民也参与到精心设计的群落"预警系统"中，在该系统的有效运作下，1876年，美国东部山区预计有3000台蒸馏器在运营。

矛盾的是，尤利西斯·S.格兰特（Ulysses S.Grant）总统极为嗜酒，却任命格林·B.劳姆（Green B. Raum）为联邦税务局（Internal Revenue Service）局长，命令后者消除私自酿酒的行径。劳姆几乎完成了使命：1877年，近3000人因逃避酒精税被定罪。

255

然而，私酿酒虽大受打击，却并未消失殆尽。生产蒸馏酒时，若是不遵从法律，利润要高得多。19世纪八九十年代，受私酿酒的吸引，大量曾经合法运营的酒商转而从事非法贸易。可想而知，联邦政府宣布了更多逃避酒精税的判决。

实际上，这种民众先是反弹又被征税官击败的模式与捕食者和猎物间的关系十分相似。图20.1展示了密歇根州罗亚岛上驼鹿与狼之间的动态关系，也许是自然界最著名的例子。狼的数量下降，对驼鹿的捕食量相应减少，驼鹿数量因之增加。然而，一旦驼鹿的数量到达临界点，狼便拥有了足够的食物，数量也会相应上升。一旦驼鹿数量减少到一定程度，就无法喂饱数量剧增的狼，狼的数量会骤跌，从而使驼鹿的数量再次增加，如此循环往复。从物种数量达到第一个峰值再到下一个峰值，其间约需25年。

狼与驼鹿经历的周期和征税官与私酿酒商经历的周期十分相似。起初，政府将多人定为逃税罪；作为回应，私酿酒商或是躲藏起来或是拆除蒸馏器，定罪人数随之下降。征税官一走，酒商又活跃起来。请注意随着禁酒运动的兴起，联邦税务局对私酿酒商的"捕食"是如何导致私酿酒在1913—1922年，即禁酒令实施后不久大幅下降的。然而，禁酒令期间人们的酒精需求量极大，作为"猎物"的私酿酒商享有更多资源，私酿酒产量得以上升。20世纪20年代末，禁酒令的执行力度导致私酿酒产量再次下降。酒精是非法的，无人对其征税，因此，官方产量曲线下降至每人0.0加仑。然而，禁酒令之时正是私酿酒业的鼎盛时期，仅1929年就有110万加仑的私酿酒被没收，因此，私酿酒的人均数量需要估得高一些。当时，美国约有 1.1 亿人口，与该年度没收的私酿酒量相比，平均每人 0.1 加仑。这些计算非常粗略，但确与美国 1913—1940 年的私酿酒生产周期相合。1929 年之前，禁酒令期间的私酿酒生产达到了顶峰，联邦政府没收了 50 多万台蒸馏器。1929 年之后，仍有大批蒸馏器被没收，因此，1929 年的峰值与禁酒令前和禁酒令后的峰值数字处于同一水平（图 20.1）。

1940 年至今的数据不易查找，但我们知道，非法私酿酒在20 世纪 50 年代达到了另一个高峰，随后大跌。如今，美国的山区地带仍有私酿者，但真正意义上的私酿酒商几乎绝迹。与之相反，在公众眼中，私酿酒文化已日益神化，电影和蓝草音乐更是将私酿酒商与私酒贩子呈现为浪漫化的形象。20 世纪 50 年代的电影《雷霆之路》（*Thunder Road*）被看作私酿酒电影的标志性作品，直到 2013 年另一经典之作《无法无天》（*Lawless*）问世：《无法无天》中，腐败的警长与黑帮统治着当地，邦杜兰特三兄弟不顾一切地贩卖着私酒，三兄弟热情洋溢又俊美异常，被刻

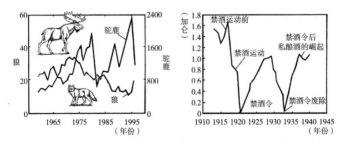

图 20.1 自然界中捕食者与被捕食者之间的关系，以及美国酒精消耗与社会活动的循环。
左图：密歇根州罗亚岛上驼鹿和狼的种群动态关系。两个种群似乎因捕食关系而循环往复；右图：1913—1940 年每人每年消耗的酒精数。

257 画为英雄形象。影视作品则通常以幽默口吻甚至"俯瞰"的方式呈现私酿行径，但也赞颂了某些私酿酒商的形象，如《贝弗利山人》（*Beverly Hillbillies*）中的杰德·克拉姆佩特和《赫扎德的杜克斯》（*Dukes of Hazzard*）中的杜克斯兄弟，但也嘲讽了《公爵》（*Dukes*）系列中的执法官霍格。以私酿酒为主题的蓝草音乐则完全实现了"现象级"效果。

逃脱警察的追捕是私酿酒主题影视作品的固定套路。借助大量狡猾手段和一台经过改装的快车，私酒贩子能逃脱法律制裁，将货物运往黑市。从多个层面讲，纳斯卡（NASCAR，National Association for Stock Car Auto Racing）现象与贩卖私酒有着紧密的联系。1949 年，首届纳斯卡大赛在北卡罗来纳州的夏洛特赛道（Charlotte Raceway）举行；就在赛事开始一周前，首届冠军用自己的赛车运输私酒，而夏洛特赛道正是私酒贩帕特·查尔斯和哈维·查尔斯兄弟建造的（兄弟俩在大赛的前一年被控贩卖私酒，因此未能出席首届纳斯卡大赛）。最终获胜的是格伦·达纳韦（Glenn Dunaway），以三圈优势赢得了这场总长两百圈的比赛。但这传说是否为真？纳斯卡的官员测量了其赛车后弹簧的宽度，发现车主休伯特·威斯特摩兰（Hubert Westmoreland）展示了这辆福特车的后弹簧：这辆车确是通过私酒贩子的惯用伎俩改装，而威斯特摩兰本人就是大名鼎鼎的私酒贩子。

私酿酒已成为一门失传的艺术。不过，依作家丹尼尔·S.皮尔斯（Daniel S. Pierce）所言，至少还有两位具有"后现代私酿酒商人格面具"的私酿酒商，他们是吉姆·汤姆·海德里克（Jim Tom Hedrick）和马文·"爆米花"·萨顿（Marvin "Popcorn" Sutton）。海德里克和萨顿（于 2009 年去世）分别出生于 1940 年和 1946 年，推动了私酿酒从非法到为人所接受甚至合法的变化。这两位私酒贩立的是聪明的居家男人设，对私酒的了解程度比本章内容要深得多。海德里克 79 岁时仍在从事酿酒并向世人讲述酿酒的故事。他与糖城蒸馏公司（Sugarland Distilling Company）的年轻蒸馏师合作，将自己毕生所知向后者倾囊相授。"爆米花"·萨顿也有着极具天赋的口才和高超的私酿酒技艺（以 2012 年过世的威利·克莱·卡尔为代表的前私酿酒商，其产品最终也都获得了合法身份，图 20.2）。意外的是，海德里克与萨顿均有宗教信仰。据皮尔斯称，当被问及是否愿意在周日拍照时，萨顿回答说："天呐，当然不行了！周日我要去教堂。"两人的另一相似之处在于他们都曾在探索频道的大热纪录片《酿酒大师》

图 20.2　合法的私酿酒。

（*Moonshiners*）中亮相。若对私酿酒感兴趣，这部纪录片值得一看。与其他真人秀节目一样，《酿酒大师》也有一些剧本设置的桥段。不过，凡有自由发挥的空间，海德里克和萨顿便能展现其独创性与聪明才智。两人深知自己是"最后的一代"，便以此为卖点捞金。他们时常身着围兜工作服出现，单凭这一点就已足够经典。

　　阅读本章时，若是带着"偷师"蒸馏"秘籍"的想法，恐怕要失望了：至少当前，家庭酿酒仍属非法。此外，对手艺最佳的酿酒师而言，也许基础设备已足够，但他们能借助广博的酿酒工艺知识保证自己及顾客的安全。换言之，优秀的酿酒师也是出色的化学家——他们必须做到这一点，不仅仅因为要生产出可饮用的产品，更要避免自己和他人因此丧命。蒸馏器存在巨大的风险，可能在压力作用下爆炸；酒水具有易燃性，因此，易造成烈火四窜的危险，爆炸后更是危险重重。此外，蒸馏器中流出的透明液体看似无害，但若不了解其中的具体成分，就可能在乙醇中混入甲醇——正如本书上文所述，甲醇有毒，少量即可致人失明，大量则会致命。因此，即使是私酿酒，也该交给专业人士来做。幸运的是，如今，这些私酿大师的部分产品已合法化，未陈酿的白威士忌正迎来复兴，部分产品甚至将"私酿酒"的身份作为卖点。

21

少许杂谈

伊恩·塔特索尔（Ian Tattersall）

　　我们都知道，黎巴嫩是优质葡萄酒的产地。那么，不妨来尝　　²⁶⁰
尝当地的一款优质葡萄酒。这款酒瓶平平无奇，搭配螺旋盖，在
光线照射下却能绽放出钻石般剔透的光芒。入杯后，独特的茴香
味扑鼻而来，但并不浓烈，亦伴有雪松和烟熏香菜的气味。甫一
入口，酒香流连唇齿之间，这款中东亚力酒的酒精体积百分比高
达 50%，口感却十分顺滑，令人满口生暖，却无酒精灼烧感；烟
熏香菜的味道更是令人回味无穷。将酒倒入冰块，静等片刻会变　　²⁶¹

浑浊；与冰块的碰触瞬间软化了本就低调的酒精主调，又突出了香菜之味。从这一系列变化过程中，我们了解到中东亚力酒独特又美好的一个特质，即在冬夏两季具有鲜明差异。

为世间琳琅满目的好酒著书立传，不可避免地便是酒客的指责和"被控"遗漏了某款名不见经传的好酒（诸位听说过"斯大卡"[1] 酒吗？）。在这方面，本书恐怕也无法免俗，须得承认必然有值得推介却鲜为人知的"沧海遗珠"。因此，为全面起见，我们将在本章中介绍部分"遗珠"。鉴于篇幅有限，我们不能一一尽述，但仍鼓励各位读者走进大千世界，尽可能探索那些记载中遗漏的美酒。在酒类专卖店中，不妨留心是否有此前从未听说的酒水；人各有所好，酒架上的各类酒水不可能适合所有人，但它们中的大部分经过时间检验得以留存，必有其过人之处。此外，一款酒未必契合我们的喜好，却体现了文化的多样性，是人类文明的标志与荣耀。毕竟，无论产于何处（实则几乎遍布全球），烈酒本身及其饮用方式都反映了当地生活与传统的精髓。即使在世界上禁止生产、消费烈酒的地区，也有人享用着酒。我最难忘的一次经历，就是被当时北也门政府的一位高级官员偷偷带进萨那的一家地下酒吧（东道主为我们点了"苏格兰威士忌"，但实际大概率是中东亚力酒）。

名不见经传的烈酒散布世界各地，该从何说起呢？不妨将问题简单化，将日本清酒等重要且流行的烈酒撇开不谈——这些

1　斯大卡（starka）是一种发源于当今波兰、立陶宛和俄罗斯西部的干型伏特加。

酒水的烈度与不少开胃酒相当，严格说来并不符合"烈酒"的标准。此外，上文已简述了殖民地时期的白兰地与斯堪的纳维亚传统的葛缕子、莳萝籽风味酒（但略去了"丹麦苦甜酒"，这种应属苦味酒的极端变体）。这样一来，也就只需对三大类蒸馏酒进行讨论，分别是未在本书第15章"水果白兰地"中谈论的大量水果烈酒，地中海东部的葡萄亚力酒以及东南亚地区的各种烈酒，尤其是最近在国际上流行的韩国烧酒和日本烧酎。此外，人们常将烈酒混合饮用，因此本章也将简述鸡尾酒常使用的开胃酒与苦味酒，相信这部分描述并不算"超纲"。

262

不妨先从未归类于水果白兰地的果酒开始。最著名的果酒大概产自中东欧，当地自古以来便将含糖量高的大马士革李子用作蒸馏对象。由此生产出的酒水酒精体积百分比可达40%，大多标有"斯力伏维茨酒"（slivovitz）之名，是二战前阿什肯纳兹犹太人（Ashkenazi），尤其是波兰人的主食。在克罗地亚北部与匈牙利交界地带，人们习惯用当地广泛种植的比斯特里察李子（Bistrica plum）和几种本地品种在陶罐中一次蒸馏出斯拉沃尼亚斯利沃威茨酒（Slavonska šljivovica）。先去掉李子核，再将果肉在木桶中自然发酵几周，最终煮沸、分离出液体。如今，蒸馏通常使用容量达150升的小型铜制壶式蒸馏器，随后在斯拉沃尼亚橡木桶中陈酿（周期不定），如此，最终的酒液呈现金黄的色泽，才可使用斯拉沃尼亚斯利沃威茨酒的官方名号。相关条例还规定此酒应"口感和谐柔软，香气馥郁，回味悠长"，我们品尝过的绝佳的斯利沃威茨酒确实符合这一标准。酒香诱人，冰镇后饮用最佳，是原产地所有特殊场合必不可少的元素。

匈牙利边境北部的蒸馏酒由来已久，至少可追溯至 1332 年。在这一拥有独特语言的区域，最著名的产品当数统称为"帕林卡"（pálinka）的水果白兰地。对于该名称涵盖的酒水应由哪种水果制成，法律并未做出明确规定，但索特马尔（Szatmár）和贝凯什（Békés）地区的李子酒有自己的特定名称。不过，另外 6 个匈牙利地区也有类似的地方名称，每个名称都指代一种特定的水果，比如凯奇凯梅特（Kecskemét）和根茨（Gönc）地区的杏，乌菲赫罗托（Újfehértó）地区的酸樱桃。这种酒水几乎只局限于当地，因此，很难在您家附近的酒类专卖店中觅得；不过，为了这些酒，也值得到匈牙利一游。须注意的是，帕林卡这一名称仅指瓶中酒在匈牙利本地由新鲜水果浆（而非风干水果）发酵蒸馏而成，果浆中可能包括浓缩物和果肉。熟成过程中，可加入风干水果增添酒的风味。此外，传统帕林卡在壶式蒸馏器中进行二次蒸馏；不过，如今的低端市场有大量产品先在塔式蒸馏器中蒸馏，再在钢罐或桑木罐中浸渍。令人困惑的是，标有"帕林卡"的酒可能来自斯洛伐克，其原料也可能是任何水果；奥地利的一些地区也可合法生产帕林卡。

在家附近的酒类专卖店中，您可能偶遇某款标有"拉基亚"（rakija）的酒。拉基亚是巴尔干半岛及周边酿造的果酒的统称，比如，该词可用于克罗地亚产的斯拉沃尼亚斯利沃威茨酒。在巴尔干半岛这一广阔地区，每个国家都在大力蒸馏本地盛产的水果（也有坚果，以核桃为主）。蒸馏的水果品类繁多，包括苹果、榅桲、桑葚和桃子等。蒸馏出的酒水，其名称由不同术语指代，有时极具迷惑性。在罗马尼亚，"rachiu"指代用梨、杏和苹果蒸馏出的烈酒，李子蒸馏出的酒水则称"iuică"。无论名称为何，如若偶遇，这种稀品都值得一试。总而言之，欧洲这部分地区的蒸馏酒厂已久有渊源。

位于巴尔干半岛最南端的希腊拥有自己的一套蒸馏传统，据说可追溯至古典时期。借助自身语言与风格，希腊与受伊斯兰教影响而活动受限的东部国家建立起沟通桥梁。希腊最有名的烈酒为茴香烈酒（ouzo），如今多由商业中性烈酒制成并添加各种植物香料，主要包括茴芹及不同比例的茴香、香菜、豆蔻、肉桂、生姜和肉豆蔻。法国茴香酒（pastis）也主要以茴芹调味；与之相同，茴香烈酒加水稀释后会变浑浊，这是因为茴芹中的萜烯类物质可溶于任何酒精体积百分比超过 30% 的溶液（因此肉眼不可见）。不过，按照常规添加水，若酒精浓度降至该水平以下，萜烯类物质会从溶液中分离出来，形成肉眼可见的白色沉淀物（要想令茴香烈酒不发生此类情况，须事先经过稳定性处理）。在希腊，人们大多会在用餐前先来一杯茴香烈酒和一道开胃菜，或是在用甜点时配一杯迈塔克瑟白兰地酒（Metaxa）。这是一种用葡萄白兰地制成的烈酒，添加了各种植物成分和来自萨摩斯岛的甜麝香葡萄酒。

不过，希腊的蒸馏酒远不限于这两种经典酒。与所有葡萄酒生产国一样，希腊也利用酿葡萄酒剩余的残渣生产烈酒，偶尔还会加入无花果。希腊齐普罗酒（Tsipouro）是一种（大多）不经陈酿的烈酒，由葡萄果渣二次蒸馏而成，按照希腊传统，至少14世纪起就在壶式蒸馏器中制成。齐普罗酒通常添加茴芹，不添加时口感也柔和纯净，是一款出色的开胃酒，用作餐后酒效果同样出众。按照传统，齐普罗酒用玻璃杯盛装，不过，上好的齐普罗酒得配宽口的郁金香玻璃杯，如此香气会更浓郁。广阔的克里特岛盛产齐普罗酒的"近亲"，即锡库迪亚酒（tsikoudia），仅蒸馏一次。锡库迪亚酒与少许蜂蜜混合，就生成了"蜂蜜利口酒"（rakomelo），简称拉克酒（raki），在巴尔干拉基亚酒和黎凡特以葡萄为原料的茴芹风味中东亚力酒（英文为 arak）间建立起语言上的联系。

作为希腊长期以来的对手，土耳其是历史上东西方的重要纽带，生产的茴芹风味拉克酒以与齐普罗酒相似的酒水为原料制成，有时也使用干葡萄（葡萄干）而非鲜葡萄。《古兰经》禁酒，但在19世纪，整个奥斯曼帝国广泛生产拉克酒（主要在国内），并在名为"meyhane"的酒馆（阿尔巴尼亚人与希腊人经营的特殊场所）向公众供应。19世纪末，土耳其消耗的拉克酒量已超过葡萄酒。据称，世俗国家土耳其的创始人穆斯塔法·凯末尔·阿塔图尔克（Mustafa Kemal Atatürk）每日饮半升拉克酒。

我们不可将黎凡特的中东亚力酒与第7章开头提到的印度尼西亚甘蔗亚力酒混为一谈。"arak"一词有多种现代衍生词，也许是当前用于指代蒸馏酒的最古老的名称；有时，该词似乎还在某些地区泛指烈酒。地中海东端生产、饮用的中东亚力酒是用发酵葡萄汁酿制的透明白色烈酒。与位于土耳其、希腊的"近亲"拉克酒和茴香烈酒一样,中东亚力酒也加入茴芹调味(有时也加入枣、无花果等水果)。与同类酒一样,中东亚力酒加水或冰后会变浑浊,且也常与大餐前必不可少的前菜一同食用。建议与水、冰和食物同饮,因为市面上出售的中东亚力酒通常最低酒精体积百分比为40%,最高可达63%(酒精纯度为126)。通常将中东亚力酒加入冰中而非向酒中加冰,因为若是后加冰,茴芹中的油会在浮冰四周凝固,往往会在温度较低的酒液表面形成多余油层。历史上,酒水受法律和伊斯兰教传统限制,但中东亚力酒仍在黎凡特地区广泛蒸馏(采用壶式和塔式蒸馏器)。在非洲北部,南至苏丹,人们也生产中东亚力酒,但在当地称"araqui"。

向南部和东部进发,我们又会发现一款十分独特的酒,即前葡萄牙飞地印度果阿特有的芬尼酒(feni)。印度教戒律多有约束,但果阿对酒精的态度一向更为自由,并出产声誉上好的甜朗姆酒。不过,当地最特殊的烈酒还属芬尼酒,最近被权威机构认定为"传世佳酿"。经典的芬尼酒由腰果果肉蒸馏而来——若非这样使用,腰果通常摘下后即被丢弃。传统上,人们先用脚踩果实,再在其上放重物,以最大限度榨取汁液;然后,将液体置于黏土罐中,埋入地下发酵至多一周。起初,蒸馏在名为"巴蒂"(bhatti)的陶罐中进行;如今,人们更喜欢用铜器进行蒸馏,但用冷水浇淋、冷却的收集皿通常仍为陶制。

芬尼酒须经三次蒸馏。第一次蒸馏生成尤拉克酒(urrack),

酒精体积百分比约为 15%，第二次蒸馏时在尤拉克酒中加入新鲜果汁，最后一次蒸馏时再加入更多的尤拉克酒［第二次蒸馏的产物有时也以"卡祖洛"（cazulo）之名出售，价格较低，酒精体积百分比适中，约为 40%—42%］。芬尼酒大多由大量独立的小酒厂生产，小酒厂对灌装容器没有特殊的讲究，简单盛装即在当地市场出售。因此，芬尼酒的质量差异较大，且鲜有商业化生产的产品。腰果树在 16 世纪由葡萄牙人引入果阿，因此，果阿这一蒸馏传统的起源还存在不确定性。毕竟，芬尼酒的英文"feni"一词也可指代一种以棕榈酒为基础的烈酒，在果阿南部以类似方式蒸馏，这种酒水可能（也可能不是）在葡萄牙人到来前就已在本地蒸馏。

再向东行，东亚各国也有诸多酒客感兴趣的好酒。本书第 17 章介绍了中国人钟爱的白酒，第 3 章则简述了日本人的饮酒文化，不过，不能不提韩国内涵甚广的国酒——烧酒。如今，烧酒不仅用大麦、小麦和传统的大米等多类谷物制成，还采用马铃薯、木薯根和红薯等原料。此外，现代烧酒的酒精体积百分比约在 17%—53%。"烧酒"的韩文名称并无明确意义，仅代表"烧制的酒精"，其蒸馏方法是 13 世纪由蒙古人传入韩国的。我们无从得知，蒙古人究竟是在入侵波斯时习得了蒸馏技术，还是自行发明的。不过，在朝鲜半岛最早的酿酒厂所在地开城（Gaegyeong）及周边地区，烧酒（通常不受欢迎）有时仍被称为中东亚力酒（arak-ju），这一点很有参考价值。

传统的谷物烧酒通过蒸馏米酒制成，蒸馏过程在设有双层煮锅的设备中进行，设备顶部的管道有冷凝水通过，流出管道后流下并被收集。这种设备生产出的烧酒酒精体积百分比为35%，直到1965年韩国大米短缺，政府才改变了这一标准。从那时起，烧酒由红薯或木薯根经塔式蒸馏法生成的中性烈酒制成，须将酒精体积百分比稀释至30%；很快，人们又开始向其中添加各种调味剂与甜味剂。1999年，韩国放松了使用大米的限制，几家顶级酒厂回归了壶式蒸馏法，尽管市场上的低端品牌已改用稀释程度更高的塔式蒸馏法。2015年，水果烧酒不仅成为韩国酒水的一种选择，更因时髦特性赢得以年轻人为代表的客户群；如今，烧酒作为一类酒水主导了韩国的烈酒市场。作为伏特加的替代品，烧酒更加黏稠也更甜，在国际市场上也取得了惊人成功。烧酒在80多个国家均有销售，更是在2013年取代伏特加成为全球最畅销的烈酒。

在韩国，饮酒礼仪在很大程度上仍是一种反映社会等级的习俗。卑者为尊者与年长者斟酒（不过，群体中的长者也可能为客人斟酒），须用双手捧酒坛或酒瓶以示尊重，被斟酒者也应当用双手拿酒杯。烧酒几乎总是与食物一起食用，饮酒时通常一杯饮下，而非细斟慢酌。

烧酒的"亲戚"烧酎在日本已有500年的历史，但几乎可以肯定，烧酎最初来自中国大陆。与烧酒相似，烧酎也由一系列原料（红薯、大麦、大米是最常用的）制成。最好的烧酎仅蒸馏一次，最大限度保留原料的风味品质，且其酒精体积百分比通常被稀释至平均25%—30%。烧酎呈现各类独特的风味，最佳状态下可提供令人惊叹的纯粹口感。日本国内销售的烧酒大多为多次蒸馏，面向较为接地气的低端市场，出口的烧酒却比国内产品更为高端可靠，大致可展望其具有与所支付的价格相称的清冽口感。烧酎通常加冰饮用，也可加水（有时用温水）或新鲜果汁；不过，最好的烧酎应在室温下直接饮用。饮酒的器皿为薄壁玻璃杯。

最后，我们再简单介绍一下开胃酒和苦味酒。我们已在上文介绍过全球最受欢迎的餐后消食酒（白兰地、威士忌、格拉巴酒等），却忽略了餐前饮用的以烈酒为基础的开胃酒。这些开胃酒多是鸡尾酒会的主角，无论单饮还是加冰皆为绝佳享受。开胃酒的内容大可自成一书，不过，有些基础知识还须掌握。

如今的开胃酒种类繁多，这不难理解，毕竟，将植物浸泡在烈酒中的传统可追溯至历史早期。早在人类对酒水有所记载时，人们就常向其中加入药草、浆果和其他调味品。最初，添加调味品大多是因为酒精是植物化合物的理想溶剂，而人们认为这些植物成分具有药用价值（有时确实如此）。事实上，调制饮料的传统应源自更古老的僧侣制药传统；当时，僧侣和药剂师屈服于客栈老板，为后者提供可饮用的烈酒（见第3章）。与其他类别的酒精饮料相比，烈酒更易混合；多年来，饮酒消遣者多在饮用前加入水果和其他调味品。英国的殖民地具有朗姆酒的生产能力，因此，英国人最终成为"调酒高手"。

然而，在西欧，法国酒商玛丽·布里扎尔（Marie Brizard）

1755 年推出了首款茴香酒并取得巨大成功（据称，她曾照顾一位垂死的西印度人，作为报答，后者告知了此酒的配方）。这款酒是调味酒而非复杂的开胃酒，却在当时兴起的咖啡馆中大受欢迎，令酒客大开眼界。后来，制酒者开始在药草和香料中添加水果，果酒（ratafia）的种类逐渐丰富起来。据说药草和水果具有疗愈特质，因此是早期果酒中的主要植物成分。利口酒的时代就在此时出现。遗憾的是，玛丽的酒水固然具有创新精神，却被 1787 年的法国大革命扼杀；这场大革命终结了一切所谓的奢侈享受（且并不接受"酒是药物"的辩称）。

但我们知道，这不是最终的结局。法国大革命爆发前，都灵酒商安东尼奥·卡帕诺（Antonio Carpano）已将调制葡萄酒、烈酒和各种植物成分的技术带至意大利；很快，他便被誉为今日苦艾酒的发明者。1786 年，卡帕诺用葡萄酒、烈酒、苦药草和香料混合制成首款苦艾酒，成品大受欢迎；不久后，他又推出了几十种不同的苦艾酒，竞争对手也如雨后春笋般涌现。法国则以苍白且口感较干的苦艾酒而闻名，药草医生约瑟夫·诺伊（Joseph Noilly）为制酒的个中翘楚，他在 19 世纪初拿破仑动乱时期的里昂制作了首款苦艾酒。论及开胃酒，则是一切皆有可能。记住，无论调制曼哈顿、罗伯·罗伊（Rob Roy）还是马提尼，苦艾酒的颜色并不能完全揭示其甜度。

目前，市场上的利口酒和瓶装开胃酒种类繁多，令人眼花缭乱，在此无法一一列举。对于鸡尾酒爱好者而言，生活中断不可没有金巴利（Campari）、利莱（Lillet）、查尔特勒酒（Chartreuse）、苏格兰威士忌利口酒（Drambuie）、柑曼怡（Grand

Marnier）、修士酒（Bénédictine）、阿马罗（Amaro）与菲奈特 – 布兰卡（Fernet-Branca）。更不消说，上述每一种酒都有独到之处，种种皆可爱。不过，若说有什么酒是人们不愿饮的，恐怕就是纯苦味酒了。毕竟，最经典的苦味酒最初是用来治病的，而在童年记忆中，又有谁不曾因为"良药苦口"而被迫咽下一勺勺难吃的药汤呢？安东尼·艾米迪·佩肖（Antoine Amédée Peychaud）是 19 世纪新奥尔良的一位药剂师，发明了同名苦味酒，他大肆宣扬该酒可治疗几乎所有可想象的疾病。如今随处可见的安格斯特拉苦酒（Angostura Bitters）由德国外科医生约翰·戈特利布·本杰明·西格特（Johann Gottlieb Benjamin Siegert）制成，他当时正在寻找一种补品，以鼓舞难忍委内瑞拉高温的士兵。当时许多人深信，前一晚喝下菲奈特·布兰卡，次日早晨便会精神大振。遗憾的是，即便如此，西格特的苦味酒起初并未奏效（苦味酒所起的任何解宿醉作用都可能与其对酒精戒断的抵抗作用有关，而非出于其他原因）。

作为鸡尾酒中一种不起眼的配料，苦味酒倒是真正发挥了自己的作用。如今，苦味酒的来源五花八门，其口味也包罗万象。它是在酒精中浸泡植物成分形成的高度浓缩混合物，是极简主义的终极典范。苦味酒"激活"甚至定义了鸡尾酒。不妨想象一下，若是曼哈顿鸡尾酒中没有最后那两滴安格斯特拉树皮汁（Angostura），恐怕就不成样子了。若是没有橙味苦味酒，阿多尼斯酒（Adonis）又该是何种味道呢？

22

鸡尾酒与混合酒

克里斯蒂安·麦基尔南（Christian McKiernan）
罗布·德萨勒（Rob Desalle）

　　由于疫情，在熙攘的酒吧惬意地喝上一杯混合酒已几乎不可270能。但仍可自行调制一杯，或是尝试可即饮的鸡尾酒。这次，我们选择了久经考验的"血腥玛丽"鸡尾酒，部分原因在于此时正是周日上午 11 点，且这款鸡尾酒并不依赖新鲜配料，也许更不容易"翻车"。我们先冰镇了几个品脱杯，每个杯中放入一个橄榄、一根芹菜茎及一些普通大小的冰块，又取出一罐"血腥玛丽"，似乎是 12 盎司装。此酒不含麸质，酒精体积百分比为

271　10%，口感辛辣，据广告说一罐就用了 5 根辣椒。晃之，听到的并非酒吧常见的声音，而是罐子打开时发出的"噗"声，显然为高压灌装。酒水闻起来像"血腥玛丽"，倒起来也像，倾斜时还会在玻璃杯表面留下一层——这些迹象都表明，这款酒值得一喝。品之，酒水入口时的确辛辣，但并不过分，口感很不错。我们一边慢慢啜饮，一边思考疫情后鸡尾酒将何去何从。

　　谈论混合酒时，必须先区分混合酒与鸡尾酒。或许有人认为两者是一回事，其实不然。对"鸡尾酒"（cocktail）一词的记载最早见于 1798 年，刊登在英国《晨邮报与地名录》（*Morning Post and Gazetteer*）上；遗憾的是，这篇文章并未对鸡尾酒进行详述，仅仅是提到这种酒"俗称"（或说流行地称为）"姜汁"。5 年后，该词首次见于美国新罕布什尔州阿默斯特出版的期刊《农民内阁》（*Farmer's Cabinet*）上，然而，该文章仍未对该词进行任何说明，文中提及的饮料甚至可能不含酒精。不久之后，我们终于从《平衡与哥伦布汇编》（*Balance and Columbian Repository*）中听到了"回响"，这是一份散文与社论周刊，旨在为纽约州哈德逊市的居民报道当时的思想与新闻。在其 1806 年 5 月 13 日刊中，一位读者提问何为鸡尾酒，并收到出版人哈里·克罗斯威尔（Harry Croswell）的经典回复：

　　　　我一向的原则是，除我能解释的以外，断不（以主编的名义）发表任何意见；现在，我可以毫不犹豫地满足这位读者的好奇心：鸡尾酒是一种刺激性烈酒，由各种烈酒、糖、水及苦味酒组成。鸡尾酒俗称"苦味斯林酒"，据说是"拉票神器"，可使人心变得大胆豪放，头脑变得昏沉混沌。据说鸡尾酒帮了民主党候选人大忙——只要能吞下一杯鸡尾酒，就没什么喝不下去的了。

《平衡与哥伦布汇编》是联邦党刊物，我们猜想，出版商断不可能放过挖苦竞争对手民主党和共和党人的大好机会。不过，还是要感谢克罗斯威尔，鸡尾酒终于被定义为烈酒、水、糖和苦味剂的混合物，也就意味着螺丝刀（screwdriver）虽属混合酒，却并非鸡尾酒。而与鸡尾酒相比，远早于其出现的斯林酒（slings）不含苦味剂。你也许要说了，如果没有苦味剂，新加坡斯林酒又成什么了？对此我们只能说，语言是不断发展的。

272

克罗斯威尔给出了"鸡尾酒"在美国的首个有记载的定义，但该词本身的历史显然更久远。许多著名学者都曾研究其曲折神秘的起源，包括幽默大师亨利·路易斯·门肯（H. L. Mencken），《美国语言》（*The American Language*）一书与《如何像绅士一样喝酒》（"How to Drink Like a Gentleman"）一文的作者。在门肯看来，至少有 7 个故事可解释鸡尾酒一词的起源，每个故事都可信。第一种说法称，酒桶底部的阀门称为"cocks"，桶内的酒渣称为"tailings"。第二种说法称，"cocktail"一词源于"cocktay"，是"coquetière"一词的变体，"coquetière"则是新奥尔良的一种饮料名。第三种说法的主人公是独立战争时期的传奇酒馆老板贝西·弗拉纳根（Betsy Flanagan），故事还涉及一只偷来的鸡；一些人认为，酒吧女招待凯瑟琳·霍斯特勒（Catherine Hustler）也对鸡尾酒的传播做出了贡献——在纽约州刘易斯顿的一家酒馆，其曾用公鸡尾羽来搅拌、装饰"金酒混合物"。此外，鸡尾酒一词也可能来自墨西哥，当地人用名为公鸡尾（cola de gallo）的植物根来装饰酒水。鸡尾酒也可能以阿兹特克女王的名字命名，但我们无从考证。

不过，作为科技从业人士，我们更信赖鸡尾酒专家戴维·沃德雷齐（David Wondrich）的做法。他对"鸡尾酒"一词的词源进行了广泛调查，最终确定，应是装饰后的鸡尾酒外观与受某种不体面刺激后马的尾巴做出的反应较相似。直到现在，马贩子似乎仍使用某种伎俩来"包装"年老体衰的马（和狗），使后者看上去更有精神。这种伎俩称为"塞肛"（英文中称 gingering、feaguing 或 cocktailing），意即向马的肛门中塞入生姜，马便会像公鸡一样竖起尾巴。显然，竖起的尾巴是马（和狗）年轻的标志，因此，要处理卖不出去的马匹，"塞肛"显然是一种高性价比方式。门肯在《美国语言》中如是说：

273

　　　　酒吧在美国兴起后不久，鸡尾酒在英国真正流行开来，我们对这种美国酒的英国版并无疑问。于我们而言，这是一种即时生效的酒，可让酒客"竖起尾巴"、打起精神。当一只赛特型运动犬在比赛时间以外总是垂下尾巴，摄像师也会让人把狗尾巴竖起来……因此，鸡尾酒大概就是今日的胡椒嗅粉（pepper-upper）吧。

使用"胡椒嗅粉"一词时，门肯可能是一语双关："塞肛"

时，人们有时也用胡椒代替生姜。

讨论这一重要话题时，我们想起了拉里·大卫（Larry David）《消消气》（*Curb Your Enthusiasm*）中的一集：片中，人们就科布沙拉的"科布"究竟指拉里的朋友克里夫·科布（Cliff Cobb）在芝加哥德雷克酒店工作的祖父还是好莱坞布朗德北餐厅的厨师鲍勃·科布（Bob Cobb）而争论不休。鲍勃·科布的说法似乎不可信，因为姓与名都以 b 的音结尾，过于对仗，因此不像是真名。不过，至少就该集而言，鲍勃·科布确是正确答案，但历史上的布朗德北餐厅实际位于纽约的奥尔巴尼。我们想表达的是，试图确定某个传说的起源时，你也许会发现自己既是对的，又是错的。因此，我们无法保证沃德雷齐的故事就是真相，但仍乐于接受它。

🥃🥃🍷

18 世纪，英国人因其酒馆提供的混合酒而声名狼藉。这些酒水确为混合性质，但按照 1806 年《平衡与哥伦布汇编》中的定义，它们并非真正意义上的鸡尾酒。鸡尾酒的调制需要烈酒和苦味酒，英国人在酒中掺入苦药草的行径（这一古老传统至少可追溯至埃及王朝之前）不属鸡尾酒范畴。因此，以烈酒为原料的鸡尾酒似乎是英国人跨过大西洋的后裔发明的。我们不清楚克罗斯威尔 1806 年提到的苦味酒是怎样的，但到 1824 年，安格斯特拉苦酒已在委内瑞拉问世，1830 年前后，佩肖的苦味酒已开始生产。如今，两个品牌仍十分强健。究竟是谁在 18 世纪末调制出第一杯鸡尾酒，我们恐怕永远无法得知。不过，新奥尔良药剂师安东尼·佩肖当时持有苦味剂，被认为发明了有记载的最古老的鸡尾酒——萨泽拉克鸡尾酒（Sazerac，因根瘤蚜虫害，该鸡尾酒配方在 19 世纪中叶有所更改，将原料从干邑变成了如今的黑麦威士忌）。

1806 年以来，鸡尾酒历史上出现了一些传奇人物，但无一能超越杰里迈亚·"杰瑞"·托马斯（Jeremiah "Jerry" Thomas）这位活跃于 19 世纪中期的多彩人物。托马斯出生于长岛，曾在加州短暂淘金，并在美国各地的酒吧工作和开办自己的酒吧。凭借珠光宝气的夸张个性与调制鸡尾酒时专业又激情的表现，他为酒客呈现了眼花缭乱的"表演"。托马斯的职业生涯要早于鸡尾酒调酒器的问世，后者本身具有表演性质；后来，他钻研出一套手法，用两手抓握装酒的容器，再将酒水掷到空中混合，制成鸡尾酒。托马斯的招牌作品为"蓝色火焰"（Blue Blazer），调制时须点燃威士忌，并来回投掷，形成一道"火弧"。在其撰写的《调酒师指南：如何调酒》（*How to Mix Drinks; or, TNe Bon-Vivant's Companion*）一书中，托马斯打破了调酒时不得出声的职业准则。该书出版于 1862 年，被称作"调酒师的圣经"，共有 7 版〔最后一版出版于 1887 年，名为《杰瑞·托玛斯的调酒师指南》（*Jerry Thomas' Bar-Tender's Guide*），出版时作者本人已去世，至今仍在印发〕。该书影响巨大，但书中的不少指南很难遵循〔幸运的是，图 22.1 再现的托马斯薄荷茱莉普（Mint Julep）配方难得简单明了，与其现代配方高度相似〕。须注意，书中先介绍了潘趣酒的近百种配方，而潘趣酒是现代水果混合酒的前身。潘趣酒谱大多源自英国，正是在这一基础上，潘趣酒发展为资深美式鸡尾酒。

Mint Julep.

(Use large bar glass.)

1 table-spoonful of white pulverized sugar.
2½   do.   water, mix well with a spoon.

Take three or four sprigs of fresh mint, and press them well in the sugar and water, until the flavor of the mint is extracted; add one and a half wine-glass of Cognac brandy, and fill the glass with fine shaved ice, then draw out the sprigs of mint and insert them in the ice with the stems downward, so that the leaves will be above, in the shape of a bouquet; arrange berries, and small pieces of sliced orange on top in a tasty manner, dash with Jamaica rum, and sprinkle white sugar on top. Place a straw as represented in the cut, and you have a julep that is fit for an emperor.

图 22.1 杰瑞·托马斯 1862 年的薄荷茱莉普配方。

混合酒历史上，弗雷德里克·都铎（Frederic Tudor，1783—1864）也是一个响亮的名字。都铎并非调酒师，却为烈酒爱好者提供了极大的助力，构思出用锯末包装冰块，使其在运输途中不会融化的方法。若是没有这位世界"冰王"的巧妙创新，美国酒吧怕是无法发展起来。记者安娜·阿奇博尔德（Anna Archibald）曾提出了一版调酒师"名人堂"，也将托马斯与"冰王"包含在内（图 22.2）。"名人堂"不仅包括唐·毕奇与维克商人这两位制作热带混合酒的先锋，也包含 20 世纪前 25 年伦敦萨沃伊饭店的首席调酒师艾达·科尔曼（Ada Coleman）与"鸡尾酒比尔"·布斯比（"Cocktail Bill"Boothby），布斯比为一位多产作家，也是 1906 年地震时旧金山的首席调酒师。多年来，这些调酒大师将

276

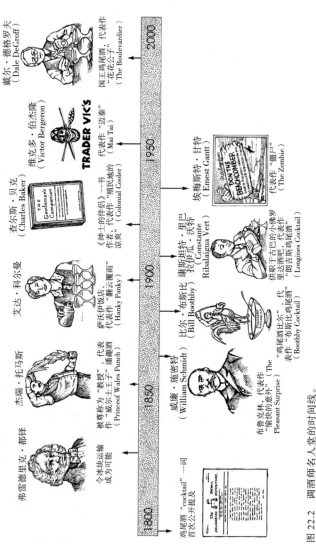

图 22.2　调酒师名人堂的时间线。

图标上方为对应调酒师的姓名，下方是其单号或姓名。一些图标下方还标有对应调酒师的成名作。

调酒艺术发扬光大，并通过著书、教学和演示等方式传播着专业知识。

　　鸡尾酒文化在禁酒令期间蓬勃发展，又在20世纪后半叶衰退，主要归咎于两个趋势。首先，毒品文化崛起，大量派对常客投入毒品怀抱，"背弃"了酒精；其次，混合酒文化本身亦在衰落，从对新鲜原料的创意组合沦为瓶装预制品。庆幸的是，这只是暂时的。阿奇博尔德的名人堂中，最年轻的戴尔·德格罗夫是一位现代调酒师，因在纽约的彩虹餐厅（Rainbow Room）经营酒吧而闻名。20世纪90年代，他主导了传统鸡尾酒文化的复兴，为调酒原料与调酒本身重新确立了高标准，影响了整整一代调酒师。

　　与本书第20章讨论的私酿酒商一样，我们提到的鸡尾酒与混合酒调酒师均为天生的化学家。不过，调酒师兼具"神经生物学家"的职能，对味觉和嗅觉有着与生俱来的感知与了解（见第8章）。苦味剂的味道与乙醇、水的相互作用不容小觑，也不可忽视现代混合酒甚至古时的潘趣酒是如何通过果味影响感官的。也许，我们可以利用一些科学知识来"解密"。

　　乙醇中加水会产生有趣的现象。为了解乙醇加水后产生了何种反应及其原理，须对乙醇分子进行再次回顾。每个乙醇分子都有两端，一端具有疏水性，常避水；另一端则易与水分子及其他乙醇分子等发生反应。若饮料的酒精体积百分比小于15%，则认为是乙醇溶解在了水中：这种溶液中的乙醇已稀释得较淡，香气可从溶液中挣脱出来，进入"酒水顶部空间"（drink headspace）。

相较之下，酒精体积百分比大于57%，溶液中的水非常稀疏，可认为是水溶解了乙醇中。在高浓度的乙醇中，任何香气分子都或多或少困于溶液表面下，因为乙醇分子聚集在此处，形成了难以渗透的表层。因此，就香气而言，多数烈酒的"甜度点"介于15%—57%：在此范围内，溶液满足条件，乙醇分子聚集起来，形成奇特的分子结构，称为"胶束"（micelle）。分子的疏水端会钻到胶束的中心，因此，这些乙醇分子上具有独特的小球结构。乙醇分子易反应的一端从胶束中伸出，可与其他乙醇分子、气味分子及恰巧也在溶液中旋转的其他分子产生反应（图22.3）。如此，乙醇浓度会影响溶液中逃逸到顶部空间并被人类鼻子捕捉到的气味分子数量。

这样一来，调酒师就面临一个有趣的情景：究竟是放低对

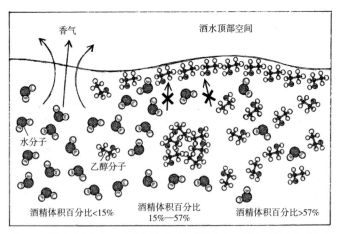

图22.3　说明香气如何以及为何从烈酒中飘散出来。图中还描述了香气如何在溶液中保持至饮用阶段。

酒精浓度的要求，赋予饮品独特且可控的香气，还是突破极限尝试提升酒精浓度并使用苦味酒等添加剂，以此来"勾引"酒客的口腹之欲？幸运的是，还有一条折中的道路可选：不妨摇晃酒水或对其进行搅拌。这些物理操作可将聚集在酒液表面的乙醇分子打散，将各类分子混合起来，如此，香气分子便会运动至酒液表面并散发出去。另外，若是不对酒水进行摇晃或搅拌的操作，由于其化学性质，乙醇分子会聚集在酒液表面，使表面的酒精浓度升高，且出现越喝酒精浓度越低这种老手都不喜欢的现象。当然了，混合酒沉淀后，乙醇分子又会漂回酒液表面；不过，摇晃酒水后，香气分子会在片刻被释放，并漂至顶部空间。

278

　　这就是神经生物学的作用。记住，你的味觉与气味分子和摄入的味道分子相关。一个简单的实验能帮助你更好地了解这一点：取一枚果味软糖或糖果，或在鸡尾酒中找一颗樱桃。捏紧鼻子，确保自己闻不到任何气味，再将软糖或樱桃放入口中咀嚼一到两次。此时，你会从撞击到味蕾上的味道分子中感受到一丝果味。随后，松开鼻子，用嘴巴咀嚼。此时，味道应更加浓郁，甚至可能与捏住鼻子时有些不同。这是由名为"鼻后嗅觉"或"口嗅觉"的感官现象导致的：所谓的"鼻后嗅觉"/"口嗅觉"正是专攻味道的科学家研究的对象，旨在理解味觉的双重性质。

　　一群研究味道的科学家开展了一项实验，对比了吞下与吐出酒精饮料的过程，以此来研究吞咽的过程，探索其对味觉的影响。为进一步理解释放至顶部空间被品尝的分子以及被吞咽下去的分子，科学家们采用了一些相当先进的技术。质子转移反应质谱法（Proton transfer reaction mass spectrometry）很好地描绘了鼻腔中香气的释放过程。随后，对质子转移反应质谱法的研究结果与暂时性感官支配分析法（The temporal dominance of sensations method）的研究结果进行了比较。暂时性感官支配分析法依赖受试者自身对气味和味道的感知，其准确性取决于受试者是否经过训练、能否熟练地甄别出特定的气味与味道。通过这些方法，科学家们得知吞咽酒水的过程比不吞咽更能引起更复杂的味觉感知。对于专业的品酒师而言，这个结论值得警醒。显然，他们每日须品尝数十种样品，为不致喝醉必须入口后将其吐掉。不过，要品尝一杯酒中所有复杂的味道，看来不得不将之喝下肚；而在普通人看来，"喝酒下肚"本就是再合理不过的。

　　另有一项有趣的研究，利用顶空 – 固相微萃取（headspace-solid phase microextraction）与气相色谱 – 质谱技术（gas chromatography-mass spectrometry）来测量顶部空间的香气及分子组成。研究人员调制了芒果 – 伏特加鸡尾酒，利用上述技术手段，在这种看似简单的混合饮料顶部空间，他们发现了一群非常复杂的分子，包括不少于 36 种挥发性化合物（18 种酯类、10 种萜烯及 8 种其他分子）。研究人员发现，柠檬烯是其中最强的成分，并将其与在酒水顶部空间发现的其他高滴度化合物成对比较，结果发现，成对化合物（用于对比的两对分子均含柠檬烯）的分子结构及其比例均会对分子产生香气感官过程中的协同作用产生影响。结构更相似的分子间，协同作用往往更大，且比例几乎相等时协同作用的影响力最强。

　　之所以提到这一点，是为了说明要制出这样一种饮料，能确保获得味觉和嗅觉系统最佳且最令人满意的反应，是极为复杂与困难的一项任务。芒果与伏特加的简单组合就产生了 30 多种化合物，正如本书第 8 章所述，人类的味觉和嗅觉系统须尽数处理这些化合物，方能获得酒水能提供的完整体验。就此，我们引出了本章的最后一个话题。

如今，虚拟现实技术风靡全球，一些研究人员据此开始探索虚拟鸡尾酒或说"vocktail"[1]的可能性。严格说来，这些虚拟鸡尾酒并不属于虚拟现实，而属增强现实范畴。也许，当前与 vocktail 最接近的是一款名为《季节旅行者》(Season Traveller) 的虚拟现实游戏：该游戏为数字化游戏，带领玩家领略四时风光。玩家能感受到风、气味与温度变化的刺激，以及普通虚拟现实的视听能力。vocktail 可使用图 22.4 所示的装置模拟啜饮复杂饮料的过程。vocktail 的创造者称，他们的理念是打造一种增强现实，"以数字方式模拟多种感官的味觉体验"。换言之，该装置创造出数字控制下的味觉、嗅觉与视觉刺激，并操纵三种感官相互作用，模拟饮用鸡尾酒的感受。

vocktail 设备的外观像是一个鸡尾酒杯，主要机械装置位于其大型圆柱底座。用户可调节要"品尝"的 vocktail 的口味、气味与颜色，另有一 LED 系统照亮酒杯，以营造视觉刺激。酒杯本身通过电流刺激舌尖上的味蕾以提供味觉信号，一系列微小的气泵向饮用者提供气味。这听上去令人难以置信，但装置运作非常良好。此外，vocktail 装置增加了我们对味觉、嗅觉和视觉的多模态理解。装置甚至可与蓝牙小工具配对，帮助"饮酒者"实时调整感受。对比测试中，该装置准确模拟了特定的味道以及味

1　"vocktail"是"VR"与"cocktail"的结合。

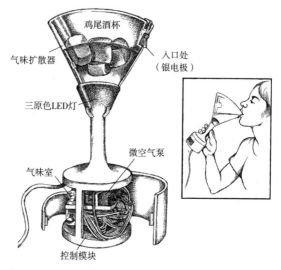

鸡尾酒杯

气味扩散器

入口处
（银电极）

三原色LED灯

微空气泵

气味室

控制模块

图 22.4　vocktail 装置的结构与用途。

道与气味的组合。

　　未来，虚拟（且 0 卡路里的）鸡尾酒吧是否将成为现实？似乎不太可能，至少近期可能性极小。人们发明 vocktail 装置的目的，在于研究品尝甜、咸、酸物时视觉、嗅觉和味觉的多模态交互作用，且当前并未听说该装置有任何商业化的计划。我们认为，该技术有朝一日可能被优化，用于模拟菜单上各款鸡尾酒的饮用体验，从而打入酒吧市场。但此举有何意义呢？酒精具有永久性的变化特质，因此更难用增强现实手段复现，事实上，感受的传递方法也是个问题。还有什么能比得上从冰凉优雅的薄玻璃杯中饮下真实而黏稠的"神仙的食物"[1]（ambrosia），感受酒液从

1　"神仙的食物"是一种鸡尾酒的名称。

嘴唇移至喉间不断膨胀的体验呢？目前，混合酒与鸡尾酒可能不会被增强现实技术"改造"，不过，无酒精鸡尾酒的爱好者可能会对这台笨重的设备投去羡慕的一瞥。未来，只要新一代调酒师不断拓宽这门技艺的蓝图及其所提供的味觉体验，我们就可以断言，虚拟"莫斯科之骡"[1]不过是个白日梦罢了。

最后，让我们来谈谈"未知世代"[2]对现代调酒做出的贡献。混合酒与经典调酒已属老概念范畴，但在新一代受众中，混合酒的角色正发生变化。这归功于"美国调酒之父"杰瑞·托马斯的贡献，调酒文化在过去200年间经历了最璀璨的"金色年华"。除上文提到的起泡酒、潘趣酒、酸酒和薄荷茱莉普之外，托马斯还在其著作中提供了汤姆·柯林斯（Tom Collins）与马丁尼兹鸡尾酒（Martinez）的配方。马提尼是历史上最具代表性的鸡尾酒之一，有人认为，马丁尼兹是其前身（该说法实际上存在很大争议）。托马斯不仅写了一本书，还引领了时尚风潮，打造了新的生活方式：作为该时代的元老级潮人，他创造了马甲、怀表、袖箍等花花公子最爱的着装元素，被数百家酒吧沿用为"工服"。调制拿手好酒"蓝色火焰"时，托马斯呈现了"火弧"的精彩表演，也许恰恰体现了他早年担任"黑人秀"[3]经埋时习得的戏剧性元素。毫无疑问，这种表演艺术已成为顾客体验中令人兴奋的一环。

1　"莫斯科之骡"是一种鸡尾酒。

2　未知世代（generation X）指出生于1964—1976年的人。

3　"黑人秀"指白人扮作黑人样子的歌舞滑稽表演。

托马斯的表演技巧巩固了其传奇地位，反复成为流行文化史的素材。托马斯的技艺无疑为 1988 年电影《鸡尾酒》（*Cocktail*）中耳熟能详甚至看到"吐"的花式调酒提供了创作灵感。片中，汤姆·克鲁斯饰演的新手调酒师布赖恩·弗拉纳根与技艺高超的师父道格·库格林（布莱恩·布朗饰演）在纽约上东区的多家沙龙一展身手，征服了大量酒客。顾客们乐于见证鸡尾酒摇酒器与酒瓶被来回摆弄、摇晃、翻转的样子，调酒师间或"正经"一下，用这些器具调调酒，且几乎从不须计算加料的数量。抛开质量不提，这部电影在国际影坛大受欢迎，影响力极大，无疑成为美国调酒流行文化的经典之作。片中几乎未出现任何与现实对得上号的优质鸡尾酒配方，只有"红眼睛"（Red Eye），是一夜"狂欢"后调整宿醉的"良药"。我们无法评价片中调制的鸡尾酒效果如何，因此，若是如法炮制的作品引起肠胃不适，不妨听听电影原声带中海滩男孩组合的《科科莫》（*Kokomo*），也许能起到催吐的效果。

花式调酒固然有炫技的成分，千禧一代与 Z 世代的品味与想法却自成一派，似乎已将花式调酒扩展至模式更丰富的鸡尾酒创作中，也就坐实了调酒是一门艺术。当今的调酒师介于实用性与创造性之间。若调制出的鸡尾酒有趣但口感较差，或是过于昂贵，就有悖于"好卖"这一初衷了。前卫的风格与时髦的外观也许具有吸引力，但无法持久。许多调酒大师课将重点放在混合酒的实用性与历史性以及如何改进既定鸡尾酒的制作上。正因如此，调酒师具有自身的独特性。"调酒师"（mixologist）与"酒保"（bartender）听上去似乎并无太大区别，但若是将调酒师称为"酒保",你的马提尼酒里大概会发现苍蝇之类的"小料"。调酒师与酒保对待调酒甚至对待顾客的方式都有所不同:酒保更接地气,还须管理酒吧与维护秩序,调酒师则对这些内容不感兴趣。调酒师了解鸡尾酒的历史,清楚混合酒是如何随着时间而演变的;最重要的是,调酒师将致力于为这种演变做出贡献。酒保需要知道如何精确、高效地调制出一系列定义明确的鸡尾酒,调酒师则在了解鸡尾酒历史的前提下,重新赋予鸡尾酒想象力并改变其外观。酒保使用标准的工具,采用的原料不难获得且极易混合,调酒师则会尝试使用古早原料或其他现在少用的原料。两者的区别在于创意风格:调酒师是调酒的艺术家,酒保则是手艺人。

当下,调酒术仍一派生机,并将继续蓬勃发展。然而,受疫情影响,社会规范不断发生着变化,可能会改变混合酒与调酒术的未来。疫情导致经济衰退,饮酒场所将如何存活?颠覆精酿酒公司(Disruptive Craft Spirits)的主管菲利普·迪夫(Philip Duff)认为,饮酒场所将回归基本,

回归简单的酒水。还在运营的酒吧正拼命求存,出售存货,开设外卖、送餐业务,在被征用的停车位提供户外餐饮。调酒师一贯的傲慢态度急剧改变:过去,鸡尾酒酒吧不想提供"大都会"鸡尾酒(Cosmo),因此从无蔓越莓汁的存货;如今,这些酒吧推出了草莓玛格丽特酒与其他简单、高利润、受众更广的酒。

283

　　烈酒行业是否会做出适应性调整，还有待观察。迪夫再次提示，未来人们将发现更多的罐装鸡尾酒，且后者正越来越多地现身酒类专卖店。2020 年疫情期间，人们不便造访酒吧，难以品尝到专为个人手工打造、搭配完美的原创鸡尾酒，因此，未来可能开展一场即开即饮、在家中即可享用的高端精酿鸡尾酒运动。迪夫认为，由于疫情影响和饮酒场所的关闭，

　　　　家庭调酒已获得并将继续享受禁酒令以来最猛烈的一剂强心针，影响将是"巨大的"。疫情居家期间，每 100 万个烘焙酸面包或制作香蕉面包的人中，就有至少 5 万人在冷冻大型冰块、制作真空低温酒水，或是用这些冰块与更好的烈酒、利口酒、苦艾酒、苦味酒一同打造升级版的玛格丽特、曼哈顿和马提尼鸡尾酒。

　　所有这一切也为在家中尽享高端即饮精酿鸡尾酒提供了可能性。这些鸡尾酒的品质有待考证，但若确属高端产品，那么，罐装酒恐怕时日无多了。尽管如此，无论未来的饮酒趋势如何，过去两个世纪中，调酒术在美国不但存活了下来，还实现了蓬勃的发展。显然，人们期待着独创性、技巧与创造力再次造访美利坚大地，不然，家庭酒吧中又怎会有如此多磕磕碰碰的摇酒器以及因失败的"花式调酒"而沾满石榴汁的地毯呢？不过，还是莫让"昨日重现"吧！

23

烈酒的明天

我们对凡波斯金酒这样"具有天然风味的烈性威士忌"知之甚少。面前的这款酒背离了传统，是全球首款"分子"烈酒，通过分析确定了赋予陈年波旁威士忌特性的那些分子，再对这些分子分别进行搜集并添加至伏特加和金酒使用的中性谷物烈酒中，从而模拟陈酿威士忌。我们理解这种行为背后的动机，即缩短昂贵、费力的橡木桶陈酿过程，却止不住好奇，这种未来主义的"科技与狠活"到底口感如何？这款矮胖的圆柱形酒瓶瓶颈短且

285 粗，酷似世界摔跤协会的摔跤手，令人下意识联想到强劲甚至残酷的饮用体验。然而，瓶内是淡淡的金稻草色，酒液虽芬芳却绝不强势，甚至有些内敛之意。低调的主旨在口感上得以延续，却也生发出明显的香草与烟熏味道，还有橘皮与肉桂的味道。酒液尾调柔和，酒精体积百分比虽达43%，灼烧感却极弱。就个人口味而言，我们青睐更强劲、更具厚度的口感，但这款不寻常的烈酒能做到这种水平，也就难怪酒商决定将它推向市场了。

在过去千年甚至百年内，烈酒已取得长足发展。如今，无论个人口味如何，市面上供应的酒水必定远优于千年前炼金术士从指尖品到的汁液，甚至"咆哮的二十年代"时髦女郎在烟雾缭绕的地下酒吧咽下的烈酒。如今，我们听到很多关于"千禧年后一代对烈酒不感兴趣"的说法；思考烈酒未来的走向时，必须将这一点纳入考量。但也须承认，统计数据表明，当前正处于酒水品类丰富多样的黄金时代。疫情暴发前，人们预测美国烈酒市场将以每年6%的速度增长，2022年底将达到580亿美元，可谓天文数字；疫情居家期间，酒类销量仍保持强劲，但长期来看，仍难确定疫情前的预测数字能否保持。这样的疫情在人类历史上从未发生过，居家解禁后，经济迎来了反弹，但酒业之后将如何发展，无人能给出准确的答案。不过，依据过去的经验，烈酒具有很强的抗经济衰退能力：2007—2008年经济衰退期间，酒类的销售额与利润继续增长，尽管增长率有所下降；这一趋势很值得借鉴。困难时期，酒能带来慰藉；此外，至少在按杯卖的情况下，与其他困难时期鼓舞士气的小奢侈品相比，即便是名牌酒也相对便宜。

　　尽管如此，我们仍有理由怀疑这种趋势能否延续，至少近期如此。疫情前，烈酒销售额的增长与其说由销量推动，不如说归功于消费者对更昂贵的超级、特级品牌的青睐：2012—2020年，高端烈酒的销售额明显超过了普通烈酒。然而，当前经济具有潜在的疲软趋势，现有的消费者极有可能抛弃高端市场，而非减少酒水的摄入量。当然，最近出现了一系列出于政治动机的贸易摩擦，由此造成的影响已在威士忌行业有明显体现。其中，最值得关注的当数美国波旁威士忌的遭遇：2018年，美国波旁威士忌被欧盟、加拿大、墨西哥和中国征收了报复性关税，而这些组织和国家均是拥有积极消费者的重要市场。《特朗普的贸易战令美国威士忌陷入困境》成为《纽约时报》2019年2月刊的头条。该文章明确无疑地告知读者，"在全球对美国威士忌等产品需求激增之际，贸易战阻碍了出口"。作者还指出，糟糕的事态发展对美国小型酒厂造成大于应有水平的影响。随后，美国迅即推出针对苏格兰和爱尔兰威士忌的关税——凯尔特酒厂不仅打算在近期出产用于出口的调制烈酒，还要提前为木桶陈酿产品布局，关税将其计划彻底打乱。这种多余的挑衅招致了反噬：2019年，美国烈酒的全球出口量下跌了19%。尽管同年美国国内销售额增长了5.3%，但市场总体上明显出现倾斜，具有不确定性，对波旁威士忌等须多年橡木桶陈酿的烈酒的制造商而言，境况变得尤其艰难。在后疫情时代，全球化似乎成为永恒的主题，随之而来的风险是各国酒吧中可供选择的烈酒品种将越来越少。若果真如此，能在危机中存活的精酿酒厂将成为最脆弱的个体：2020年4月，

286

美国精酿烈酒协会（The American Craft Spirits Association）发起了一项调查，其中2/3的蒸馏酒厂称若疫情不能很快结束，自家酒厂恐将永久关闭。

坏消息就这么多，且只有时间才能验证当前的政治、流行病学与经济因素对烈酒市场的长期影响。不过，从个人消费者角度而言，饮酒是一个关乎美学与味觉的问题，而非统计数据，因此在私人层面上，上述坏消息也许是个"福音"。于消费者而言，国内市场近年来的大发展放宽了全国范围内的监管，限制政策的放松推动了精酿酒业的蓬勃发展。因此，尽管工业蒸馏的趋势是将大型蒸馏企业合并为少数几个巨型集团，市场上仍有多种多样的单品大放异彩，酒商的创造力得到前所未有的发挥。从东海岸到西海岸，手工威士忌、金酒与伏特加的可选项倍增；尽管就价格而言，小规模企业的经济效益欠佳，但具有鉴别力的消费者享有了琳琅满目的选择。整体上讲，2015年起，美国的精酿烈酒市场每年增长约19%。国外也有类似趋势，比如英国的琴酒生产商在2010—2020年增长了7倍。老牌酒业巨头关切为消费者提供质量可控的产品，因此，小酒商必然更具冒险与实验精神。总之，"精酿入侵"最明显的结果就是为具有鉴别力的消费者提供了非凡的产品选择，几乎囊括了每一种烈酒。不可避免的是，这种创造性的繁荣发展将遭遇严峻的市场现实，未来10年必然会见证大量兼并及"潜力股"品牌的消失。为此，大企业不仅开始收购小酒厂，还推出了新标签与新瓶装。即便如此，我们仍很难想象未来的烈酒行业边缘地带彻底失去创新型小产商的情形。

消费者的喜好驱动着创新发展。目前，千禧一代的消费者似乎成为影响市场的主力军。千禧一代在酒精饮料消费市场的权重较大，约占饮酒年龄人口的 29%，占所有酒精饮料销售额的 32%。整个市场中，千禧一代的选择正从啤酒和（程度较轻的）葡萄酒转向烈酒。2016 年，在千禧一代的驱动下，烈酒在所有酒精饮料市场的份额从 2000 年的 29% 上升至 36%。"烈酒"这一类别中，威士忌、白兰地（包括干邑）和龙舌兰酒（尤以微陈年龙舌兰为甚）在千禧一代中的市场份额正在增加，金酒、朗姆酒，甚至伏特加（伏特加仍是市场的"扛把子"）的份额却相应减少。放眼全球市场，韩国烧酒等异域烈酒也参与了市场重组。

这种差异性增长的时代背景在于人们越来越倾向于在家中"自酌"，而非前往酒吧、餐馆"外饮"。这一趋势不仅对服务业与互联网时代更广阔的社交场景产生了影响，还可能会让烈酒的包装方式引发连锁反应。当前，更小包装、更便携的包装已在市场取得增长（2016—2017 年，50 毫升瓶装伏特加的销量增长了 18%，100 毫升瓶装伏特加的销量仅增长了 11%）。伏特加生产商最先意识到，包装是影响市场的重要因素。在当前的烈酒市场，罐装洒尚未能像在啤酒甚至葡萄酒市场那样取得进展；一旦在市场站稳脚跟，罐装酒产品大概率将以预调鸡尾酒为主——若能保证质量，预调鸡尾酒将享有光明前景。然而，"微型"单瓶装酒曾取得的成功也许为纯烈酒指明了方向。

这些罐装酒的包装材质难以预测，不过，市场已开始弃用传统的玻璃瓶。2020 年 7 月，全球最大的烈酒商帝亚吉欧（Diageo）

公司宣布，其标志性产品尊尼获加威士忌将改用"完全由可持续来源木材（纸浆）制成"的酒瓶。每年，烈酒等饮料的包装都涉及数量惊人的玻璃瓶，更糟糕的是，这些均为不可回收的塑料容器。当今时代，消费者渐渐意识到塑料对陆地和水生环境造成的污染（更不消说受到环境反噬后，消费者自身也遭受到微塑料污染的影响），我们只能寄希望于帝亚吉欧的举措能引领未来的这一趋势。帝亚吉欧已与名为 Pilot Lite 的团队合作生产木质瓶子，这种瓶子显然也是百事可乐与联合利华未来的选择。此外，丹麦啤酒制造商嘉士伯（Carlsberg）也承诺将在不久的将来使用纸瓶。市场欢迎这种举措。

討論千禧一代的饮酒习惯时，无法回避的是这一代人中展现出的一种明显的倾向，即远离所有含酒精的饮料。酒水市场一度被严格划分为含酒精和不含酒精两个领域，前者在某种程度上象征着"成年"，在饮酒的家庭中，连奶奶也会时不时喝上一杯雪利酒。如今，"酒精"与"非酒精"的界限愈加模糊，强大的健康饮料行业推出了极具想象力的精细饮品，或者至少具有猎奇特质的异域风产品，并借此明确入侵了酒精饮品市场。千禧一代成为健康饮料的受众，不仅关注一般健康问题，还关注父母一辈常见的酗酒问题。可预见的是，酒精饮料商做出了应对。啤酒公司在这方面最为成功，推出了一系列无酒精或低酒精啤酒，近来质量大有提高，受到了消费者的欢迎。降低酒精含量并非烈酒业轻易采用的策略（尽管低酒精烧酒的确在国际市场取得了成功，如今流行的预调鸡尾酒也可能取得类似成绩）；不过，该策略的变体已推动无酒精"烈酒"的发展，模仿了原版的口感品质。

英国的希蒂力（Seedlip）公司是该领域的先锋企业，目前由烈酒巨头帝亚吉欧部分持有（帝亚吉欧已在非酒精领域大量投资）。正如第8章所言，酒精实际上对味觉和嗅觉存在明显影响，希蒂力开始生产一种具有植物复合成分的"金酒"，将杜松子更换为专门模拟饮酒体验的植物成分。萃取阶段采用中性烈酒，随后又用蒸馏手段将中性烈酒分离出来。该产品在某些有影响力的群体间反响甚佳，且在帝亚吉欧助力下，希蒂力目前正广泛销售着三种独特的产品（更多产品正在计划中）。这三款酒均可直接或加冰饮用，评价褒贬不一，有的酒客欣喜若狂，有的则大发贬低之词（我们的评价偏负面）。不过，在出色的调酒师手中，这些酒水都有制成出色的"模拟鸡尾酒"的潜质。英国酒商三味醇（Three Spirit）则采用了另一种策略，将植物成分相混合，从而作用于大脑和精神，而非口腔组织；不过，最终产生的效果可能并无太大不同。与此相反，芝加哥的仪式牌威士忌替代品（Ritual Whiskey Alternative）则明确承诺其产品可在不添加酒精的情况下提供威士忌复杂的"口感与灼烧感"，并在标签上列出了一系列令人印象深刻的植物成分。不过，标签上仍注明"最宜用于鸡尾酒"，算是个不错的建议。辣椒和青花椒确实能产生"灼烧感"，但与酒客期盼在烈酒中体验到的仍然不同。

当前，放眼市场，似乎仍无能彻底复刻酒精入口感的替代性产品。乙醇远非唯一能调整精神状态的物质，当前也确实无其他产品能效仿适量酒水入口后的舒适温暖感。不过，无酒精烈酒的

290

科学技术尚不成熟，又有谁能预言人类智慧的终点呢？毕竟，至少实验室中已出现不含酒精的 0 卡路里（实际上完全为非实体状态）"vocktail"（见第 22 章）。

无论前景如何，可以肯定的是，人造酒在可预见的未来仍将是一个专业领域。同样的，人们熟知的老式酒精饮料也不会在短期内消失。传统烈酒中，格拉巴酒大概是目前受威胁程度最高的。格拉巴酒的拥趸正逐渐老去，渐渐离开这个世界，意大利的年轻一代则大多另有所爱——毕竟，这一代人生活在开胃酒的包围之中。不过，虔诚的格拉巴酒爱好者还可以乐观地"自圆其说"，称这只是一个短暂的营销问题，而非格拉巴酒本身出了问题。近年来，格拉巴酒无疑正大力重塑自身形象，不仅推出了采用特定葡萄品种的产品，向高端市场进军，还推出了著名酒庄的瓶装酒（见第 18 章）。

谷物市场未来也极可能见证变化：从大宗市场采购原料的精酿谷物酒厂觅得了优质谷物的供货来源，获得了出色的经济回报，因此可能走上与酒水类似的道路。除去烈酒普遍具有的明显持久力外（如果 20 世纪 20 年代的浴缸金酒都不能对酒客产生吸引力，那其他酒更不可能），作为新受众的千禧一代对高质烈酒更感兴趣，特别是以环境可持续方式制成的烈酒。

🥃🥃🥃

作为世界第二大葡萄酒与烈酒集团，保乐力加（Pernod Ricard）近来宣布，为遵从联合国的理念，将在未来 10 年内实施一项新的"可持续发展与责任"项目，该计划共有四个目标，第一个即为"培育风土"。上文已提到，烈酒的原料有多个来源，目的又是打造出极为同质与质量可控的产品，因此，多数烈酒缺乏酿酒师口中的"风土特质"。不过，保乐力加明确表示将对原料产地负责，并宣布了几个试点项目，以保护当地生态系统，确保未来的原料质量。另一备受关注的领域是"循环生产"，包括包装回收、减少碳足迹和水的可持续利用。此外，保乐力加还将采取确保性别平衡、为员工适应变化提供培训、减少销售终端浪费等策略，提升对员工的重视程度。比如，策略之一就是将用过的柠檬皮加工成浓缩液，从而减少酒吧中柠檬的使用。最后，保乐力加倡导"负责任的经营"，积极致力于制止酗酒，尤其是青少年酗酒。保乐力加的诸多举措，既是公司管理层应对社会不断变化的关注点做出的回应，也是一种明事理的体现。除了建立良好的公共关系外，这些变化还反映了这样一个事实：只有在依托健康环境的健康社会中，商业活动才能蓬勃发展。

保乐力加不是唯一关注可持续发展的酒业公司。苏格兰威士忌协会共有 101 家麦芽与谷物酒厂，协会要求后者全部签署《行业环境战略》(Industry Environmental Strategy)。《行业环境战略》要求成员承诺减少水与包装的使用，并在 2020 年前实现 20% 的可再生能源使用目标。酒厂实现这一目标的方法之一，是将蒸馏器中的"渣滓"用作热源（有时将其转化为甲烷气体），基本与加勒比海等地的朗姆酒商将甘蔗压榨后的剩余甘蔗渣用于燃烧发电的手法相同。瑞典的麦克米拉酒厂（Mackmyra Distillery）也借鉴了酿酒师的做法，利用重力将原料从一个生产阶段移至下一个阶段，并收集生产过程中产生的所有热量，从而提高燃料效率。

墨西哥也正采取措施，缓解蓝龙舌兰单一种植造成的环境退化（见第 11 章）。

环保固然重要，但是否有必要大费周章地使用传统又劳动密集型的方法来制酒呢？传统的生产方法较为耗时，陈酿过程又浪费资金且时间过长，应该用某种方法规避这种低效情况。旧金山的无尽西部公司是一家"分子烈酒"制造商。正如上文所述，化学家可以根据所含的分子归纳任何酒水的特征，例如，通过计算可知，30 种不同的分子便可构成经典波旁威士忌的味道。打造 Glyph 威士忌时，无尽西部公司的化学家和烹饪科学家先为这款威士忌设定了一个大致轮廓，包括风味、香气和口感等重要因素。他们确定哪些分子与这些味觉特征相关，再从天然植物和酵母来源中分别获取。实验室中，科学家们按预定比例将各类分子相结合，并将生成物添加至商业中性谷物烈酒中。一旦装瓶，Glyph 就可立即销售，过程中并不需要使用木桶或陈酿。

这款分子烈酒号称"最佳陈酿威士忌"的"生化复刻品"，以"一夜便可制成"为卖点。无尽西部公司称该酒闻之有微妙的香草香，可提供木头、香料和黑色水果的味道，尾调"坚实而带有泥土味"。正如本章开头所述，对 Glyph 口感的这种描述相当准确。尽管收获的褒贬不一，但我们认为这款"烈性威士忌"的制造者已表现得相当出色。须记住的是，无尽西部公司先从最难的部分着手，因为烈酒偏离中性状态越远，其化学成分就越复杂，也就越难全面地对其进行复制。就化学成分而言，美式陈年威士忌与其他酒一样复杂。

人首先是一种社会性动物，这也是近年来烈酒商越发认识到的一点。人们对典型美国威士忌酒客的印象，已不再是孤独地置身光线晦暗、地板黏腻的酒吧，一杯接一杯地默默饮酒，点唱机里播放着令人抑郁的乡村歌曲。如今，烈酒"社交饮品"的本质被不断宣传，光鲜亮丽的杂志广告展现着各年龄段人士（尤其是年轻人）饮用昂贵名酒的场面。

今天，人们可计划与威士忌爱好者参加有组织的威士忌徒步旅行，远至苏格兰与塔斯马尼亚，在享受大自然的同时积极品评琳琅满目的瓶装威士忌。若是喜欢安静，便可加入当地的爱好者协会，就所用酒杯的形状和大小展开长时间的争论，用滴管精确控制加水稀释的量（实际上，一滴水就能分散酒液表面的疏水分子，令粗糙的烈酒瞬间变得顺滑）。或者，也可邀请朋友在自家客厅小聚，开启一瓶最喜爱的烈酒助兴。无论在何种场景下，偶尔独酌的确能令人心情愉悦，但有人陪伴通常与威士忌、茴香烈酒或白兰地本身同样重要。烈酒让人们相聚，即便可能是为争论这些烈酒相对于彼此的优点，或是更适合哪些鸡尾酒。无论是混在鸡尾酒中、直接品尝还是加入苏打水与冰共饮，酒水的陪伴性质才是最吸引人之处。个人喜好会发生变化，时尚大潮也来来去去，但正是烈酒的可陪伴性保障了其未来的持久性。

延伸阅读

295 　　本部分旨在为希望从文学、实践双层面研究烈酒者提供帮助。参考文献按章节与烈酒分类编排，罗列了本书引用的所有作品，包括在线参考文献。请注意：互联网信息繁杂，无法保证其准确性。

　　若不确定兴趣所在，可从布鲁（Blue，2004）、基普尔和奥尼拉斯（Kiple and Ornelas，2000）与罗杰斯（Rogers，2014）作品中优异的通用知识入手；亦可浏览 Simon Difford 网站中出色的信息，该网站为烈酒与混合酒提供了最实用的单一信息来源；还可从《威士忌倡导者》（*Whisky Advocate*）杂志着手，该杂志涉及内容远超其名称，涵盖了烈酒消费领域的最新发展。

Blue, Anthony Dias. 2004. *The Complete Book of Spirits: A Guide to Their History, Production, and Enjoyment*. New York: William Morrow.

Difford, Simon. "Difford's Guide for Discerning Drinkers." https://www.diffordsguide.com.

Kiple, Kenneth F., and Kriemhild C. Ornelas. 2000. *Cambridge*

World History of Food, 2 vols. Cambridge, UK: Cambridge University Press.

Rogers, Adam. 2014. *Proof: The Science of Booze*. New York: Houghton Mifflin Harcourt.

1 人类为何喜饮烈酒

Carrigan, M. A., O. Uryasev, C. B. Frye, B. L. Eckman, C. R. Myers, T. D. Hurley, and S. A. Benner. 2015. "Hominids Adapted to Metabolize Ethanol Long before Human Directed Fermentation." *Proceedings of the National Academy of Sciences USA* 112 (2): 458–463.

Dietrich, L., E. Goetting-Martin, J. Herzog, P. Schmitt-Kopplin, et al. 2020. "Investigating the Function of the Pre-Pottery Neolithic Stone Troughs from Göbekli Tepe-An Integrated Approach." *Journal of Archaeological Science: Reports* 34, part A, 102618. doi. org/10.1016/j.jasrep.2020.102618.

Dietrich, Oliver, Manfred Heun, Jens Notroff, Klaus Schmidt, and Martin Zarnkow. 2012. "The Role of Cult and Feasting in the Emergence of Neolithic Communities: New Evidence from Göbekli Tepe, Southeastern Turkey." *Antiquity* 86: 674–695.

Dudley, Robert. 2014. *The Drunken Monkey: Why We Drink and Abuse Alcohol*. Berkeley: University of California Press.

Hockings, Kimberley J., and Robin Dunbar, eds. 2019. *Alcohol and Humans: A Long and Social Affair*. Oxford, UK: Oxford University Press.

Hockings, Kimberley J., Nicola Bryson-Morrison, Susana Carvalho, Michiko Fujisawa, Tatyana Humle, William C. McGrew, Miho Nakamura, Gaku Ohashi, Yumi Yamanashi, Gen Yamakoshi, and Tetsuro Matsuzawa. 2015. "Tools to Tipple: Ethanol Ingestion by Wild

Chimpanzees Using Leaf-Sponges." *Royal Society Open Science* 2: 150150.

McGovern, Patrick E. 2009. Uncorking the Past: *The Quest for Wine, Beer and Other Alcoholic Beverages*. Berkeley: University of California Press.

McGovern, Patrick E. 2019. "Uncorking the Past: Alcoholic Fermentation as Humankind's First Biotechnology." pp. 81–92 in Kimberley J. Hockings and Robin Dunbar, eds., *Alcohol and Humans: A Long and Social Affair*. Oxford, UK: Oxford University Press.

Thomsen, Ruth, and Anja Zschoke. 2016. "Do Chimpanzees Like Alcohol?" *International Journal of Psychological Research* 9: 70–75.

2　蒸馏技术简史

Fairley, Thomas. 1907. "The Early History of Distillation." *Journal of the Institute of Brewing* 13 (6): 559–582.

Górak, Andrzej, and Eva Sorensen, eds. 2014. *Distillation: Fundamentals and Principles*.

Amsterdam: Elsevier.

Hornsey, Ian. 2020. *A History of Distillation*. London: Royal Society of Chemistry.

Kockmann, Norbert. 2014. "History of Distillation." pp. 1–43 in Andrzej Górak and Eva Sorensen, eds., *Distillation: Fundamentals and Principles*. Amsterdam: Elsevier.

McGovern, Patrick E. 2019. "Alcoholic Beverages as the Universal Medicine before Synthetics." pp. 111–127 in *Chemistry's Role in Food Production and Sustainability: Past and Present*. Washington, DC: American Chemical Society.

McGovern, Patrick E., Fabien H. Toro, Gretchen R. Hall, et al.

2019. "Pre-Hispanic Distillation? A Biomolecular Archaeological Investigation." *Open Access Journal of Archaeology and Anthropology* 1 (2). doi: 10.33552/OAJAA.2019.01.000509.

Rasmussen, S. C. 2019. "From Aqua Vitae to E85: The History of Ethanol as a Fuel." *Substantia* 3 (2), suppl. 1: 43–55. doi: 10.13128/ Sub-stantia-270.

Schreiner, Oswald. 1901. *History of the Art of Distillation and of Distilling Apparatus*, vol. 6.

Milwaukee, WI: Pharmaceutical Review Publishing.

Webster, E. W. 1923. *Meteorologica*. Vol. 3 of *The Works of Aristotle Translated into English*, ed. W. D. Ross. Oxford, UK: Clarendon Press.

3　烈酒、历史与文化

Gately, Iain. 2008. *Drink: A Cultural History of Alcohol*. New York: Gotham Books.

Huang, H. T. 2000. *Biology and Biological Technology*. Part 5 of J. Needham: *Science and Civilization in China*, vol. 6. Cambridge, MA: Harvard University Press.

McGovern, Patrick E. 2017. *Ancient Brews Rediscovered and Re-Created*. New York: W.W. Norton. See esp. "What Next? A Cocktail from the New World, Anyone?" pp. 237–257.

McGovern, Patrick E., Fabien H. Toro, Gretchen R. Hall, et al. 2019. "Pre-Hispanic Distillation? A Biomolecular Archaeological Investigation." *Open Access Journal of Archaeology and Anthropology* 1 (2). doi: 10.33552/OAJAA.2019.01.000509.

Pierini, Marco. 2018. "The Origins of Alcoholic Distillation in the West: The Medical School of Salerno." Gotrum.com. http://www.

gotrum.com/topics/marco-pierini.

Standage, Tom. 2005. *A History of the World in Six Glasses.* New York: Walker Publishing.

4 烈酒的原料

Biver, N., D. Bockelée-Morvan, R. Moreno, J. Crovisier, et al. 2015. "Ethyl Alcohol and Sugar in Comet C/2014 Q2." *Science Advances* 1 (9). doi: 10.1126/sciadv.1500863.

Charnley, S. B., M. E. Kress, A. G. G. M. Tielens, and T. J. Millar. 1995. "Interstellar Alcohols." *Astrophysical Journal* 448: 232–239.

Gottlieb, C. A., J. A. Ball, E. W. Gottlieb, and D. F. Dickinson. 1979. "Interstellar Methyl Alcohol." *Astrophysical Journal* 227: 422–432.

Kupferschmidt, Kai. 2014. "The Dangerous Professor." *Science* 343: 478–481.

Pomeranz, David. 2019. "The Inventor of Hangover-Free Synthetic Alcohol Has Already Tried It (and Hopes You Can Soon)." https://www.foodandwine.com/news/hangover-free-alcohol-alcarelle.

Qian, Qingli, Meng Cui, Jingjing Zhang, Junfeng Xiang, Jinliang Song, Guanying Yang, and Buxing Han. 2018. "Synthesis of Ethanol via a Reaction of Dimethyl Ether with CO_2 and H_2." *Green Chemistry* 20: 206–213.

Smith, David T. 2015. "The Fuss over Water." *Distiller Magazine*, July 2015. https://distilling.com/distillermagazine/the-fuss-over-water.

Wang, Chengtao, Jian Zhang, Gangqiang Qin, Liang Wang, Erik Zuidema, Qi Yang, Shanshan Dang, et al. 2020. "Direct Conversion of Syngas to Ethanol within Zeolite Crystals." *Chem* 6: 646–657.

5 蒸 馏

DeSalle, Rob, and Ian Tattersall. 2012. *The Brain: Big Bangs, Behaviors, and Beliefs*. New Haven: Yale University Press.

DeSalle, Rob, and Ian Tattersall. 2019. *A Natural History of Beer*. New Haven: Yale University Press.

Górak, Andrzej, and Eva Sorensen. 2014. *Distillation: Fundamentals and Principles*. New York: Academic Press.

Hornsey, Ian. 2020. *A History of Distillation*. London: Royal Society of Chemistry.

Lane, Nick. 2003. *Oxygen: The Molecule That Made the World*. New York: Oxford University Press.

Moore, John T. 2011. *Chemistry for Dummies*. Hoboken, NJ: John Wiley & Sons.

Tattersall, Ian, and Rob DeSalle. 2015. *A Natural History of Wine*. New Haven: Yale University Press.

Winter, Arthur. 2005. *Organic Chemistry for Dummies*. New York: John Wiley & Sons.

6 是否选择陈酿

BBC Scotland. 2018. "Third of Rare Scotch Whiskies Tested Found to Be Fake." https://www.bbc.com/news/uk-scotland-scotland-business-46566703.

Canas, Sara. 2017. "Phenolic Composition and Related Properties of Aged Wine Spirits: Influence of Barrel Characteristics: A Review." *Beverages* 3: 55. doi: 10.3390/beverages3040055.

Chatonnet, Pascal, and Denis Dubourdieu. 1998. "Comparative Study of the Characteristics of American White Oak (Quercus alba) and European Oak (Quercus petraea and Q. robur) for Production

298

of Barrels Used in Barrel Aging of Wines." *American Journal of Enology and Viticulture* 49: 79–85.

De Rosso, Mirko, Davide Cancian, Annarita Panighel, Antonio Dalla Vedova, and Riccardo Flamini. 2009. "Chemical Compounds Released from Five Di¼erent Woods Used to Make Barrels for Aging Wines and Spirits: Volatile Compounds and Polyphenols." *Wood Science and Technology* 43: 375–385. doi.org/10.1007/s00226-008-0211-8.

Goode, Jamie. 2014. *The Science of Wine: From Vine to Glass*, 2nd ed., chap. 12. Berkeley: University of California Press.

7 烈酒的谱系

Fellows, Peter. 1992. *Small-Scale Food Processing*. London: Intermediate Technology Publications.

Goloboff, Pablo A., James S. Farris, and Kevin C. Nixon. 2008. "TNT, a Free Program for Phylogenetic Analysis." *Cladistics* 24 (5): 774–786.

"Know Your Whiskey." OldFashionedTraveler.com. http://oldfashionedtraveler.com/know-your-whiskey.

Li, Zheng, and Kenneth S. Suslick. 2018. "A Hand-Held Optoelectronic Nose for the Identification of Liquors." *ACS Sensors* 3 (17): 121–127.

Needham, Joseph P., with the collaboration of Ho Ping-Yü, and Lu Gwei-jin. 1970. *Science and Civilisation in China*, ed. Nathan Sivin, vol. 5, pt. 4: *Spagyrical Discovery and Invention: Apparatus, Theories, and Gifts*. Cambridge, UK: Cambridge University Press.

Rassiccia, Chris. "Whiskey Infographic," RassicciaCreative.com. http://www.rassiccia creative.com/tree.html.

Swofford, David L. 1993. "PAUP: Phylogenetic Analysis Using Parsimony." *Mac Version 3.1.1.* (Computer program and manual.)

8 烈酒与感官

Abernathy, Kenneth, L. Judson Chandler, and John J. Woodward. 2010. "Alcohol and the Prefrontal Cortex." *International Review of Neurobiology* 91: 289–320.

Abrahao, Karina P., Armando G. Salinas, and David M. Lovinger. 2017. "Alcohol and the Brain: Neuronal Molecular Targets, Synapses, and Circuits." *Neuron* 96 (6): 1223–1238.

Bloch, Natasha I. 2016. "The Evolution of Opsins and Color Vision: Connecting Genotype to a Complex Phenotype." *Acta Biológica Colombiana* 21: 481–494.

Bojar, Daniel. 2018. "The Spirit Within: The effect of Ethanol on Drink Perception." https://medium.com/@daniel_24692/the-spirit-within-the-e¼ect-of-ethanol-on-drink perception-a4694c12322e.

Jeleń, Henryk H., Małgorzata Majcher, and Artur Szwengiel. 2019. "Key Odorants in Peated Malt Whisky and Its Di¼erentiation from Other Whisky Types Using Profiling of Flavor and Volatile Compounds." *LWT-Food Science and Technology* 107: 56–63.

Lindsey, B. 2020. "Bottle Typing/Diagnostic Shapes." https://sha.org/bottle/liquor.htm#Bottle%20Typing%20Organization%20and%20 Structure%20block.

Lumpkin, Ellen A., Kara L. Marshall, and Aislyn M. Nelson. 2010. "The Cell Biology of Touch." *Journal of Cell Biology* 191 (2): 237–248.

Plutowska, Beata, and Waldemar Wardencki. 2008. "Application of Gas Chromatography—Olfactometry (GC-O) in Analysis and

Quality Assessment of Alcoholic Beverages—A Review." *Food Chemistry* 107 (1): 449–463.

Science Buddies. 2012. "Super-Tasting Science: Find Out If You're a 'Supertaster'!" Scientific American, December 27. https://www.scienti · camerican.com/article/super-tasting-science-find-out-if-youre-a-supertaster.

9　白兰地

Asher, Gerald. 2012. "Armagnac: The Spirit of d'Artagnan." In Asher, *A Carafe of Red*. Berkeley: University of California Press.

Cullen, L. M. 1998. *The Brandy Trade under the Ancien Régime: Regional Specialisation in the Charente*. Cambridge, UK: Cambridge University Press.

Faith, Nicholas. 2016. *Cognac: The Story of the World's Greatest Brandy*. Oxford, UK: Infinite Ideas.

Girard, Eudes. 2016. "Le cognac: Entre identité nationale et produit de la mondialisation." *Cybergeo: European Journal of Geography*. http://journals.openedition.org/cybergeo/27595.

Smart, Josephine. 2004. "Globalization and Modernity: A Case Study of Cognac Consumption in Hong Kong." *Anthropologica* 46(2): 219–229.

10　伏特加

Herlihy, Patricia. 2012. *Vodka: A Global History*. London: Reaktion Books.

Himelstein, Linda. 2009. *The King of Vodka: The Story of Pyotr Smirnov and the Upheaval of an Empire*. New York: HarperCollins.

Hu, Naiping, Daniel Wu, Kelly Cross, Sergey Burikov,

Tatiana Dolenko, Svetlana Patsaeva,and Dale W. Schaefer. 2010. "Structurability: A Collective Measure of Structural Differences in Vodkas." *Journal of Agricultural and Food Chemistry* 58: 7394–7402.

Matus, Victorino. 2014. *Vodka: How a Colorless, Odorless, Flavorless Spirit Conquered America*. Guilford, CT: Lyons Press.

Rohsenow, Damaris J., Jonathan Howland, J. T. Arnedt, Alissa B. Almeida, and Jacey Greece. 2009. "Intoxication with Bourbon versus Vodka: Effects on Hangover, Sleep, and Next-Day Neurocognitive Performance in Young Adults." *Alcoholism Clinical and Experimental Research* 34 (3): 509–518.

Shiltsev, Vladimir. 2019. "Dmitri Mendeleev and the Science of Vodka." *Physics Today*, August 22. doi: 10.1063/pt.6.4.20190822a.

11 龙舌兰酒（与梅斯卡尔酒）

Chadwick, Ian. 2021. "Tequila: In Search of the Blue Agave." IanChadwick.com. http:// www.ianchadwick.com/tequila.

Martineau, Chantal. 2015. *How the Gringos Stole Tequila*. Chicago: Chicago Review Press.

Menuez, Douglas. 2005. *Heaven, Earth, Tequila: Un viaje del corazon de Mexico*. San Diego: Waterside.

Ruy-Sánchez, Alberto, and Margarita de Orellana, eds. 2004. *Tequila*. Washington, DC: Smithsonian Books.

Tequila Regulatory Council. 2021. https://www.crt.org.mx/index.php/en.

Valenzuela-Zapata, Ana, and Gary Paul Nabhan. 2003. *¡Tequila! A Natural and Cultural History*. Tucson: University of Arizona Press.

301   ## 12　威士忌

Broom, Dave. 2014. *The World Atlas of Whisky*, 2nd ed. London: Mitchell Beazley.

Greene, Heather. 2014. *Whisk(e)y Distilled*. New York: Avery.

Murray, Jim. 1997. *Jim Murray's Complete Book of Whisky*. London: Carlton Books.

Owens, Bill, and Alan Dikty. 2009. *The Art of Distilling Whiskey and Other Spirits*. Beverly, MA: Quarry Books.

13　金酒（与荷兰杜松子酒）

Anderson, Paul Bunyan. 1939. "Bernard Mandeville on Gin." *Publications of the Modern Language Associations of America* 54 (3): 775–784.

Broom, Dave. 2015. *Gin: The Manual*. London: Mitchell Beazley. "Budget Blow Will Mean Price Hikes for Wine." 2018. WSTA.co.uk, October 23. https:// www.wsta.co.uk/archives/press-release/budget-blow-will-mean-price-hikes-for-wine.

Stewart, Amy. 2913. *The Drunken Botanist*. New York: Algonquin.

Van Schoonenberghe, Eric. 1999. "Genever (Gin): A Spirit Full of History, Science, and Technology." *Sartonia* 12: 93–147.

14　朗姆酒（与卡莎萨）

Broom, Dave. 2017. *Rum: The Manual*. London: Mitchell Beazley.

Curtis, Wayne. 2018. *And a Bottle of Rum, Revised and Updated:*

A History of the World in Ten Cocktails. New York: Broadway Books.

Minnick, Fred. 2017. *Rum Curious: The Indispensable Guide to the World's Spirit.* Beverly, MA: Voyageur Press.

Moldenhauer, Giovanna. 2018. *The Spirit of Rum: History, Anecdotes, Trends, and Cocktails.* Milan: White Star Publishers.

Smith, F. H. 2005. *Caribbean Rum: A Social and Economic History.* Gainesville: University Press of Florida.

15　水果白兰地

Apple, R. W., Jr. 1998. "Eau de Vie: Fruit's Essence Captured in a Bottle." *New York Times*, April 1. https://www.nytimes.com/1998/04/01/dining/eau-de-vie-fruit-s-essence-captured-in-a-bottle.html.

Asimov, Eric. 2007. "An Orchard in a Bottle, at 80 Proof." New York Times, August 15. https://www.nytimes.com/2007/08/15/dining/15pour.html.

"Hans Reisetbauer: Austrian Superstar of Craft Distilling." 2021. https://www.flaviar.com/blog/hans-reisetbauer-eau-de-vie-from-austria.

302

16　德国烈酒（与科恩酒）

Prial, Frank. 1985. "Schnapps, the Cordial Spirit." *New York Times*, October 27. https:// www.nytimes.com/1985/10/27/magazine/schnapps-the-cordial-spirit.html.

Weisstuch, Lisa. 2019. "Following a Trail of Schnapps through Germany's Storied Black Forest." *Washington Post*, October 25. https://www.washingtonpost.com/lifestyle/travel/following-a-trail-of-schnapps-through-germanys-storied-black-forest/2019/10/24/1ÿ62076-f030-11e9-

89eb-ec56cd414732_story.html.

Well, Lev. 2016. *800 Schnapps-based Cocktails*. Scotts Valley, CA: Create Space Publishing.

17　白　酒

Huang, H. T. 2000. *Biology and Biological Technology*. Part 5 of J. Needham, Science and Civilization in China, vol. 6. Cambridge, MA: Harvard University Press.

Kupfer, Peter. 2019. *Bernsteinglanz und Perlen des Schwarzen Drachen: Die Geschichte der chinesischen Weinkultur*. Deutsche Ostasienstudien 26. Großheirath, Germany: Ostasien Verlag.

McGovern, Patrick E., Fabien H. Toro, Gretchen R. Hall, et al. 2019. "Pre-Hispanic Distillation? A Biomolecular Archaeological Investigation." *Open Access Journal of Archaeology and Anthropology* 1 (2). doi: 10.33552/OAJAA.2019.01.000509.

Sandhaus, Derek. 2015. *The Essential Guide to Chinese Spirits*. Melbourne: Viking Australia. Sandhaus, Derek. 2019. *Drunk in China: Baijiu and the World's Oldest Drinking Culture*. Lincoln, NE: Potomac Books.

18　格拉巴酒

Behrendt, Axel, Bibiana Behrendt, and Bode A. Schieren. 2000. *Grappa: A Guide to the Best*. New York: Abbeville Press.

Boudin, Ove. 2007. *Grappa: Italy Bottled*. Partille, Sweden: Pianoforte.

Lo Russo, Giuseppe. 2008. *Il piacere della grappa*. Florence: Giunti.

Musumarra, Domenico. 2005. *La grappa Veneta: Uomini,*

alambicchi e sapori dell'antica terra dei Dogi. Perugia: Alieno.

Owens, Bill, Alan Dikty, and Andrew Faulkner. 2019. *The Art of Distilling, Revised and Expanded: An Enthusiast's Guide to the Artisan Distilling of Whiskey, Vodka, Gin, and Other Potent Potables.* Beverly, MA: Quarto.

Pillon, Cesare, and Giuseppe Vaccarini. 2017. *Il grande libro della grappa.* Milan: Hoepli.

19　果渣酒（与皮斯科酒）

"All about Pisco." 2021. Museo del Pisco. http://museodelpisco.org.

Orujo from Galicia (o¢ cial page, in Spanish). 2021. http://www.orujodegalicia.org.

20　月光威士忌（私酿酒）

Hogeland, William. 2010. *The Whiskey Rebellion: George Washington, Alexander Hamilton, and the Frontier Rebels Who Challenged America's Newfound Sovereignty.* New York: Simon and Schuster.

Lippard, Cameron D., and Bruce E. Stewart. 2019. *Modern Moonshine: The Revival of White Whiskey in the Twenty-First Century.* Morgantown: West Virginia University Press.

Okrent, Daniel. 2010. *Last Call: The Rise and Fall of Prohibition.* New York: Simon & Schuster.

"Taxation of Alcoholic Beverages." 1941. CQ Researcher Archives. https://library.cqpress.com/cqresearcher/document.php?id=cqresrre1941022800.

21 少许杂谈

Blue, Anthony Dias. 2004. *The Complete Book of Spirits; A Guide to Their History, Production, Enjoyment*. New York: William Morrow.

McGovern, Patrick E. 2019. "Alcoholic Beverages as the Universal Medicine before Synthetics." pp. 111–127 in M. V. Orna, G. Eggleston, and A. F. Bopp, eds., *Chemistry's Role in Food Production and Sustainability: Past and Present*. Washington, DC: American Chemical Society.

Miller, Norman. 2013. "Soju: The Most Popular Booze in the World." *Guardian*, December 2. http://www.theguardian. comlifeandstyle/wordofmouth/2023.dec/02/soju-popular booze-world-south-korea.

Tapper, Josh. 2014. "Slivovitz: A Plum (Brandy) Choice." *Moment* (March–April). https:// momentmag.com/slivovitz-plum-brandy-choice.

22 鸡尾酒与混合酒

Archibald, Anna. 2021. "The Nine Most Important Bartenders in History." Liquor.com. https://www.liquor.com/slideshows/9-most-important-bartenders-in-history.

Aznar, M, M. Tsachaki, R. S. T. Linforth, V. Ferreira, and A. J. Taylor. 2004. "Headspace Analysis of Volatile Organic Compounds from Ethanolic Systems by Direct APCI-MS." *International Journal of Mass Spectrometry* 239 (1): 17–25.

Brown, Derek. 2018. *Spirits, Sugar, Water, Bitters: How the Cocktail Conquered the World.*

New York: Rizzoli.

Buehler, Emily. 2015. "In the Spirits of Science." *American Scientist* 103 (4): 298.

Cipiciani, A., G. Onori, and G. Savelli. 1988. "Structural Properties of Water-Ethanol Mixtures: A Correlation with the Formation of Micellar Aggregates." *Chemical Physics Letters* 143 (5): 505–509. doi.org/10.1016/0009-2614(88)87404-9.

Déléris, I., A. Saint-Eve, Y. Guo, et al. 2011. "Impact of Swallowing on the Dynamics of Aroma Release and Perception during the Consumption of Alcoholic Beverages." *Chemical Senses* 36 (8): 701–713. doi.org/10.1093/chemse/bjr038.

Luneke, Aaron C., Tavis J. Glassman, Joseph A. Dake, Amy J. šompson, Alexis A. Blavos, and Aaron J. Diehr. 2019. "College Students' Consumption of Alcohol Mixed with Energy Drinks." *Journal of Alcohol & Drug Education* 63 (2): 59–95.

Mencken, H. L. 1919. *The American Language.* New York: Alfred Knopf.

Niu, Yunwei, Pinpin Wang, Qing Xiao, Zuobing Xiao, Haifang Mao, and Jun Zhang. 2020. "Characterization of Odor-Active Volatiles and Odor Contribution Based on Binary Interaction Effects in Mango and Vodka Cocktail." *Molecules* 25 (5): 1083.

Qian, Michael C., Paul Hughes, and Keith Cadwallader. 2019. "Overview of Distilled Spirits." pp. 125–144 in Brian Guthrie et al., eds., *Sex, Smoke, and Spirits: The Role of Chemistry.* Washington, DC: American Chemical Society.

Ranasinghe, Nimesha, Thi Ngoc Tram Nguyen, Yan Liangkun, Lien-Ya Lin, David Tolley, and Ellen Yi-Luen Do. 2017. "Vocktail: A Virtual Cocktail for Pairing Digital Taste, Smell, and Color Sensations." pp. 1139–1147 in *Proceedings of the 25th ACM*

International Conference on Multimedia. New York: Association for Computing Machinery.

Thomas, Jerry. 2016, reprint. *Jerry Thomas' Bartenders Guide: How to Mix All Kinds of Plain and Fancy Drinks*. New York: Courier Dover.

Wondrich, David. 2016. "Ancient Mystery Revealed! The Real History (Maybe) of How the Cocktail Got Its Name." *Saveur*, January 14. https://www.saveur.com/how-the-cocktail-got-its-name.

23 烈酒的明天

Rappeport, Alan. 2019. "Trump's Trade War Leaves American Whiskey on the Rocks." *New York Times*, February 12. https://www.nytimes.com/2019/02/12/us/politics/china-tariffs-american-spirits.html.

特邀作者

米格尔·A. 阿塞维多（Miguel A. Acevedo），美国佛罗里达
大学野生动物生态与保护系，（Gainesville），FL，32611，USA

塞尔吉奥·奥尔莫西加（Sergio Almécija），美国自然历史
博物馆（American Museum of Natural History），New York，NY，
10024，USA

安吉丽卡·西布里安－贾拉米洛（Angélica Cibrián-Jaramillo），
墨西哥梅里达研究和高级研修中心（CINVESTAV），El Copal，
Irapuato-León，CP，36824，Mexico

蒂姆·达克特（Tim Duckett），澳大利亚哈特伍德麦芽威士忌
酒厂（Heartwood Malt Whisky），North Hobart TAS 7000，Tasmania，
Australia

约书亚·D. 恩格利哈特（Joshua D. Englehardt），墨西哥考
古研究中心（Centro de Estudios Arqueológicos），El Colegio de
Michoacán，CP，59370，La Piedad，Mexico

米歇米·菲诺（Michele Fino），意大利美食科技大学（University
of Gastronomic Sciences），12042 Pollenzo，Italy

米歇尔·丰特弗朗西斯科（Michele Fontefrancesco），意大利

美食科技大学，12042 Pollenzo，Italy

阿美利加·密涅瓦·德尔加多·雷穆斯（América Minerva Delgado Lemus），农业和林业产品综合与地方管理局（Manejo Integral y Local de Productos Agroforestales），A.C.，Mexico

帕斯卡利娜·乐普蒂尔（Pascaline Lepeltier），Racines，NY，New York 10007，USA

克里斯蒂安·麦基尔南（Christian McKiernan），New York，NY，USA

马克·诺雷尔（Mark Norell），美国自然历史博物馆，New York，NY，10024，USA

苏珊·帕金斯（Susan Perkins），纽约市立大学城市学院，科学部（Division of Science, The City College of New York），New York，NY，10031，USA

本内德·谢尔沃特（Bernd Schierwater），德国汉诺威兽医大学动物生态学与细胞生物学研究所（Institute of Animal Ecology and Cell Biology, University of Veterinary Medicine），Hanover，Germany

伊格纳西奥·托雷斯-加西亚（Ignacio Torres-García），墨西哥国立自治大学国家高等研究学院环境跨学科研究（Environmental Transdisciplinary Studies, Escuela Nacional de Estudios Superiores, Universidad Nacional Autónoma de México），Morelia，Mexico

艾利克斯·德·沃格特（Alex de Voogt），德鲁大学（Drew University），Madison，NJ，07940，USA

大卫·耶茨（David Yeates），堪培拉 ACT（Canberra ACT），Australia

索 引*

---

* 索引页码为英文原版页码，即本书页边码。页码后加字母"f""t"分别指代图 片与表格。

图书在版编目(CIP)数据

饮酒思源：蒸馏烈酒的博物志 /（美）罗伯·德萨勒（Rob DeSalle），（美）伊恩·塔特索尔（Ian Tattersall）著；张容译. --北京：社会科学文献出版社，2024.5

书名原文：Distilled：A Natural History of Spirits

ISBN 978-7-5228-3121-3

Ⅰ.①饮… Ⅱ.①罗… ②伊… ③张… Ⅲ.①蒸馏酒－介绍 Ⅳ.①TS262.3

中国国家版本馆CIP数据核字（2024）第019309号

饮酒思源：蒸馏烈酒的博物志

著　　者 / 〔美〕罗伯·德萨勒（Rob DeSalle）
　　　　　 〔美〕伊恩·塔特索尔（Ian Tattersall）
绘　　者 / 〔美〕帕特里夏·J.韦恩（Patricia J. Wynne）
译　　者 / 张　容

出 版 人 / 冀祥德
责任编辑 / 杨　轩
文稿编辑 / 顾　萌
责任印制 / 王京美

出　　版 / 社会科学文献出版社（010）59367069
　　　　　 地址：北京市北三环中路甲29号院华龙大厦　邮编：100029
　　　　　 网址：www.ssap.com.cn
发　　行 / 社会科学文献出版社（010）59367028
印　　装 / 三河市东方印刷有限公司

规　　格 / 开　本：889mm×1194mm 1/32
　　　　　 印　张：12.75　字　数：279千字
版　　次 / 2024年5月第1版　2024年5月第1次印刷
书　　号 / ISBN 978-7-5228-3121-3
著作权合同
登 记 号 / 图字01-2022-6143号
定　　价 / 98.00元

读者服务电话：4008918866